TOXICOLOGIA

Revisão técnica:
Liane Nanci Rotta
Doutora em Bioquímica

T755   Toxicologia / Roberto Marques Damiani... [et al.] ; revisão técnica: Liane Nanci Rotta. – Porto Alegre : SAGAH, 2023.

ISBN 978-65-5690-356-9

1. Biomedicina – Toxicologia. I. Damiani, Roberto Marques.

CDU 57.01/.08

Catalogação na publicação: Mônica Ballejo Canto — CRB 10/1023

TOXICOLOGIA

Roberto Marques Damiani
Doutor em Biologia Celular
e Molecular
Mestre em Ciências da Saúde

Thaís Carine Ruaro
Mestra em Ciências Farmacêuticas
Graduada em Farmácia

Ana Paula Toniazzo
Doutora em Bioquímica
Especialista em Análises Clínicas

Francine Luciano Rahmeier
Mestra em Patologia/Neurociência
Pós-graduada em
Toxicologia Forense

Gabriela Cavagnolli
Doutora em Ciências Médicas:
Endocrinologia
Graduada em Biomedicina

Pietro Maria Chagas
Doutor em Ciências Biológicas
(Bioquímica Toxicológica)
Especialista em Farmácia Clínica
(com ênfase em Endocrinologia,
Metabologia e Obesidade)

Samantha Brum Leite
Mestra em Ciências da Saúde
Graduada em Biomedicina

Symara Rodrigues Antunes
Doutora em Neurociências
e Biologia Celular
Graduada em Biomedicina

**Tiago Bittencourt
de Oliveira**
Doutor em Patologia
Mestre em Farmácia:
Habilitação Análises Clínicas

Porto Alegre
2023

sagah+

© SAGAH EDUCAÇÃO S.A., 2023

Gerente editorial: *Arysinha Affonso*

Colaboraram nesta edição:
Editora: *Dieimi Lopes Deitos*
Preparação de originais: *Mariana Beloli*
Capa: *Paola Manica | Brand&Book*
Editoração: *Ledur Serviços Editoriais Ltda.*

IMPORTANTE

Os *links* para *sites* da *web* fornecidos neste livro foram todos testados, e seu funcionamento foi comprovado no momento da publicação do material. No entanto, a rede é extremamente dinâmica; suas páginas estão constantemente mudando de local e conteúdo. Assim, os editores declaram não ter qualquer responsabilidade sobre qualidade, precisão ou integralidade das informações referidas em tais *links*.

Reservados todos os direitos de publicação à
SAGAH EDUCAÇÃO S.A., uma empresa do GRUPO A EDUCAÇÃO S.A.

Rua Ernesto Alves, 150 – Floresta
90220-190 Porto Alegre RS
Fone: (51) 3027-7000

SAC 0800 703-3444 – www.grupoa.com.br

É proibida a duplicação ou reprodução deste volume, no todo ou em parte, sob quaisquer formas ou por quaisquer meios (eletrônico, mecânico, gravação, fotocópia, distribuição na *web* e outros), sem permissão expressa da Editora.

IMPRESSO NO BRASIL
PRINTED IN BRAZIL

Apresentação

A recente evolução das tecnologias digitais e a consolidação da internet modificaram tanto as relações na sociedade quanto as noções de espaço e tempo. Se antes levávamos dias ou até semanas para saber de acontecimentos e eventos distantes, hoje temos a informação de maneira quase instantânea. Essa realidade possibilita a ampliação do conhecimento. No entanto, é necessário pensar cada vez mais em formas de aproximar os estudantes de conteúdos relevantes e de qualidade. Assim, para atender às necessidades tanto dos alunos de graduação quanto das instituições de ensino, desenvolvemos livros que buscam essa aproximação por meio de uma linguagem dialógica e de uma abordagem didática e funcional, e que apresentam os principais conceitos dos temas propostos em cada capítulo de maneira simples e concisa.

Nestes livros, foram desenvolvidas seções de discussão para reflexão, de maneira a complementar o aprendizado do aluno, além de exemplos e dicas que facilitam o entendimento sobre o tema a ser estudado.

Ao iniciar um capítulo, você, leitor, será apresentado aos objetivos de aprendizagem e às habilidades a serem desenvolvidas no capítulo, seguidos da introdução e dos conceitos básicos para que você possa dar continuidade à leitura.

Ao longo do livro, você vai encontrar hipertextos que lhe auxiliarão no processo de compreensão do tema. Esses hipertextos estão classificados como:

Saiba mais

Traz dicas e informações extras sobre o assunto tratado na seção.

Fique atento

Alerta sobre alguma informação não explicitada no texto ou acrescenta dados sobre determinado assunto.

Exemplo

Mostra um exemplo sobre o tema estudado, para que você possa compreendê-lo de maneira mais eficaz.

Todas essas facilidades vão contribuir para um ambiente de aprendizagem dinâmico e produtivo, conectando alunos e professores no processo do conhecimento.

Bons estudos!

Prefácio

A toxicologia é uma ciência interdisciplinar e multiprofissional que tem como objeto de estudo os efeitos adversos das substâncias sobre os organismos vivos. Envolve, naturalmente, o ser humano e os riscos que essas substâncias podem representar para a saúde das pessoas.

A toxicologia divide-se em várias áreas de estudo: a social, ocupacional, de medicamentos, alimentos, ambiental, forense, clínica e analítica, dentre outras. A evolução tecnológica na área analítica, associada à constante e crescente exposição dos organismos a um número expressivo de substâncias potencialmente tóxicas, tem feito desse um campo de atuação extenso e promissor.

Neste livro, vamos saber mais sobre as aplicações da toxicologia e conhecer vários agentes tóxicos, além de estudar algumas de suas aplicações: forense, ecotoxicologia, a toxicologia social e de medicamentos. Vamos também entender por que a toxicologia é uma ciência que cada vez mais ganha importância no cenário da saúde pública brasileira e mundial. Vamos conhecer mais sobre o tema? Bons estudos!

Liane Nanci Rotta

Sumário

Conceitos de toxicologia e suas aplicações 11
Symara Rodrigues Antunes

   História da toxicologia e conceitos iniciais... 12
   Áreas de estudo da toxicologia 15
   Métodos laboratoriais aplicados nas análises toxicológicas................... 18

Agentes tóxicos... 29
Samantha Brum Leite

   Metais, solventes, vapores e seus efeitos tóxicos.................................... 30
   Praguicidas, radiação, materiais radioativos e seus efeitos tóxicos...... 37
   Venenos de animais terrestres, fungos, algas, plantas e seus efeitos tóxiccs   40

Toxicologia ocupacional: ambientes de trabalho, exposição e doenças ocupacionais.. 47
Thaís Carine Ruaro

   Vias de exposição a agentes tóxicos ocupacionais.................................. 48
   Doenças ocupacionais e agentes associados... 53
   Dose e limites de exposição ocupacional... 60

Toxicologia ocupacional: avaliação toxicológica de agentes e monitoramento da exposição... 69
Gabriela Cavagnolli

   Avaliação de riscos ocupacionais e testes toxicológicos........................ 70
   Vigilância da saúde do trabalhador 80
   Monitoramentos ambiental e biológico para avaliação da exposição............... 81

Toxicologia forense: aspectos analíticos, investigações de intoxicações fatais e não fatais 87
Tiago Bittencourt de Oliveira

   Toxicologia analítica na área forense 88
   Etapas da investigação de intoxicações fatais 92
   Intoxicações criminosas não fatais... 98

Toxicologia forense: análise de drogas, testes de desempenho e testemunho 105
Francine Luciano Rahmeier

    Análise forense: como detectar drogas de abuso em amostras biológicas? ... 106
    Interferência das drogas no desempenho humano e testes relacionados 113
    O laudo toxicológico como testemunho em tribunais 122

Toxicocinética, toxicodinâmica e parâmetros de toxicidade medicamentosa 129
Pietro Maria Chagas

    Toxicocinética 130
    Toxicodinâmica 138
    Parâmetros de toxicidade 143

Toxicologia de medicamentos 151
Thaís Carine Ruaro

    Toxicidade medicamentosa 151
    Toxicologia: antidepressivos, ansiolíticos e antipsicóticos 158
    Toxicologia: fitoterápicos, analgésicos e anestésicos 166

Toxicologia social 175
Ana Paula Toniazzo

    Drogadição 175
    Dependência de drogas 179
    Relação entre dependência e síndrome de abstinência 185

Toxicologia de drogas de abuso 197
Roberto Marques Damiani

    Drogas lícitas 198
    Drogas ilícitas 204
    Métodos de identificação e quantificação 211

Toxicologia ambiental: poluição do ar 219
Roberto Marques Damiani

    Características toxicológicas dos poluentes atmosféricos 220
    Aspectos epidemiológicos da poluição do ar 223
    Síndrome dos edifícios doentes 226

Toxicologia ambiental: ecotoxicologia 231
Roberto Marques Damiani

    A poluição redutora do ar 232
    A poluição pelo material particulado 234
    A poluição fotoquímica 237

Conceitos de toxicologia e suas aplicações

Symara Rodrigues Antunes

OBJETIVOS DE APRENDIZAGEM

> Definir a toxicologia e seus princípios.
> Reconhecer as áreas de estudo da toxicologia.
> Identificar os métodos laboratoriais aplicados nas análises toxicológicas.

Introdução

O uso de substâncias tóxicas pode não ser feito de maneira intencional pela população, porém essa é uma realidade de praticamente todos nós, que estamos inseridos em uma comunidade moderna. Você já se deu conta de quantos produtos químicos, de origem animal ou vegetal, você entra em contato diariamente? São muitos, com toda certeza. Da hora que acordamos até a hora que dormimos, seja por via respiratória, seja por via dérmica ou por ingestão, somos bombardeados por estimulações que podem ser a sensibilização para uma reação adversa severa em uma próxima exposição.

Por outro lado, o uso consciente de produtos químicos com as mais variadas finalidades é antigo. Na história humana temos vários relatos de uso de substâncias, especialmente de origem vegetal e mineral, com propriedades medicinais, cuja dose poderia levar o indivíduo a óbito se fosse errada. Há também relatos do uso de venenos com fins de causar, propositalmente, a morte de alguém.

Neste capítulo, você vai estudar a história da toxicologia, bem como seus conceitos iniciais. Também vai ver quais são as áreas de estudo da toxicologia e identificar os métodos laboratoriais utilizados nas análises toxicológicas.

História da toxicologia e conceitos iniciais

A toxicologia é uma ciência muito antiga, que acompanha os seres humanos na sua jornada de evolução na face da Terra desde os seus primórdios. Somos, acima de tudo, animais dotados de inteligência, mas também somos muito frágeis e vulneráveis. Há a necessidade de estarmos preparados para as diversas formas de injúria ao nosso corpo, buscando saúde e bem-estar. Dessa forma, o conhecimento acerca de quais substâncias podem ser potencialmente danosas ao nosso corpo se faz necessário para a sobrevida.

A toxicologia pode ser facilmente definida como a "ciência dos venenos". Contudo, a toxicologia moderna vai muito além disso: há o estudo de bioquímica molecular, biologia, química, farmacologia, patologia, fisiologia, entre tantas outras áreas correlatas. Isso mostra a natureza interdisciplinar da toxicologia, que precisa se alimentar de conceitos dessas áreas para que possa chegar a dados mais completos e precisos. Mais recentemente, o uso de ferramentas de bioinformática tem sido primordial para a realização de análises mais robustas e cada vez mais precisas, com menores custos (financeiros e de tempo) para a realização de pesquisas (GREIM; SNYDER, 2019).

O estudo de substâncias consideradas tóxicas possibilitou a descoberta de medicamentos e substâncias letais aos seres humanos e/ou animais e plantas. A definição hoje mais aceita para a toxicologia é a de que se trata de uma ciência que estuda substâncias (químicas ou biológicas) e radiações que podem gerar eventos danosos à saúde do ser humano. Essas substâncias podem ser chamadas de toxinas ou xenobióticos. As **toxinas** são de origem de origem vegetal, animal ou mineral. Já os **xenobióticos** são produzidos por vias artificiais, sendo a base da indústria farmacêutica. Não podemos ainda deixar de citar a importante atuação da toxicologia no estudo de antídotos e tratamentos aos agentes toxicantes (KLAASSEN; WATKINS III, 2012).

O uso de tóxicos, ou os chamados "venenos", é mais antigo do que a escrita. Na China, Índia e Egito antigos são encontrados registros de venenos, que eram, em sua maioria, plantas que apresentavam algum tipo de toxicidade. Nos registros antigos também são encontradas diversas formas de se referir a substâncias tóxicas (KLAASSEN; WATKINS III, 2012).

Também encontramos registros históricos da toxicologia durante a Idade Média e a Renascença, empregada das mais diversas formas. Venenos provenientes de animais peçonhentos, de minerais ou de plantas garhavam muito espaço na sociedade e nas artes. **Paracelso** (1493–1541) foi uma figura importante para a toxicologia, pois trouxe a noção de que é preciso experimentação para a obtenção de respostas acerca da origem química dos venenos. Também é dele a ideia de que há distinção entre o uso medicinal e o uso tóxico de várias substâncias, e que, muitas vezes, a única diferença entre elas é a dose. Suas observações foram cruciais para a formulação das teorias de dose–respostas dos tóxicos e fármacos, base da toxicologia. Tanto é que, devido aos seus estudos e observações, Paracelso é considerado o pai da toxicologia (GREIM; SNYDER, 2019).

O uso de venenos permeava o imaginário e a prática popular. Não eram poucos os relatos de uso de soluções e misturas de substâncias que acabavam por findar a vida de desafetos e inimigos. Shakespeare retrata um uso trágico de substâncias em *Romeu e Julieta*, desde um provável uso indevido de dose elevada de beladona por Julieta, que conferiria um estado de coma, até o uso de cianureto por Romeu, que, no auge de seu desespero ao ver Julieta em estado de coma e confundi-la como morta, toma e tem seu fim trágico quase que instantaneamente.

Saiba mais

Shakespeare escreveu inúmeras peças que falavam de amor, paixões ardentes, amores proibidos, traições e uso de poções mágicas e venenos poderosos. As análises das obras do autor trouxeram muitas dúvidas e questionamentos sobre quais seriam as substâncias usadas que teriam efeito tal qual descrito pelo artista.

O *site* do British Council Brasil traz um texto que discute justamente os venenos e poções mencionados por Shakespeare em suas obras: "Shakespeare Lives nas ciências; Venenos, poções e drogas — As receitas shakespearianas funcionam na vida real?". Para encontrar esse texto, pesquise pelos termos "Shakespeare" e "venenos" em seu mecanismo de busca na internet — o texto deve aparecer entre os primeiros resultados de busca.

Na Idade Média ainda havia muito obscurantismo, charlatanismo e crenças em magia. O irreal se misturava com o sobrenatural e mágico, o que faz com que tenhamos que ter muito cuidado nas análises dos dados provenientes dos registros de tóxicos dessa época. Mas é inegável que inúmeras observações sobre os efeitos de extratos de plantas ou até mesmo a exposição ocupacional foram revolucionários (KLAASSEN; WATKINS III, 2012).

Com o fim dos anos 1700, houve então um aumento da valorização das ciências e da comprovação cientifica. Contudo, não devemos imaginar que a crença na alquimia e em algumas poções mágicas se dissiparam com o virar do ano no calendário. Várias práticas persistiram (e até podemos dizer que persistem) mesmo com todo o avanço científico da época, chamada de Iluminismo. Muitos cientistas contribuíram para o desenvolvimento da toxicologia como ciência. A habilidade de sintetizar novos químicos e de detectar a presença de outros — em alimentos, líquidos ou ambientes —, mesmo que em pequenas quantidades, inaugurou o início da chamada toxicologia moderna (GREIM; SNYDER, 2019).

A implementação de técnicas de detecção das substâncias tóxicas, sem a necessidade de uma testemunha ocular, ajudou muito a desvendar casos de contaminações e envenenamentos criminosos. Três expoentes desse período merecem destaque: François Magendie (1783–1878), Mathieu-Joseph--Bonaventure Orfila (1787–1853) e Claude Bernard (1813-1878).

Orfila foi um médico espanhol que obteve grande sucesso tanto na Espanha quanto na França, onde veio a falecer. Realizou diversos experimentos e descobertas com modelos animais e fez grande contribuição para a área criminal, ao exportar suas *expertises* médicas e toxicológicas para a resolução e comprovação de casos de envenenamento. Ele realizava autópsias e testes toxicológicos nos cadáveres, que revelavam se havia comprovação possível às suspeitas de envenenamento. Seus trabalhos, que resultaram em uma obra literária importante em 1815, renderam-lhe o compartilhamento da paternidade da toxicologia com Paracelso — embora Orfila também possa ser chamado de pai da toxicologia forense.

Magendie desenvolveu importantes conhecimentos na área de neurociências e neurocirurgia. Seus estudos também lhe proporcionaram observar os efeitos de substâncias químicas no sistema nervoso, como estricnina e morfina. Os estudos e observações dessas substâncias o fizeram experimentar o uso na área médica com sucesso. Seu pupilo mais famoso, **Bernard**, fez também importantes contribuições no campo da toxicologia aplicada à medicina e lançou um livro, *Uma introdução ao estudo da medicina experimental* (GREIM; SNYDER, 2019).

O final do século XIX, na toxicologia, é marcado por estudos envolvendo a radiação e os efeitos deletérios ao corpo. Ao longo do século XX, o uso de radiação trouxe inúmeros benefícios, com desenvolvimento de exames de imagem, tratamentos e produção de energia. Contudo, os efeitos sobre nossa saúde, devido à uma exposição indevida, são enormes. Três dos grandes acidentes mundiais envolvendo radiação ocorreram nesse período da história: as bombas nucleares de Hiroshima e Nagasaki, durante a Segunda Guerra Mundial; o acidente com a usina nuclear de Chernobyl; e o acidente radioativo de Goiânia, no Brasil. As observações e análises das pessoas afetadas, direta ou indiretamente, nessas tragédias proporcionaram estudos sobre os potentes efeitos tóxicos que altas taxas de radiação podem ocasionar ao nosso corpo (GREIM; SNYDER, 2019).

Contudo, tão importante quanto as análises dos efeitos da radiação, ganharam importância no período pós-Segunda Guerra Mundial os cuidados e análises dos alimentos, remédios e cosméticos, a fim de evitar possíveis contaminações. A agência reguladora de alimentos e medicamentos dos Estados Unidos, FDA (Food Drug Administration), criada em 1930, ganha cada vez mais força, não só dentro de seu país de atuação, mas também internacionalmente. Inúmeros países utilizam as normativas do FDA como um guia para suas normativas internas.

As análises de alimentos e medicamentos quanto a potenciais efeitos tóxicos possibilitou a identificação de tragédias como a da talidomida, na década de 1960. O fármaco era utilizado por mulheres gestantes para o controle das náuseas e enjoos, comuns durante a gravidez.; entretanto estudos toxicológicos e epidemiológicos demonstraram um importante efeito deletério desse agente sobre a formação fetal, podendo levar a uma interrupção prematura da gestação ou à má formação fetal (GREIM; SNYDER, 2019).

Fique atento

No campo da toxicologia moderna há uma intensa rede de intersecções com outros campos de estudo (genética e biologia molecular, farmacologia, diagnóstico por imagem, biotecnologia, bioengenharia, entre outras), que possibilitam a incorporação de técnicas nas análises toxicológicas mais sofisticadas, tornando-as mais precisas. O campo da toxicologia continua a crescer e a se expandir nos dias atuais.

Áreas de estudo da toxicologia

A toxicologia não deve ser entendida como uma área única, sem nuances e subáreas. Podemos destacar três grandes áreas de estudo: toxicologia mecanicista, toxicologia descritiva e toxicologia regulatória.

A **toxicologista mecanicista** é aquela que procura entender e descrever os mecanismos celulares, moleculares e bioquímicos de atuação de um tóxico. Os dados obtidos pelos toxicologistas mecanicistas são importantes para todas as demais áreas da toxicologia.

Exemplo

Tomemos mais uma vez o exemplo da talidomida. A substância foi retirada do uso clínico quando os estudos demonstraram sua associação com as severas más formações de crianças e as centenas de abortos e natimortos. A talidomida era, originalmente, utilizada como uma droga sedativa para mulheres grávidas.

Os estudos de toxicologia mecanicista demonstraram que a talidomida estava envolvida na expressão de genes ligados ao desenvolvimento de vasos sanguíneos. Os estudos de seus mecanismos de atuação levaram a um reaproveitamento do medicamento no tratamento de certas doenças infecciosas e no tratamento de mieloma múltiplo. Obviamente, o uso clínico é feito com as cautelas necessárias, no que diz respeito ao uso em mulheres grávidas. Este é somente um exemplo do impacto que o conhecimento dos mecanismos de atuação tem sobre as demais áreas de estudo.

A **toxicologia descritiva** atua na testagem de toxicidade, fornecendo informações acerca da segurança do químico e do alimento. Atualmente, os fármacos e alimentos precisam passar por um rigoroso processo de análise para serem liberados para consumo. Esta área fornece informações para a área de **toxicologia regulatória**, que passa a tomar as decisões de liberação de determinado medicamento ou alimento com relação à sua segurança para consumo humano ou animal, com base nas informações fornecidas pela toxicologia mecanicista e descritiva.

Outras áreas especializadas surgem a partir de áreas de intersecção das três grandes áreas citadas anteriormente. A **toxicologia forense** é um campo de atuação que visa a cruzar dados da ação biológica de substâncias tóxicas com dados médicos, para que possam ser desvendados casos policiais. A **toxicologia clínica**, por sua vez, visa a aplicações dos conceitos de química analítica para avaliar as ações de substâncias tóxicas em nosso organismo. Mais recentemente, com o avanço da industrialização dos países e dos grandes centros, além das crescentes preocupações com as questões ambientais, tem crescido a área da **toxicologia ambiental**, que avalia os impactos das substâncias no meio ambiente.

A toxicologia ainda tem outras importantes áreas de atuação para a sociedade. Temos a **toxicologia social**, que atua investigando os efeitos nocivos das drogas de abuso ou outras substâncias que possam ser utilizadas. Entre as drogas de abuso podemos citar os seguintes:

- **Opioides:** muitos usados como analgésicos, exceto a heroína.
- **Benzodiazepínicos:** terapeuticamente usados como sedativos ou ansiolíticos.
- **Álcool:** seu uso e venda é legalmente liberado para maiores de idade na maioria dos países.
- **Nicotina:** presente no cigarro comum, que também é liberado para uso e venda por maiores de idade em vários países.
- **Feniletilaminas**: aqui está a droga ilícita *ecstasy*, uma droga psicodélica.

O estudo dessas substâncias e seus efeitos sobre o corpo permite identificar mais rapidamente indivíduos intoxicados, estabelecer protocolos de tratamento para dependentes e, algumas vezes, identificar usos terapêuticos. Foi o que aconteceu mais recentemente com os canabinoides. A partir de estudos toxicológicos de caracterização química e análises de seus efeitos e de suas frações, pode-se chegar a propostas de tratamentos para doenças de difícil controle com o uso desses produtos químicos. Até mesmo o nosso hábito de tomar café é foco de estudos toxicológicos: é relatado um ciclo de dependência da cafeína, e os estudos dos efeitos dessa substância em nosso corpo traz importantes correlações, especialmente em indivíduos com condições clínicas específicas, como hipertensão.

Relacionando-se intimamente com a toxicologia social temos a **toxicologia de medicamentos**. Você deve ter percebido que muitas das substâncias citadas anteriormente como drogas de abuso têm uso terapêutico. O uso não terapêutico é que as caracteriza, nessas situações, como drogas de abuso. Mas a indústria farmacêutica tem um alto investimento na pesquisa dos efeitos das drogas que serão utilizadas para tratamentos, com a finalidade de documentar possíveis efeitos de dependência, que precisam ser relatados e investigados com relação a formas de evitar, controlar e de retirar os indivíduos do vício.

A **toxicologia ocupacional**, por sua vez, tem a função de analisar os impactos de atividades laborais sobre o organismo dos trabalhadores. Ela terá como função a caracterização físico-química do tóxico ao qual o trabalhador está exposto, a interação desses agentes com o organismo humano e com o próprio meio ambiente, as formas de introdução desse agente nos organismos, os sintomas de intoxicação e os limites de tolerância do organismo. Isso fundamenta a decisão de criação de legislações que visem à saúde e ao bem-estar dos trabalhadores que necessitem trabalhar em contato com agentes toxicantes, o estabelecimento de medidas de segurança específicas ao trabalho e o estabelecimento de protocolos a serem seguidos em casos de intoxicação.

Por último temos a **toxicologia química ou analítica**, que tem como objetivo estabelecer quais são as metodologias para identificação e separação de compostos químicos presentes em amostras biológicas ou ambientais. Pela sua própria definição, podemos corretamente concluir que ela se inter-relaciona com todas as demais áreas da toxicologia, sendo importante na identificação de indivíduos que necessitam de intervenções clínicas devido a intoxicações ou até mesmo na intervenção na atuação de indústrias e empresas que estejam causando danos ambientais.

Fica claro que os estudos toxicológicos têm um grande impacto na sociedade, determinando quais produtos são seguros ou não, do ponto de vista toxicológico, para consumo/uso do ser humano ou de outros animais, estabelecendo regras e legislações para o exercício laboral mais seguro e estabelecendo metodologias que visem à identificação dos compostos químicos.

Métodos laboratoriais aplicados nas análises toxicológicas

A classificação de um agente tóxico depende das necessidades e interesses de quem os classifica. Isso gera uma infinidade de possibilidades de classificações, de acordo com órgãos-alvo, origem, uso e efeito, ou uma combinação de um ou mais desses fatores. Usamos a palavra **toxina** para designar substâncias de origem animal (biológica), enquanto o termo **toxicante** ou **agente tóxico** refere-se à uma substância química, de estrutura química definida, capaz de produzir um efeito nocivo (efeito tóxico) por meio de sua interação com um organismo vivo. **Veneno** pode ser definido como uma substância que causa injúria ou até a morte de um sistema biológico.

Existe uma grande variedade de métodos laboratoriais que podem ser aplicados nas análises toxicológicas. A seguir, veremos os principais métodos e suas fundamentações teóricas.

Espectro de efeitos indesejáveis

A utilização de produtos químicos pelos seres humanos, sejam eles de origem animal, sejam de origem vegetal, data de muito tempo. Com os avanços dos processos industriais, tivemos a inserção do uso de produtos químicos sintéticos, produzidos pelos homens a partir de pesquisas científicas. Hoje, essas utilizações tomaram proporções tão cotidianas que muitas vezes nem percebemos que estamos utilizando um produto químico.

> ### *Exemplo*
>
> Após uma refeição, devemos escovar os dentes. Para isso, precisamos ir até uma pia, pegar a escova e a pasta de dentes. Realizamos a escovação e, algumas vezes, ainda utilizamos um enxaguante bucal. Uma ação rotineira, simples, que nos é ensinada desde a mais tenra idade. Você alguma vez já parou para pensar que a pasta de dentes e o enxaguante bucal são produtos químicos? E se utilizados de maneira equivocada podem trazer prejuízos a nossa saúde? Mas calma, utilizados adequadamente, os benefícios do uso da pasta de dente e do enxaguante bucal superam os riscos (BAST; HANEKAMP, 2017).

De forma geral, todo produto químico, mesmo que seja medicamento, tem efeitos desejáveis e efeitos indesejáveis associados ao seu uso. A indicação de uso seguro pelo ser humano se baseia na avaliação de uso e na avaliação de se os benefícios dos efeitos desejáveis superam os efeitos indesejáveis. A pasta de dentes, por exemplo, causa desgaste do esmalte dentário, mas o desgaste do esmalte dentário é superado pelo efeito protetor de retirar bactérias indesejáveis da boca que poderiam causar cárie.

Esses efeitos indesejáveis, especialmente quando falamos de medicamentos, podem ser chamados de **efeitos adversos**. Muitas vezes, os efeitos adversos, secundários aos efeitos desejáveis a que determinado medicamento foi pensado e estudado, podem levar a um redirecionamento do uso terapêutico. Um famoso caso é relacionado ao citrato de sildenafila. Esse princípio ativo foi estudado com indicação clínica para a redução da pressão sanguínea; contudo um efeito adverso curioso foi observado nos sujeitos da pesquisa do sexo masculino (ENGLERT; MAYNARD, 2020), que reportavam que havia uma sustentação da ereção quando faziam o uso da medicação. A empresa responsável pela pesquisa e desenvolvimento do medicamento rapidamente solicitou uma mudança na indicação clínica do medicamento, realizando mais testes clínicos e comprovando sua eficácia para tratamento de disfunção erétil em homens. A droga foi lançada no mercado sob o nome de Viagra (BOOLELL *et al.*, 1996).

Entretanto, infelizmente, a maioria dos efeitos adversos de drogas e medicamentos não pode ser considerada "benéfica", ou ao menos aproveitável, como no caso relatado, sendo eles deletérios, adversos ou efeitos tóxicos. Tais efeitos podem ser os seguintes (GREIM; SNYDER, 2019):

- **Reações alérgicas:** este efeito em geral ocorre devido a uma sensibilização prévia do sistema imune no indivíduo. Quando a pessoa sensibilizada ao químico entra em contato novamente com ele, ainda que em

pequenas doses, o sistema imune dela responde com uma reação de hipersensibilização. Essas reações podem ser dose-dependentes, isto é, quanto maior a dose de contato, maior a reação. Podem gerar urticárias, conjuntivite, edema, indução de crises asmáticas, entre outros efeitos.
- **Reações idiossincráticas:** são aquelas geradas em indivíduos que apresentam, devido a características próprias e únicas (podendo ser até genéticas), reações a pequenas doses de determinada substância, mesmo nunca tendo entrado em contato com ela para uma possível sensibilização prévia. São propostos vários mecanismos que explicam essas reações, muitos envolvem alterações individuais em enzimas associadas com as reações de metabolização do medicamento no organismo. Podem causar diversos efeitos, mas os que envolvem o sistema hematopoiético, hepático, pele e sistema imune são os mais comuns.
- **Toxicidade imediata ou retardada:** diz respeito ao tempo que leva para haver resposta tóxica à exposição. Se a toxicidade é imediata, ela é desenvolvida em poucos minutos ou em poucas horas, normalmente não se aceitando mais do que 24 horas após a exposição. Já se for mais demorada ou retardada (normalmente acima de 24 horas após a exposição), é desenvolvida com a passagem de dias a anos. É o caso, por exemplo, dos carcinógenos, que, de forma geral, levam anos de exposição para causarem câncer, ao contrário do efeito de um veneno como o cianureto, que em poucos minutos pode levar o indivíduo à morte.
- **Efeitos reversíveis e irreversíveis:** esta classificação está intimamente ligada à capacidade do tecido afetado de se regenerar. Caso o tecido tenha essa capacidade, então podemos classificar o efeito como reversível; caso não tenha, o efeito será irreversível. Os efeitos carcinogênicos ou teratogênicos são sempre considerados irreversíveis.
- **Toxicidade local ou sistêmica:** diz respeito ao sítio de atuação do químico. Se gerar efeito em todo o organismo, ou se afetar sistemas como o sistema nervoso central (SNC) ou o hematopoiético, podemos considerar como um efeito sistêmico. Se afetar um ou dois órgãos, podemos considerar que houve efeito em órgão-alvo, e é uma toxicidade local.
- **Tolerância:** ocorre quando o indivíduo consegue diminuir a ação tóxica da substância, devido a uma exposição prévia. Isso gera um menor efeito tóxico.

O conhecimento desses efeitos adversos pode ainda ser associado à capacidade de interação entre substâncias químicas. Em alguns casos, as substâncias podem gerar efeito adverso (ou quaisquer outros efeitos orgânicos, benéficos ou não) somente quando combinadas — esse efeito é chamado de **sinergismo**. De outra forma, as substâncias podem anular seus efeitos, sendo esse efeito chamado de **antagonismo**. Entender como os químicos causam efeitos no nosso organismo é fator crucial para propormos uma ação de rastreio desses tóxicos, a fim de identificá-los corretamente (BAST; HANEKAMP, 2017).

Testes de toxicidade

Os testes de toxicidade, em laboratório, são feitos com uso de modelos animais. Obviamente, todas as normativas éticas de uso de animais devem ser obedecidas. Dois principais conceitos são a base do uso de animais nesses testes. Primeiro, a extrapolação dos resultados obtidos com os testes em modelos animais pode ser feita para humanos quando são executados de maneira propriamente qualificada. Os carcinógenos para humanos são carcinógenos para algumas espécies, mas o inverso nem sempre é verdadeiro. Apesar disso, quando determinada substância é testada como positivamente carcinogênica em modelos animais, ela é tida como potencialmente carcinogênica para humanos. Segundo, os animais utilizados para testes recebem altas doses do produto, a fim de validar o estudo, pois sabemos que, em uma população, os riscos de efeitos tóxicos aumentam quando aumentamos a dose da exposição. Dessa forma, o uso de elevadas doses nos testes de toxicidade em animais é necessário e válido (GREIM; SNYDER, 2019).

Fique atento

Os testes de toxicidade não têm a finalidade de avaliar se a substância testada é segura ou não para uso humano, mas sim visam a avaliar os potenciais efeitos tóxicos gerados devido ao uso pelo ser humano ou simplesmente pelo seu contato acidental. Além disso, não há um conjunto predefinido de testes que devem ser feitos em todos os produtos químicos que queiram adentrar o mercado para consumo humano, mas sim cada produto deve ser testado de acordo com a natureza química, as possíveis reações adversas que possam produzir devido ao produto em si e também por seus subprodutos de degradação (OLSON, 2014).

Apesar de, como já mencionado, não haver um pacote de testes preestabelecidos, o teste de **letalidade aguda** é feito como primeiro teste em muitas avaliações de produtos químicos. Constitui-se da aplicação de uma dose da substância a ser testada por qualquer via de administração previamente estabelecida para o teste em questão. O modelo animal a ser utilizado pode ser variado, misturando diferentes espécies para melhor avaliação de resultados. Os animais são testados e avaliados diariamente, com anotação de quantos animais vão a óbito até o período de 14 dias. A concentração aguda é calculada para uma estimativa de letalidade de 50% de mortalidade dos animais intoxicados. Os resultados obtidos com esse teste são capazes de identificar o seguinte (OLSON, 2014):

- sintomas da intoxicação aguda;
- órgãos-alvo que são afetados em uma intoxicação aguda;
- susceptibilidade de diferentes espécies;
- parâmetros de possíveis formas de reversibilidade;
- dose de intoxicação aguda, que orientará os demais testes.

Fique atento

Há, dentro da comunidade científica, uma discussão acerca das questões éticas envolvidas nesse tipo de teste. Uma vez que há inúmeras variáveis envolvidas no processo de identificação da letalidade do produto químico, ainda é imprescindível que tais testes sejam feitos em modelos animais. São feitos estudos prévios que tentem minimizar o número de cobaias a serem utilizadas, permitindo, ainda assim, a obtenção de resultados satisfatórios. Muitos esforços estão sendo feitos para que se estabeleçam novos testes com a mesma eficácia, mas que não utilizem modelos animais (MOREAU; SIQUEIRA, 2017).

Como são vários os fatores que podem influenciar esse teste — idade do animal, peso, tipo de alimentação, entre outros —, é considerada somente a testagem para descobrir a letalidade aguda, que acabe por levar a óbito 50% da população aplicada, em uma escala entre 5 a 50mg/kg, 50 a 500mg/kg e assim por diante.

O **teste de Draize** ou **teste de irritação dérmica e ocular** tem sido satisfatoriamente substituído, em muitos casos, por modelos de culturas de células, que oferecem dados acerca da toxicidade do produto químico para a pele e olhos. No teste com animais, em geral é utilizado o coelho como modelo experimental: a aplicação ocorre em um olho, e o outro é utilizado como controle negativo. Na pele, o produto é aplicado em uma área intacta e em duas áreas escarificadas, ficando cobertas por 4 horas. São avaliados vermelhidão, edema, formação de cicatriz e ação corrosiva (MOREAU; SIQUEIRA, 2017).

Os **testes de sensibilização** são feitos com porquinhos da índia, que recebem uma dose aplicada em via dérmica. Duas a três semanas após o primeiro contato, os animais são expostos a doses não irritantes do produto testado, e é avaliado o surgimento de reações de eritema (KLAASSEN; WATKINS III, 2012).

Os **ensaios subagudos** também podem ser realizados em busca de informações de toxicidade de determinado produto com doses repetidas. Pode também ser executado para a testagem de doses para o teste subcrônico (KLAASSEN; WATKINS III, 2012).

Os **ensaios subcrônicos** têm duração de cerca de 90 dias, e buscam estabelecer o LOAEL (*lowest observed adverse effect level*), a menor dose com efeito detectável; e o NOAEL (*no observed adverse effect level*), e a maior dose que não apresente efeito adverso identificável. O grande dilema deste teste é que é necessário um grande número de animais, que receberão doses repetidas. Os resultados podem sofrer influência pela proximidade entre as doses. São feitas três doses: uma de alta toxicidade, mas que não cause mais do que 10% de morte dentro da população, uma dose baixa e uma dose intermediária. Os animais são então avaliados diariamente, com relação a quaisquer sinais de efeitos tóxicos. Também devem ser avaliados o tecido hematopoiético e os parâmetros bioquímicos (OLSON, 2014).

Os animais utilizados diferem entre os órgãos de fiscalização no mundo. O FDA americano (cujas indicações são seguidas por inúmeros outros países) instrui que os testes sejam feitos em ratos e cães. Já o EPA (Environmental Protection Agency), a agência de proteção ambiental dos Estados Unidos, indica o uso de camundongos e ratos.

Fique atento

A fim de garantir resultados confiáveis e preservar eticamente os animais, ao sinal de qualquer sintoma de sofrimento animal, deve-se encaminhar o animal ao sacrifício, tanto para preservar os tecidos para futuras análises quanto para poupar o animal de sofrimento.

Os **ensaios crônicos** têm uma duração mais elevada, com período de exposição entre 6 meses a 2 anos. O objetivo deste tipo de ensaio é avaliar o potencial carcinogênico do produto químico testado e a toxicidade cumulativa. As regulamentações de vários países indicam que a dose do produto seja a chamada dose máxima tolerável. São ainda aplicadas, comumente, duas outras doses, com 50% da dose inicial e outra com 25%. As avaliações baseiam-se na busca de formações tumorais (tanto malignas quanto benignas) e são reportadas para análise (KLAASSEN; WATKINS III, 2012).

Mais recentemente surgiram testes de toxicologia molecular, que avaliam a interação do tóxico com genes e outras moléculas intracelulares. Esse tipo de análise tem uma ampla gama de possibilidades de ensaios, que permitem uma grande variedade de avaliações. A bioinformática tem sido uma importante aliada para essas análises (GREIM; SNYDER, 2019).

Técnicas básicas para detecção de tóxicos em amostras biológicas

Nas análises de toxicologia clínica de amostras biológicas, algumas técnicas são tidas como básicas e são muito utilizadas para identificar agentes toxicantes em diversos tipos de amostra. Para cada agente deve ser executado um ensaio específico, utilizando-se substratos próprios de identificação, mas a base técnica se mantém a mesma. Dois tipos de técnica ganham destaque: as análises imunoquímicas e as cromatográficas.

As análises **imunoquímicas** podem ser subdivididas em técnica imunológica mediada por enzima (EMIT, *enzyme-multiplied imunoassay technique*) e imunoensaio de fluorescência por polarização (FPIA, *fluorescence polarization immunoassay*). Na **EMIT**, é adicionada uma enzima à amostra a ser analisada, e essa enzima forma um complexo enzima-composto, que é posteriormente incubado com um anticorpo monoclonal contra o complexo. Quando o anticorpo se liga a esse complexo, há a inibição da atividade enzimática. Quanto maior a quantidade de droga a ser analisada presente na amostra, mais enzima livre haverá na solução analisada, pois haverá competição entre o composto a ser analisado, a enzima e o anticorpo. O excesso de enzima livre causa uma reação na solução e uma mudança de cor.

No **FPIA**, em vez de haver ligação a uma enzima, há a ligação a uma molécula fluorescente. Quando essa molécula fluorescente, que está na solução, é exposta a uma luz polarizada, a emissão resultante também será similarmente polarizada. Quando a molécula fluorescente é ligada ao composto a ser detectado, diminui a emissão de fluorescência — portanto, essa diminuição é diretamente proporcional à quantidade presente do composto. As emissões são então captadas por um detector. Essa técnica tem capacidade (sensibilidade) de identificação de quantidades nanomolares de substâncias. Ambas as técnicas são utilizadas para a identificação de drogas de abuso e também para monitoramento de drogas de uso farmacológico em amostras de soro e urina (LEVINE, 2020).

As análises **cromatográficas**, ou **de cromatografia**, na maioria das vezes consistem em análises qualitativas, sendo uma técnica físico-química de separação dos componentes de uma solução. Elas podem, normalmente em conjunto com outras técnicas, permitir a quantificação das substâncias de interesse na mistura ou na amostra biológica.

Em linhas gerais, a cromatografia consiste em uma fase sólida (estacionária) e uma fase líquida (móvel), que passa através da fase estacionária. Existem três principais técnicas cromatográficas:

- cromatografia em camada delgada (TLC, *thin-layer chromatography*);
- cromatografia líquida de alto desempenho (HTLC, *high -performance liquid chromatography*);
- cromatografia gasosa acoplada à espectroscopia de massa (GC-MS, *gas chromatography mass spectrometry*).

Fique atento

A GC-MS é considerada o padrão ouro para detecção de produtos tóxicos voláteis, contudo, existem outras duas técnicas que podem ser utilizadas: a eletroforese capilar e a cromatografia líquida acoplada à espectroscopia de massa.

A **cromatografia em camada delgada (TLC)** tem por finalidade separar os compostos químicos presentes em uma amostra. Em toxicologia analítica ela é muito utilizada para a identificação de compostos químicos presentes na urina. Para a sua realização, é utilizada uma placa de cobre, plástico ou folha de alumínio; sobre ela, há uma substância adsorvente feita de sílica-gel, óxido de alumínio ou celulose. Esse conjunto consiste na fase estacionária. A amostra a ser analisada é aplicada sobre a placa, que é posta em contato com a fase móvel, constituída de um solvente. O solvente pode ser, por exemplo, uma solução de metanol a 10% em clorofórmio.

Em análises de urina, é feita, primeiramente, a concentração e extração de compostos tóxicos ácidos e básicos presentes na amostra. Normalmente, o objetivo dessas análises toxicológicas na urina é identificar traços de drogas de abuso, que costumam ser básicas. Para esses casos, há *kits* disponíveis no mercado, como o Toxi-lab, que já tem padronização para as principais substâncias tóxicas a serem pesquisadas na amostra biológica. Para a identificação das substâncias, a placa é submetida a reações de cor, normalmente sendo utilizadas três reações, que resultarão em um padrão de cor reconhecível em exposição à luz UV (CHENG; HUANG; SHIEA, 2011).

A **cromatografia líquida de alto desempenho (HTLC)**, por sua vez, é uma separação de compostos químicos de alto peso molecular, mas de baixa volatilidade em uma solução. É muito utilizada na toxicologia clínica para a identificação e quantificação de antidepressivos tricíclicos e seus metabólicos; apesar de seu uso farmacológico, esses medicamentos podem também ser utilizados como droga de abuso e até mesmo estar relacionados a casos de suicídio por uso em quantidade excessiva.

A fase líquida da análise tem a função de separar os componentes da amostra a ser analisada. Essa mistura é bombeada em uma coluna revestida por partículas de sílicas esféricas de tamanho padrão de cerca de 35μm; esta é a fase estacionária. Há um detector do tempo de retenção da interação entre os compostos da fase líquida e as partículas da fase sólida. Diferentes substâncias reagem de maneira diferente, o que resulta em dados que serão analisados pelo detector e plotados em gráficos, propiciando a identificação das substâncias presentes na amostra (QIU *et al.*, 2011).

Considerada uma técnica padrão ouro para a identificação de tóxicos em amostras biológicas, a **cromatografia gasosa acoplada à espectroscopia de massa (CG-MS)** é utilizada para a identificação de drogas de abuso. Esta técnica é utilizada após as técnicas de triagem TLC e EMIT. A CG-MS tem alta sensibilidade e confiabilidade, e envolve duas técnicas: cromatografia líquida-gasosa e espectroscopia de massa.

Na primeira parte da técnica, há o aquecimento dos compostos a serem analisados, o que facilita a volatilização e torna os compostos lábeis. Em seguida, eles são inseridos em uma coluna (fase estacionária), que contém uma coluna recoberta por hidrocarboneto ou óleo de silicone. A separação dos compostos ocorre mediante as diferentes capacidades de adsorção dos compostos presentes na amostra analisada na fase estacionária.

Na segunda parte, a fase gasosa do composto é analisada pelo espectrômetro de massa. Para isso é feito um bombardeamento de íons à amostra, que atravessa um gás inerte, criando espécies de moléculas iônicas. Na sequência, a amostra é submetida a um campo de aceleração de íons e então atravessa um campo elétrico quádruplo. Os íons com faixas estreitas de proporção massa/carga passam por esse campo ajustado e são captados pelo detector, que transmite as informações para um computador, onde serão feitas as análises (HITES, 2016).

Referências

BAST, A.; HANEKAMP, J. C. *Toxicology:* what everyone should know. London. Elsevier, 2017.

BOOLELL, M. *et al.* Sildenafil: an orally active type 5 cyclic GMP-specific phosphodiesterase inhibitor for the treatment of penile erectile dysfunction. *International Journal of Impotence Research*, v. 8, n. 2, p. 47–52, 1996.

CHENG, S.-C.; HUANG, M.-Z.; SHIEA, J. Thin layer chromatography/mass spectrometry. *Journal of Chromatography A*, v. 1218, n. 19, p. 2700–2711, 2011.

ENGLERT, N.; MAYNARD, R. L. Adverse effects versus non-adverse effects in toxicology. *In*: REICHL, F.-X.; SCHWENK, M. *Regulatory toxicology*. 2. ed. New York: Springer, 2020. p. 1–8.

GREIM, H.; SNYDER, R. (ed.). *Toxicology and risk assessment:* a comprehensive introduction. 2. ed. Hoboken: Wiley, 2019.

HITES, R. A. Development of gas chromatographic mass spectrometry. *Analytical Chemistry*, v. 88, n. 14, p. 6955–6961, 2016.

KLAASSEN, C. D.; WATKINS III, J. B. Fundamentos em toxicologia de Casarett e Doull. 2. ed. Porto Alegre: AMGH, 2012.

LEVINE, B. S. Postmortem forensic toxicology. *In*: LEVINE, B.; KERRIGAN, S. (ed.). *Principles of forensic toxicology*. New York: Springer, 2020. p. 3–13.

MOREAU, R. L. M.; SIQUEIRA, M. E. P. B. *Ciências farmacêuticas*: toxicologia analítica. 2. ed. Rio de Janeiro: Guanabara Koogan, 2017.

OLSON, R. K. *Manual de toxicologia clínica*. 6. ed. Porto Alegre: AMGH, 2014. (Lange).

QIU, H. *et al.* Development of silica-based stationary phases for high-performance liquid chromatography. *Analytical and Bioanalytical Chemistry*, v. 399, p. 3307–3322, 2011.

Agentes tóxicos

Samantha Brum Leite

OBJETIVOS DE APRENDIZAGEM

> Reconhecer os efeitos tóxicos de metais, solventes e vapores.
> Identificar os efeitos tóxicos de praguicidas, radiação e materiais radioativos.
> Descrever os efeitos tóxicos de venenos de animais terrestres, fungos, algas e plantas.

Introdução

O risco de intoxicação está presente no nosso cotidiano e, principalmente, no de profissionais que são expostos diariamente em sua jornada de trabalho. Os agentes tóxicos agem no organismo conforme a sua toxicidade, de modo que diversos fatores contribuem para que a reação seja leve ou grave. Muitos agentes apresentam relação tecido/órgão-específica, sendo importante realizar a distinção de acordo com a fonte de exposição. Além disso, há diferenças entre a exposição pontual e crônica, visto que a manifestação clínica também ocorrerá desse modo. Tal abordagem é importante porque a identificação dos possíveis efeitos tóxicos auxilia na diferenciação dos agentes envolvidos na intoxicação e no seu tratamento, contribui para o cuidado da saúde dos trabalhadores expostos e, portanto, para a determinação dos equipamentos de proteção individual e coletiva que devem ser mantidos no ambiente de trabalho.

Neste capítulo, você vai estudar os efeitos tóxicos de diversas substâncias químicas. Serão vistas substâncias como metais, solventes, vapores, praguicidas, radiação e materiais radioativos, venenos de animais terrestres, fungos, algas e plantas.

Metais, solventes, vapores e seus efeitos tóxicos

Um dos postulados mais memoráveis do médico-alquimista Philippus Aureolus Theophrastus Bombastus von Hohenheim, conhecido como Paracelso, é o seguinte: "Todas as substâncias são venenos; não há nenhuma que não seja um veneno. A dose correta distingue o veneno do remédio". Logo, é importante conhecer essas substâncias, que são os agentes tóxicos, e como elas podem agir no organismo. Tal conhecimento pode prevenir diversas intoxicações de caráter acidental. Para isso, é necessário estudar toxicologia, a qual consiste no estudo dos efeitos de substâncias químicas sobre sistemas vivos, desde o nível celular dos seres humanos até os ecossistemas complexos.

No século XVI, Paracelso destacou que, para o estudo de um agente tóxico, seria necessário o seguinte (KLAASSEN; WATKINS III, 2012; KATZUNG; TREVOR, 2017):

- experimentação, que é essencial na análise de respostas a substâncias químicas;
- distinção entre as propriedades terapêuticas e tóxicas das substâncias químicas;
- conhecimento da dose, pois essas propriedades são, por vezes, indistinguíveis, exceto pela dose;
- verificação do grau de especificidade dos agentes e seus efeitos terapêuticos ou tóxicos.

Fique atento

A toxicidade de um agente tóxico é dependente do grau e da duração da lesão promovida em determinado tecido-alvo, o qual se relaciona a processos toxicodinâmicos e a processos cinéticos de interação entre a célula e o processo de reparo celular.

Os agentes tóxicos promovem alterações nocivas ao organismo, que podem ser leves ou até causar o óbito, e de duração de médio a longo prazo, conforme a atuação em algum órgão ou sistema específico, de acordo com a afinidade, ou ação sistêmica. A variabilidade da ação ocorre devido a fatores como dose, via, duração, frequência de exposição, sexo, idade e capacidade de biotransformação. Os sistemas mais acometidos por contaminações são o sistema nervoso central (SNC), gastrointestinal, cardiovascular, renal e hematopoiético.

Entre os agentes tóxicos, há os metais, os solventes e os vapores. Vejamos um pouco mais sobre cada um deles.

Metais e vapores

Os **metais** caracterizam-se por não poderem ser sintetizados, nem destruídos, ou seja, eles não são biodegradáveis e se bioacumulam, ocorrendo a contaminação. Há ampla exposição humana aos metais pelas mais diversas fontes, como solo, água, ar, tinta, desodorantes, alimentos, agrotóxicos. Alguns metais, inclusive, são essenciais à vida.

Os principais metais tóxicos são arsênio, cádmio, chumbo e mercúrio. Veja no Quadro 1 algumas das formas de exposição a esses metais.

Quadro 1. Exposição e intoxicação por metais

Metal	Exposição
Arsênio	Exposição ocupacional por meio da fabricação de praguicidas, herbicidas e demais produtos agrícolas; exposição ambiental pela ingestão de água contaminada e queima de carvão; consumo demasiado de frutos do mar.
Cádmio	Intoxicação lenta: consumo de vegetais (contaminação do solo e da água para fertilização de lavouras). Intoxicação aguda: consumo de frutos do mar, rins e fígados de animais; tabagismo; exposição ocupacional para soldadores, pois, quando presente em laminados ou materiais que os contenham, emite vapores ao ser vaporizado pelo calor.
Chumbo	Em crianças, devido à ingesta de lascas de tinta contendo chumbo e hábito de levar as mãos sujas com tinta à boca; produção de baterias, munição de armas, cerâmica, ligas metálicas; consumo de água com alta concentração de chumbo pela corrosão de encanamentos em construções antigas, além de ser absorvido pelos pulmões sob a forma de poeira de chumbo.
Mercúrio	Consumo de peixes (principal composto do mercúrio é o metilmercúrio presente na cadeia alimentar aquática), sendo que o mercúrio atmosférico está presente na evaporação de oceanos e solos. Exposição ocupacional: o mercúrio elementar é muito volátil, presente na emissão de minerações, fundição de metais, combustão de carvão e indústria.

Cada um desses metais apresenta efeitos tóxicos que podem ser decorrentes de uma intoxicação aguda ou crônica, manifestando-se de modo distinto. Os efeitos podem ser observados em minutos a horas, dias, semanas e até meses após a exposição a altas doses dos metais. No caso do cádmio e do mercúrio, eles podem se enquadrar também na liberação de **vapores** tóxicos. Acompanhe os principais efeitos da intoxicação por alguns metais (KLAASSEN; WATKINS III, 2012; KATZUNG; TREVOR, 2017):

- **Arsênio inorgânico:**
  - **Intoxicação aguda:** febre, anorexia, hepatomegalia, melanose e arritmia cardíaca, que em casos mais graves, pode promover falência cardíaca, irritação das mucosas do sistema digestório, perda sensorial do sistema nervoso periférico.
  - **Intoxicação crônica:** principais órgãos-alvo são a pele e o fígado, caracterizando um quadro de icterícia, hepatomegalia e, em casos mais graves, cirrose e ascite. O metal tem perfil carcinogênico, sendo associado ao câncer de pele e fígado, pulmões, rins e próstata.
- **Cádmio:** é tóxico para as células tubulares renais e glomérulos, causando nefrotoxicidade, que pode ser identificada pela ocorrência de proteinúria e consequente necrose tubular. Quando inalado promove uma alteração respiratória conhecida como febre do vapor de cádmio, que se caracteriza pela ocorrência de febre, tremores, tosse e mal-estar nos soldadores; em uma exposição crônica pode acarretar pneumonia e lesão renal grave. A doença pulmonar crônica ocorre conforme a dose e a duração da exposição via inalatória, sendo manifestada como bronquite crônica e enfisema; alterações na mineralização dos ossos, o que causa dor óssea e até osteoporose.
- **Chumbo:** promove desde inibição enzimática até patologias graves e óbito. Em crianças acomete, sobretudo, o SNC, pois afeta o sistema neurotransmissor, enquanto, em adultos, causa, usualmente, neuropatia periférica, nefropatia crônica e hipertensão. Os principais tecidos-alvo do chumbo inorgânico são o sistema digestório, imune, esquelético e reprodutivo. O metal tem capacidade de ultrapassar a barreira placentária, sendo um risco para o feto.

- **Mercúrio:**
  - **Intoxicação aguda:** quando inalado, acomete o sistema respiratório e pode causar bronquite aguda e corrosiva, pneumonite intersticial e edema pulmonar. O mercúrio inorgânico tem afinidade com as células tubulares renais, sendo os rins os órgãos-alvo.
  - **Intoxicação crônica por metilmercúrio:** promove neurotoxicidade com parestesias, dificuldade de andar, na fala e ao engolir.
- **Níquel:** o efeito mais usual é a dermatite de contato decorrente da exposição ao ar ou por contato prolongado na pele (moedas e joias). O níquel carbonila, quando inalado, provoca cefaleia, tosse, náuseas, vômitos e irritação gastrointestinal, podendo evoluir para pneumonia, falência respiratória e óbito. A exposição ao sulfeto de níquel, ao óxido de níquel e ao níquel metálico apresenta risco potencial de câncer no sistema respiratório.

O Quadro 2 apresenta as concentrações mínimas de chumbo e suas manifestações em caso de intoxicação.

Quadro 2. Concentrações mínimas de chumbo e suas manifestações neurológicas, hematológicas e renais

Efeitos	Níveis de chumbo no sangue — µg/dL	
	Adultos	Crianças
Encefalopatia manifestada	80–100	100–120
Déficit de QI	10–15	
Efeitos no útero	10–15	
↓ Velocidade de condução nervosa	40	40
Anemia	80–100	80–100
↑ Protoporfirina eritrocitária	15	15
Nefropatia	40	40–60

Fonte: Adaptado de Klaassen e Watkins III (2012).

Os efeitos tóxicos causados pelos metais provocam alterações em tecidos-alvo, com manifestações sistêmicas que, inclusive, podem provocar a morte do indivíduo. Eles estão fortemente associados à ocorrência de agentes cancerígenos, que afetam diversos sistemas do organismo. Além disso, pode ocorrer diferenças de sintomas e de complicações em crianças e em adultos. A exposição ocupacional é a principal responsável pelas maiores contaminações em adultos. Os idosos costumam ser mais sensíveis à exposição por metais do que adultos jovens.

Saiba mais

Biomarcadores de exposição a metais contribuem para a avaliação do grau de intoxicação por metais, e suas concentrações podem ser facilmente medidas no sangue, na urina ou no cabelo.

Solventes

Os solventes consistem em líquidos orgânicos. Apresentam variabilidade na lipofilicidade e volatilidade, têm pequeno tamanho molecular e ausência de carga. Assim, são facilmente absorvidos pelos pulmões, pela pele e pelo sistema digestório. Normalmente, a ação dos solventes é reversível assim que a exposição é interrompida. São empregados para dissolver, diluir ou dispersar componentes insolúveis em água, e normalmente são obtidos por meio do refino de petróleo.

Em relação à sua toxicidade, conforme Klaassen e Watkins III (2012), os solventes têm como características importantes as listadas a seguir:

- o número de átomos de carbono;
- se é saturado ou se tem ligações duplas ou triplas entre átomos de carbono adjacentes;
- sua configuração (em cadeia linear, cadeia ramificada ou cíclica);
- a presença de grupos funcionais.

As diferentes conformações na estrutura química em relação a essas variáveis se refletem na toxicidade dos solventes. Como mostra a Figura 1, a exposição a solventes ocorre no cotidiano, pelo ar e pela água subterrânea. Além disso, a exposição ocorre normalmente junto a outros produtos químicos, causando efeitos tóxicos múltiplos.

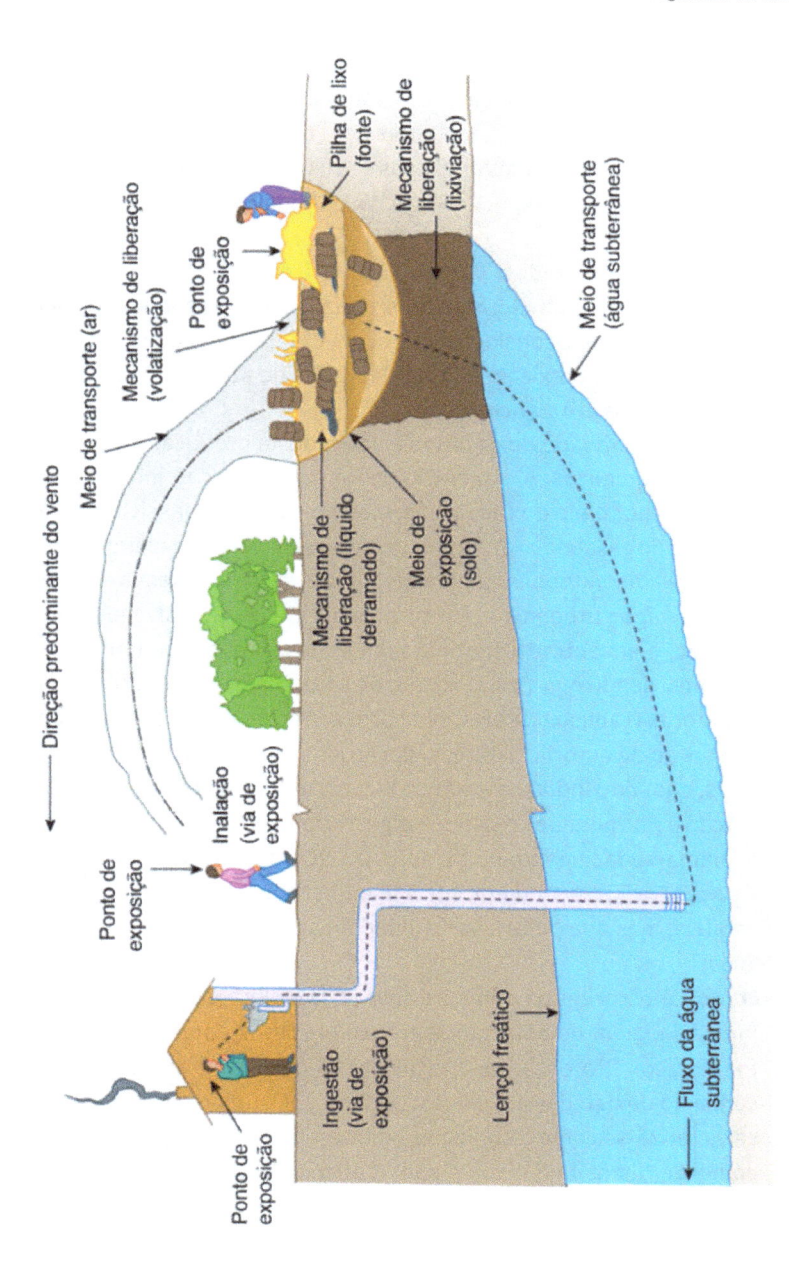

Figura 1. Vias e fontes de exposição a solventes.
Fonte: Klaassen e Watkins III (2012, p. 338).

Quando ingeridos por meio de água contaminada, ocorre absorção por via inalatória, dérmica e oral. No caso dos solventes, características como volatilidade e lipofilicidade são importantes para determinar a sua ação no organismo. Entre os solventes mais utilizados e seus efeitos tóxicos, podemos citar os seguintes (OLSON, 2014; KLAASSEN; WATKINS III, 2012):

- **Hidrocarbonetos clorados:**
    - **Clorofórmio ($CHCl_3$, triclorometano):** utilizado para a produção de um gás refrigerante. É considerado com provável efeito carcinogênico, com ação hepatotóxica e nefrotóxica, além de atuar no SNC.
- **Hidrocarbonetos aromáticos:**
    - **Benzeno:** é derivado do petróleo e utilizado na produção de outros produtos químicos. A exposição ocorre via produção industrial e cotidiano por meio do tabagismo, mesmo que fumo passivo, e pela inalação de gasolina e escapamento de automóveis. Seu efeito tóxico ocorre via hematopoiética, manifestando-se como anemia, leucopenia, trombocitopenia e, em casos mais graves, aplasia medular.
    - **Tolueno:** é encontrado em tintas, diluentes, agentes de limpeza e gasolina, sendo o principal agente de contaminação que ocorre via inalatória. O abuso do solvente ocorre intencionalmente, devido ao seu efeito de euforia, delírio, sedação e alucinações visuais e auditivas, podendo induzir estado de inconsciência. Apresenta alta absorção pelos pulmões e sistema digestório, e, por sua lipofilicidade, acumula-se facilmente no cérebro. O SNC é o principal órgão-alvo da ação tóxica do tolueno, cujas manifestações leves são tontura, cefaleia, mas que pode levar o indivíduo à morte.
- **Álcoois:**
    - **Etanol:** é empregado como aditivo da gasolina, solvente para a indústria, além de estar presente em produtos domésticos e farmacêuticos. No entanto, a intoxicação ocorre, sobretudo, pelo consumo de bebidas alcoólicas. Quando consumido cronicamente, caracteriza-se como alcoolismo, cujos efeitos causam prejuízo psicomotor, danos hepáticos e pancreáticos, sendo a depressão do SNC seu o principal efeito. No indivíduo, manifesta-se com mudança de comportamento — euforia, descoordenação, perda de equilíbrio, nistagmo, redução dos reflexos e alteração no julgamento e, em casos mais graves, coma alcoólico.

- **Glicóis:**
  - **Etilenoglicol:** presente em anticongelantes, descongeladores, agentes de secagem e tintas, e na produção de plásticos. A exposição se dá por via dérmica e pela ingestão acidental ou intencional da substância. Em uma intoxicação aguda, seus efeitos são estado de embriaguez e, conforme a dose, taquicardia e taquipneia, com consequente insuficiência cardíaca e edema pulmonar. Não há evidências de efeito potencial carcinogênico.

Saiba mais

Em 2020 ocorreram, no Brasil, vários casos de intoxicação por dietileno glicol — líquido inodoro, incolor, viscoso, higroscópico, com sabor açucarado — pelo consumo de cerveja contaminada da cervejaria mineira Backer. Os principais sintomas associaram-se à síndrome nefroneural, com manifestação de insuficiência renal aguda, alterações neurológicas e gastrointestinais, ocorrendo inclusive morte de algumas pessoas.

Praguicidas, radiação, materiais radioativos e seus efeitos tóxicos

Os praguicidas são substâncias empregadas para a prevenção e/ou destruição de pragas em um ambiente, e são utilizados, normalmente, na agricultura. Eles podem ser divididos em inseticidas (insetos), herbicidas (ervas daninhas), fungicidas (fungos e bolores), rodenticidas (roedores), acaricidas (ácaros), moluscicidas (caracóis e outros moluscos), larvicidas (larvas) e pediculicidas (piolhos). Seu uso deve ser controlado, visto que, apesar dos benefícios de controlar a transmissão de vetores transmissores de doenças, apresentam um grande risco à saúde, pois se bioacumulam no organismo.

A exposição aos diferentes praguicidas ocorre das formas listadas a seguir:

- Via oral, por ingestão intencional, com intuito de suicídio, ou acidental; consumo de alimentos e água contaminada com resíduos de praguicidas, que podem configurar intoxicação crônica.
- Via dérmica, por manuseio e aplicação desses produtos ou acidente que exponha regiões no corpo como face e mãos.
- Via inalatória.

De modo geral, conforme os tipos de praguicida, podemos sintetizar o seguinte (KLAASSEN; WATKINS III, 2012):

- **Inseticidas:**
  - **Compostos organofosforados:** a sintomatologia normalmente associada à intoxicação é a insuficiência respiratória. Outra sintomatologia associada é a síndrome colinérgica, que acarreta sudorese, salivação, diarreia, tremores e espasmos musculares.
  - **Carbamatos:** apresentam maior absorção por via dérmica devido à presença de compostos como solventes orgânicos e emulsificantes nas formulações. Pode promover miose, diurese, diarreia, salivação e espasmos musculares.
  - **Piretroides:** a parestesia é o efeito mais comum decorrente da exposição dérmica, além de formigamento nas pálpebras, lábios e ardência nas conjuntivas e mucosas. Em casos de exposição crônica, pode causar hepatomegalia leve e alterações histopatológicas no órgão.
- **Herbicidas:**
  - **Compostos clorofenoxi:** quando ingeridos, provocam vômito, dores abdominais, hipotensão, miotomia e, em casos mais graves, afetam o SNC e podem levar ao coma.
  - **Compostos bipiridílicos (*paraquat*):** são herbicidas com maior toxicidade aguda e se acumulam nos pulmões, seguidos dos rins, causando efeitos sistêmicos. A intoxicação manifesta-se sob a forma de edema pulmonar, infiltração do interstício alveolar e, consequentemente, morte. Em intoxicações crônicas, age no sistema digestório, nos rins e nos olhos, com ocorrência de náusea, vômito, ulceração esofágica e comprometimento das funções renais e alterações neurológicas, até sangramento gastrointestinal, disfunção pulmonar e dano renal.
- **Fungicidas:** conforme o fungicida empregado, podem acarretar irritação ocular e dérmica, hipertrofia e hiperplasia das células foliculares tireoidianas, podendo evoluir para adenomas e carcinomas, além de interferência endócrina, comprometendo o sistema reprodutivo.

Veja no Quadro 3 os principais efeitos tóxicos de alguns praguicidas.

Quadro 3. Principais efeitos tóxicos dos praguicidas

Efeitos agudos
Através da pele: Irritação na pele, ardência, desidratação, alergias. **Através da respiração:** ardência do nariz e boca, tosse, coriza, dor no peito, dificuldade de respirar. **Através da boca:** irritação da boca e garganta, dor de estômago, náuseas, vômitos, diarreia. **Sintomas inespecíficos:** dor de cabeça, transpiração anormal, fraqueza, câimbras, tremores, irritabilidade.
Efeitos crônicos
Dificuldade para dormir; esquecimento; aborto; impotência; depressão; problemas respiratórios graves; alteração do funcionamento do fígado e dos rins; anormalidade da produção de hormônios da tireoide, dos ovários e da próstata; incapacidade de gerar filhos; malformação e problemas no desenvolvimento intelectual e físico das crianças; câncer.

Fonte: Adaptado de Brasil (2019).

Radiação e materiais radioativos

A radiação está associada às partículas alfa, elétrons, raios gama e raios X. Pode ser ionizante ou não ionizante.

A **radiação ionizante** é encontrada no ambiente — água, solo, rochas, materiais de construção e corpo humano. Sua ionização pode ser direta ou indireta, direcionada ao DNA ou a moléculas relacionadas intimamente ao DNA (o hidrogênio ou o oxigênio para formar radicais livres, que poderão danificar o DNA). Como consequência, há danos no DNA, que podem ser de quebras em fita simples ou duplas, danos na base ou em ligações cruzadas em proteína e DNA.

A exposição ocupacional ocorre pela radiação não natural presente na área da saúde — equipamentos como raio X, tomografia computadorizada e radioterapia, bem como geração de energia —, minas subterrâneas e contato com radônio. A manifestação dos efeitos tóxicos agudos se dá por náuseas, fraqueza, perda de cabelo, queimaduras na pele, enquanto a de uma exposição crônica é a alteração no DNA, que acarreta deficiências e patologias manifestadas, sobretudo como câncer.

A carcinogenicidade varia de acordo com o tipo de radiação que o indivíduo é exposto e com a dose (BRASIL, 2019; FIUZA *et al.*, 2019):

- **Raio X e raios gama:** câncer na glândula salivar, esôfago, estômago, cólon, pulmão, ossos, mama, bexiga, rim, pele, SNC, tireoide e leucemia.
- **Partículas alfa:** câncer de pulmão e leucemia.
- **Partículas beta:** câncer na tireoide, glândula salivar, osso, sarcoma e leucemia.

Fique atento

As crianças apresentam maior sensibilidade na exposição à radiação ionizante. Considerando que a expectativa de vida é maior em relação aos adultos, a possibilidade de manifestarem algum efeito tóxico tardio é maior.

Venenos de animais terrestres, fungos, algas, plantas e seus efeitos tóxicos

Quando se trata de veneno, há associação aos **animais peçonhentos** (os quais apresentam um grupo de células ou uma glândula exócrina capaz de liberar toxinas ao morder ou picar) e aos **animais venenosos** (os quais não têm capacidade de inocular o seu veneno). Desse modo, a intoxicação ocorre em caso de ingestão. A estrutura dos venenos é muito complexa e são constituídos por diferentes componentes entre proteínas, compostos orgânicos com baixa massa molecular e compostos inorgânicos.

Ao ser inoculado no organismo, o veneno atinge os canais linfáticos, e o sítio de ação será dependente de:

- taxa de fluxo sanguíneo presente no tecido;
- massa da estrutura;
- características de partição da toxina entre o sangue e o tecido envolvido;
- sensibilidade dos receptores.

Entre os grupos de animais peçonhentos há os artrópodes e as serpentes. Os **artrópodes** reúnem os aracnídeos, os insetos, os besouros, os lepidópteros (borboletas e mariposas) e os himenópteros (vespas, abelhas e formigas). Em sua maioria, penetram o organismo humano por via dérmica, através de presas e ferrões. Os escorpiões são os principais causadores de mortes entre os artrópodes, seguidos das aranhas em menor proporção. Os demais artrópodes podem picar ou morder sem inocular o veneno. Frequentemente, os sintomas são confundidos com manifestações clínicas de outras doenças.

A composição do veneno dos **escorpiões** é variável conforme a espécie. Entre as que apresentam relevância clínica e que são encontradas na América do Sul destacam-se as espécies *Centruroides* e *Tityus*. Envenenamento por picada de *Centruroides*, em crianças, promove sensibilidade no local; elas ficam tensas e inquietas, apresentam movimentos rotatórios do globo ocular, o que é seguido por taquicardia, hipertensão e, posteriormente, fraqueza generalizada e ataxia. O comprometimento da função respiratória pode ocorrer por salivação excessiva, levando a uma paralisia respiratória e, consequentemente, à morte. Quando não evoluem para óbito, os sintomas cessam entre 36 a 48 horas.

Em adultos, normalmente há dor intensa no local, taquicardia, hipertensão e aumento na frequência respiratória, alterações na concentração e deglutição e coordenação motora. Tais sintomas podem permanecer por até 24 horas.

As **aranhas** da espécie *Latrodectus* ("aranhas viúvas") têm em seu veneno latrotoxinas, cuja ação promove uma dor aguda e intensa e até câimbras no local da picada. Fasciculação muscular é comum de ser observada, assim como sudorese, fraqueza e dor nos nódulos linfáticos e pelo corpo. Quando ocorre rigidez muscular na região abdominal e espasmos, representa um envenenamento grave.

A picada do **carrapato**, entre as 60 espécies das famílias Ixodidae, Argasidae e Nuttalliellidae, normalmente não é percebida imediatamente, de modo que ele pode ficar ligado ao hospedeiro por horas, dias ou semanas. Com isso, pode levar dias para o surgimento das primeiras manifestações clínicas: máculas, paresia, dificuldades relacionadas à fala e à respiração e, consequentemente, paralisia. Quando o veneno é eliminado do organismo, o indivíduo recupera-se completamente.

As **lagartas** também se enquadram no grupo de animais peçonhentos. A lagarta do gênero *Lonomia*, ou taturana, como é popularmente conhecida, é encontrada predominantemente em regiões no Sul e Sudeste do Brasil. Seu veneno está presente nos espinhos; após contato com os espinhos, as manifestações clínicas são dor e irritação no local da picada, cefaleia, náuseas e sangramentos através da pele, gengiva, urina e nariz, comprometendo a coagulação sanguínea. Dessa forma, pode causar hemorragias e síndrome hemorrágica e, consequentemente, morte.

O veneno das **serpentes** é constituído por diversos componentes, entre eles neurotoxinas, substâncias coagulantes, hemorraginas, substâncias hemolíticas, miotoxinas, citoxinas e nefrotoxinas. Logo, a ação do veneno acarreta diversas complicações após as reações de dor pungente, inflamação e edema no local da picada, que podem variar de intensidade conforme a espécie. Fatores como quantidade e veneno injetado, local da picada, tamanho, idade e saúde do indivíduo são importantes para determinar a intensidade do efeito tóxico, o qual pode causar o óbito de 1 a 32 horas após a picada (OLSON, 2014; BRASIL, 2001).

Fungos, algas, plantas

As **plantas** apresentam substâncias tóxicas capazes de agir na pele, nos pulmões, no sistema cardiovascular, no fígado, nos rins, na bexiga, no sangue, no SNC e periférico, nos ossos e no sistema reprodutivo. Seu efeito tóxico é variável, conforme a espécie da planta, e há variabilidade na concentração dos tóxicos em decorrência da região da planta (raiz, caule, folhas e sementes), idade da planta, clima e solo e diferenças genéticas.

Exemplo

Alguns exemplos relacionados são látex da borracha natural da seringueira; hera venenosa; pimenta caiena e pimenta chili; cáscara (*Rhamnus purshiana*); mamona (*Ricinus communis*); visco (*Phoradendron tomentosum*); lírios (*Veratrum album* e *Veratrum californicum*); comigo-ninguém-pode (*Dieffenbachia picta* Schott); espada-de-São-Jorge (*Sansevieria trifasciata*); dedadeira (*Digitalis purpurea*).

O Quadro 4 apresenta os principais efeitos tóxico das plantas, acompanhe.

Quadro 4. Principais efeitos tóxicos das plantas

	Efeito tóxico por órgão
Pele	**Dermatite de contato:** irritação após contato com a planta intacta, edema e inflamação após contato com a seiva, dor e eritema após contato com tricomas da urtiga e comigo-ninguém-pode. **Dermatite alérgica:** após contato com hera venenosa, com a borracha do látex natural da seringueira, com o pólen.
Sistema respiratório	**Rinite alérgica:** após inalação de pólen. **Reflexo da tosse:** após contato com capsaicina e a di-hidrocapsaicina presente na pimenta caiena e pimenta chili.
Sistema digestório	**Efeitos irritantes diretos:** dor abdominal, vômitos, diarreia, tontura, gastroenterite após a ingestão de cáscara. **Inibição da síntese proteica:** cefaleia, náusea, diarreia, tontura, vômitos, gastroenterite. (A mamona é bastante tóxica pode causar o óbito em crianças após o consumo de 5 a 6 sementes e em adultos, 20 sementes.) **Carcinogênicos químicos:** aumento da incidência de câncer de esôfago e estômago após a ingestão de brotos de samambaia.
Sistema cardiovascular	**Ação nos nervos cardíacos:** bradicardia e arritmias cardíacas acompanhadas de náusea, êmese (vômitos), hipotensão, espasmo muscular, desconforto gastrointestinal, fraqueza, parestesia oral após intoxicação com dedaleira e lírios. **Substâncias vasoativas:** hipotensão, bradicardia, vasoconstrição dos casos da pele e músculo esquelético após contato com as viscotoxinas do visco.

Relacionados com as plantas, há determinados **fungos** que provocam alterações cardiovasculares no organismo humano. O fungo *Claviceps purpurea*, presente em grãos de centeio, promovem vasoconstrição, sobretudo nas extremidades, e podem causar aborto em gestantes. Fungos comestíveis normalmente causam distúrbios gastrointestinais, como diarreia. No entanto, após a ingesta de *Amanita phalloides*, *Galerina* e *Lepitoa*, podem provocar complicações pela afinidade com os hepatócitos, e consequente necessidade de transplante de fígado. Além disso, podem ser observadas lesões nos túbulos proximais renais em casos de intoxicação grave. Entre as micotoxinas, as principais são produzidas pelos fungos *Aspergillus* e *Fusarium*, presentes em alimentos. A intoxicação se manifesta sob a forma de comprometimento hepático, como hepatite aguda, necrose e carcinomatose (FRANÇA; LEITE, 2018).

Veja mais sobre fungos tóxicos na Figura 2.

Cogumelo de esporos verdes - *Chlorophyllum molybdites;* **Efeito tóxico:** gastrointestinal

Amanita-pantera - *Amanita pantherina;* **Efeitos tóxicos:** alucinógenos, neurotóxicos, gastrintestinais

Amanita, Mata-boi - *Amanita muscaria;* **Efeitos tóxicos:** alucinógenos, neurotóxicos, gastrintestinais

Cogumelo-mágico - *Psilocybe cubensis;* **Efeitos tóxicos:** neurotóxicos, alucinógenos, gastrintestinais

Figura 2. Fungos tóxicos e seus efeitos.
Fonte: Adaptada de Centro de Informação Toxicológica (2011).

Determinadas **algas marinhas**, como a *Digenia simplex*, causadora da maré vermelha, apresentam aminoácidos excitatórios e ácido de caínico, que agem nos receptores de glutamato. Assim, causam estimulação excessiva e consequente morte dos neurônicos. A alga verde *Chondria aranta* possui ácido domoico, cujos efeitos tóxicos se relacionam a distúrbios gastrointestinais, cefaleia, confusão e convulsões. Elas provocam intoxicação em humanos pelo consumo de mexilhões, os quais se alimentam dessas algas (KLAASSEN; WATKINS III, 2012).

Referências

BRASIL. Fundação Nacional de Saúde. *Manual de diagnóstico e tratamento de acidentes por animais peçonhentos*. 2. ed. Brasília: FUNASA, 2001. Disponível em: https://www.icict.fiocruz.br/sites/www.icict.fiocruz.br/files/Manual-de-Diagnostico-e-Tratamento--de-Acidentes-por-Animais-Pe--onhentos.pdf. Acesso em: 21 out. 2020.

BRASIL. Instituto Nacional de Câncer. *Radiações ionizantes*. Brasília: INCA, 2019. Disponível em: https://www.inca.gov.br/exposicao-no-trabalho-e-no-ambiente/radiacoes/radiacoes-ionizantes. Acesso em: 21 out. 2020.

CENTRO DE INFORMAÇÃO TECNOLÓGICA. Fungos tóxicos. Porto Alegre: CIT, 2011. Disponível em: http://www.cit.rs.gov.br/index.php?option=com_content&view=article&id=40&Itemid=34#:~:text=Existem%20cogumelos%20comest%C3%ADveis%2C%20como%20Agaricus,de%20esporos%20verdes)%20entre%20outros. Acesso em: 21 out. 2020.

KLAASSEN, C. D.; WATKINS III, J. B. *Fundamentos em toxicologia de Casarett e Doull*. 2. ed. Porto Alegre: AMGH, 2012.

KATZUNG, B.; TREVOR, A. J. *Farmacologia básica e clínica*. 13. ed. Porto Alegre: AMGH, 2017. (Lange).

OLSON, K. R. *Manual de toxicologia clínica*. 6. ed. Porto Alegre: AMGH, 2014. (Lange).

FRANÇA, F. S.; LEITE, S. B. *Micologia e virologia*. Porto Alegre: SAGAH, 2018.

FIUZA, M. F. M. *et al*. *Imaginologia*. Porto Alegre: SAGAH, 2019.

Leituras recomendadas

AYER, F. Dietilenoglicol relacionado ao caso Backer já matou 750 em 10 países. Estado de Minas Gerais, 2020. Disponível em: https://www.em.com.br/app/noticia/gerais/2020/01/19/interna_gerais,1115300/dietilenoglicol-relacionado-ao-caso-backer--ja-matou-750-em-10-paises.shtml. Acesso em: 21 out. 2020.

OPAS/OMS. *Manual de vigilância da saúde de populações expostas a agrotóxicos*. Brasília: OPAS/OMS, 1996. Disponível em: https://www.paho.org/bra/index.php?option=com_docman&view=document&category_slug=saude-e-ambiente-707&alias=301-manual--vigilancia-da-saude-populacoes-expostas-a-agratoxicos-1&Itemid=965. Acesso em: 21 out. 2020.

SANCHEZ, Z. M. *et al*. Intoxicação e mortes por dietileno glicol presente em cervejas artesanais brasileiras. [S. l.]: UNIAD, 2020. Disponível em: https://www.uniad.org.br/artigos/2-alcool/intoxicacao-e-mortes-por-dietileno-glicol-presente-em-cervejas--artesanais-brasileiras/. Acesso em: 21 out. 2020.

Fique atento

Os *links* para *sites* da *web* fornecidos neste capítulo foram todos testados, e seu funcionamento foi comprovado no momento da publicação do material. No entanto, a rede é extremamente dinâmica; suas páginas estão constantemente mudando de local e conteúdo. Assim, os editores declaram não ter qualquer responsabilidade sobre qualidade, precisão ou integralidade das informações referidas em tais *links*.

Toxicologia ocupacional: ambientes de trabalho, exposição e doenças ocupacionais

Thaís Carine Ruaro

OBJETIVOS DE APRENDIZAGEM

> Reconhecer as doenças ocupacionais e os agentes associados.
> Identificar os determinantes de dose e os limites de exposição ocupacional.
> Descrever as vias de exposição a agentes tóxicos ocupacionais.

Introdução

Neste capítulo, você estudará a toxicologia ocupacional. Você vai ver seu conceito, vias de exposição a agentes tóxicos, bem como características limitantes dos toxicantes para permeação pelas diferentes vias. Em seguida, vai ler sobre os agentes tóxicos e sua relação com as doenças ocupacionais, além dos principais agentes carcinógenos humanos. Por fim, vai ver as doses e os limites de exposição ocupacional, como são estudados e quais são as normas regulamentadoras associadas.

Vias de exposição a agentes tóxicos ocupacionais

A **toxicologia ocupacional** é a ciência que identifica e quantifica as substâncias tóxicas (agentes químicos e físicos) em sistemas biológicos e também aquelas presentes no ambiente de trabalho — nesses casos, o agente envolvido faz parte do trabalho ou a exposição foi resultado do trabalho exercido por um indivíduo. A toxicologia ocupacional também identifica os efeitos adversos das exposições à saúde, que podem ser nos próprios trabalhadores, em animais experimentais ou outros sistemas de teste usados para definir e/ou entender a toxicidade do agente de interesse. Além disso, estabelece medidas de controle para prevenir ou minimizar a exposição a substâncias perigosas (KLAASSEN; WATKINS III, 2012).

O objetivo do toxicologista ocupacional é prevenir os efeitos adversos à saúde dos trabalhadores, decorrentes de seu ambiente de trabalho. Como o ambiente de trabalho frequentemente apresenta exposições a misturas complexas, o toxicologista ocupacional também deve reconhecer as combinações de exposição que são particularmente perigosas (WINDER; STACEY, 2005).

Frequentemente, é difícil estabelecer uma relação causal entre a doença de um trabalhador e o emprego (KLAASSEN; WATKINS III, 2012), pois:

- as expressões clínicas das doenças induzidas pelo trabalho são frequentemente indistinguíveis das que surgem de causas não ocupacionais;
- pode haver um longo intervalo entre a exposição e a expressão da doença;
- as doenças de origem ocupacional podem ser multifatoriais, com fatores pessoais ou outros fatores ambientais contribuindo para o processo da doença.

As principais vias pelas quais os agentes tóxicos obtêm acesso ao corpo são a via dérmica, a via respiratória e o trato digestivo, como mostra a Figura 1.

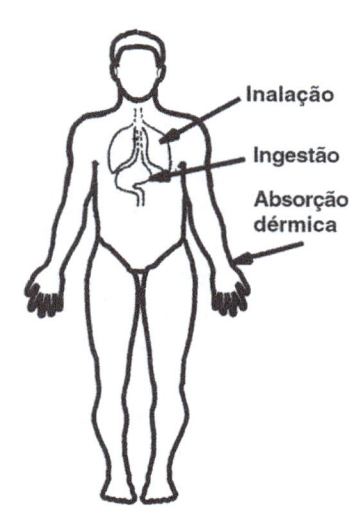

Figura 1. Principais vias de exposição humana aos toxicantes.
Fonte: OMS (2008, documento *on-line*).

Na **via dérmica**, a exposição a determinado agente ocorre através da pele (tópica, percutânea ou dérmica). O contato com a pele é a via mais comum de exposição a substâncias tóxicas. A camada mais externa da epiderme é o estrato córneo, que é a estrutura que determina a taxa de absorção de substâncias (WINDER; STACEY, 2005).

Exemplo

Um pesticida como o Malathion, por exemplo, que penetra facilmente no estrato córneo, move-se rapidamente através das outras camadas da pele e é rapidamente absorvido pela corrente sanguínea. O DDT (diclorodifeniltricloroetano), outro tipo de pesticida, não penetra facilmente no estrato córneo, portanto, a taxa de absorção dele é muito mais lenta (WINDER; STACEY, 2005).

Os fatores que afetam a absorção dérmica de substâncias tóxicas incluem os seguintes (WINDER; STACEY, 2005):

- **Condição da pele:** um estrato córneo intacto (epiderme) é uma barreira eficaz para a absorção de alguns produtos químicos tóxicos. No entanto, danos físicos à barreira protetora, como um corte ou abrasão, permitem que substâncias tóxicas penetrem na epiderme e entrem na derme, onde entram mais prontamente na corrente sanguínea e são transportadas para outras partes do corpo.
- **Composição química da substância:** substâncias e produtos químicos inorgânicos não são facilmente absorvidos por uma pele saudável e intacta (como cádmio, chumbo, mercúrio e cromo). Produtos químicos orgânicos dissolvidos em água não penetram facilmente na pele, porque a pele é impermeável à água. No entanto, solventes orgânicos, como diluentes ou gasolina, são facilmente absorvidos pela epiderme.
- **Concentração da substância tóxica ou tempo de exposição:** aumentar a concentração da substância tóxica ou o tempo de exposição pode aumentar a taxa ou a quantidade de material absorvido.

Na **via respiratória**, a inalação é o meio mais fácil e rápido de exposição a substâncias tóxicas, porque as substâncias tóxicas são prontamente absorvidas no trato respiratório. A via respiratória é a via mais fácil para as substâncias tóxicas, e também a mais frágil. Os materiais transportados pelo ar na forma de vapores, gases, névoas ou partículas e que são inalados podem se depositar nos pulmões; se forem solúveis, podem ser absorvidos através da interface sangue–pulmão. Vários mecanismos protegem os pulmões, como a simples tosse ou a limpeza por "macrófagos", que envolvem e promovem a remoção de qualquer estrutura estranha (UNL, 2003).

Ao entrar em contato com o tecido do trato respiratório superior ou dos pulmões, os produtos químicos podem causar efeitos que vão desde a simples irritação até a destruição grave do tecido. As substâncias absorvidas pelo sangue são circuladas e distribuídas aos órgãos que têm afinidade por aquele produto químico específico. Os efeitos para a saúde podem ocorrer nos órgãos que são sensíveis ao tóxico (UNL, 2003).

O trato respiratório consiste nas vias nasais, traqueia, laringe e os pulmões. O revestimento do trato respiratório não é eficaz na prevenção da absorção de substâncias tóxicas. Os seguintes fatores afetam a inalação de substâncias tóxicas (WINDER; STACEY, 2005):

- concentração de substância tóxica no ar;
- solubilidade da substância no sangue e tecido;
- taxa de respiração;
- duração da exposição;
- condição do trato respiratório;
- tamanho da partícula tóxica.

No trato digestivo ocorre a **ingestão** de um agente tóxico oralmente. O trato digestivo consiste em boca, esôfago, estômago e intestino (delgado e grosso). A principal função do trato digestivo é digerir e absorver os alimentos que comemos. Fatores físicos e químicos afetam a absorção de substâncias tóxicas (UNL, 2003). Depois de ser absorvido através da circulação sanguínea, o produto químico é rapidamente distribuído por todo o corpo, e pode ser movido de um órgão ou tecido para outro (translocação) ou transformado em um novo composto (biotransformação) (UNL, 2003).

Existem outras vias de intoxicação, como a **conjuntival**, que consiste na exposição da membrana conjuntiva dos olhos a um agente; a exposição a **mordeduras** e **picadas**, ou seja, a introdução, ou possível introdução, de um agente tóxico no tecido pela mordedura ou picada de um animal; ou a causada por **perfuração** de certas plantas. Por fim, há a via **parenteral** (intramuscular, intravenosa, subcutânea ou hipodérmica, intradérmica, intra--arterial, intracardíaca, intraperitoneal e intratecal), acessada por agulha, outros instrumentos ou meios mecânicos de maneira acidental no ambiente de trabalho (UNL, 2003).

Para exercer um efeito tóxico sistêmico, uma substância perigosa deve primeiro entrar na circulação cruzando as barreiras naturais do corpo. Em todos os casos (exceto por injeção direta), o material tóxico tem que atravessar uma membrana biológica para entrar no corpo. As duas maneiras principais de isso ocorrer são por difusão passiva ou transporte ativo (WINDER; STACEY, 2005).

A **difusão passiva** requer um gradiente de concentração positiva, isto é, a substância tende a se difundir através de uma membrana de uma concentração alta para uma concentração mais baixa. Outros fatores que influenciam a capacidade de atravessar uma membrana biológica incluem solubilidade em lipídios (ou gordura), tamanho molecular e grau de ionização. Geralmente, moléculas pequenas, lipofílicas e não ionizadas atravessam as membranas biológicas mais rapidamente do que as maiores e solúveis em água (WINDER; STACEY, 2005).

O **transporte ativo** envolve uma proteína "transportadora" específica, que transfere o xenobiótico através da membrana plasmática. O transporte ativo pode mover moléculas contra um gradiente de concentração.

Depois que o produto químico é absorvido pelo corpo, três outros processos são possíveis: **metabolismo**, **armazenamento** e **excreção** (UNL, 2003). Muitos produtos químicos são metabolizados ou transformados por meio de reações químicas no corpo. Em alguns casos, os produtos químicos são distribuídos e armazenados em órgãos específicos. O armazenamento pode reduzir o metabolismo e, portanto, aumentar a persistência dos produtos químicos no corpo. Se uma substância é removida rapidamente, o potencial para o desenvolvimento de efeitos adversos é reduzido. Por outro lado, se a retenção for prolongada, o potencial para efeitos adversos é maior (UNL, 2003).

Fique atento

A meia-vida pode variar muito para diferentes substâncias e pode ter uma influência significativa em sua toxicidade potencial. Por exemplo, o cádmio tem uma meia-vida no corpo de 15 a 20 anos, então, a exposição ao cádmio pode aumentar gradualmente a quantidade total armazenada ou acumulada no corpo ao longo de um período de tempo. Por outro lado, para uma substância com meia-vida curta (por exemplo, monóxido de carbono com meia-vida de algumas horas no corpo), a quantidade da substância em um fluido corporal, como o sangue, cairá rapidamente com a cessação da exposição (WINDER; STACEY, 2005).

Os vários mecanismos excretores (respiração exalada, transpiração, urina, fezes ou desintoxicação) livram o corpo, durante um período de tempo, da substância química. Para alguns produtos químicos, a eliminação pode ser uma questão de dias ou meses; para outros, a taxa de eliminação é tão baixa que podem persistir no corpo por toda a vida e causar efeitos deletérios (UNL, 2003). As principais **vias de excreção** de substâncias perigosas são as seguintes:

- **Renal (via rins):** o rim é a principal via de excreção de pequenas moléculas solúveis em água; moléculas grandes, como proteínas, não podem atravessar as membranas de filtração do rim, enquanto as substâncias solúveis em lipídios são reabsorvidas dos túbulos renais.

- **Biliar (via fígado e TGI):** a bile é a secreção produzida pelo fígado e é a segunda via mais importante de eliminação de substâncias do corpo; para alguns materiais, como os materiais lipossolúveis, pode ser a mais importante. A bile passa do fígado para a vesícula biliar e depois para o trato gastrointestinal.
- **Pulmonar (exalação pelos pulmões):** os pulmões podem ser uma via importante de excreção de substâncias voláteis.
- **Secretor:** em fluidos como suor, sêmen e lágrimas — são uma via secundária.

> *Fique atento*
> A frequência da exposição, a duração da exposição e a via de administração são fatores que influenciam na toxicidade de uma substância.

Doenças ocupacionais e agentes associados

A toxicidade de uma substância, ou seja, a capacidade de o agente tóxico promover danos às estruturas biológicas por meio de interações físico-químicas, pode ser aguda, subcrônica ou crônica. A **toxicidade aguda** é aquela em que os efeitos são produzidos por única exposição ou por múltiplas exposições a uma substância, em um curto período (inferior a um dia). A **toxicidade subcrônica** é aquela em que os efeitos tóxicos são produzidos por exposições diárias repetidas a uma substância, por vários meses (um a 12 meses). Enfim, a toxicidade crônica é aquela em que os efeitos tóxicos ocorrem após repetidas exposições, por um longo período de tempo, geralmente durante grande parte da vida (UNL, 2003).

> *Exemplo*
> Um mesmo agente tóxico pode causar ambos os tipos de intoxicação. Por exemplo, a intoxicação por agrotóxicos pode ser:

- **aguda leve:** quadro clínico caracterizado por cefaleia, irritação cutâneo-mucosa, dermatite de contato irritativa ou por hipersensibilização, náusea e discreta tontura;
- **crônica:** atinge vários órgãos e sistemas, com destaque para os problemas imunológicos, hematológicos, hepáticos, neurológicos, malformações congênitas e tumores.

A intoxicação aguda, além de leve, pode ser ainda moderada ou grave. Na **intoxicação aguda moderada**, o quadro clínico é caracterizado por cefaleia intensa, náusea, vômitos, cólicas abdominais, tontura mais intensa, fraqueza generalizada, parestesias, dispneia, salivação e sudorese aumentadas. Já na **intoxicação aguda grave**, o quadro clínico é caracterizado por miose, hipotensão, arritmias cardíacas, insuficiência respiratória, edema agudo de pulmão, pneumonite química, convulsões, alterações da consciência, choque, coma, podendo evoluir para a morte.

Os efeitos são observados perto da parte ou partes do corpo onde ocorreu a exposição. Por exemplo, inalar partículas pode resultar em irritação do trato respiratório, resultando em efeitos que variam de espirros a dores no peito e dificuldade em respirar (KLAASSEN; WATKINS III, 2012).

Algumas substâncias são absorvidas pela corrente sanguínea e depois transportadas para outras partes do corpo, onde causam seu efeito. Esses tipos de substâncias geralmente causam seus efeitos em um ou dois órgãos-alvo do corpo. A ocorrência ou não desses efeitos depende da concentração da substância química, da duração da exposição e da frequência de exposição (KLAASSEN; WATKINS III, 2012).

As **doenças pulmonares ocupacionais** — como a pneumoconiose causada em trabalhadores expostos ao carvão; a asbestose, doença que leva à formação de tecido cicatricial nos pulmões, causada pela aspiração do pó de amianto; e a asma ocupacional — são grandes responsáveis pela regularização da saúde do trabalhador, pelos sérios casos de intoxicação (KLAASSEN; WATKINS III, 2012).

Os danos causados por gases tóxicos são geralmente caracterizados pela perda de fluido e de proteína osmoticamente ativas no tecido vascular, para o interior do interstício e das vias aéreas. Os vapores de amônia anidra, por exemplo, combinam-se com a água presente nos tecidos dos olhos, nos *sinus* e nas vias aéreas superiores, formando hidróxido de amônio, que rapidamente produz necrose liquefativa (KLAASSEN; WATKINS III, 2012). Entretanto, outras substâncias, como o dióxido de nitrogênio, que possui baixa hidrossolubilidade, agem nas vias respiratórias inferiores e nos alvéolos, e demoram muito tempo para produzir danos pulmonares (KLAASSEN; WATKINS III, 2012).

A asma ocupacional tem início quando as vias aéreas respondem de maneira anormal a estímulos presentes no ambiente de trabalho, como polímeros de plástico e de borracha, pigmentos reativos e anidridos ácidos, biocidas e fungicidas, metais, látex e algumas enzimas. A exposição a plantas, animais ou fungos também pode induzir asma (KLAASSEN; WATKINS III, 2012).

Os **agentes tóxicos ocupacionais** podem ainda gerar doenças em vários locais do corpo, como tumores no fígado, na bexiga, no trato gastrointestinal, no sistema hematopoiético, além de causarem dano no sistema nervoso central e/ou periférico, entre outros locais (KLAASSEN; WATKINS III, 2012). No trato gastrointestinal, podem causar, inicialmente, irritação gástrica, náusea, diarreia, dor abdominal ou cólica (WINDER; STACEY, 2005). Danos no sistema imune podem ocorrer pelo efeito imunossupressor de agentes químicos, causados pela hipersensibilidade, levando a alergias respiratórias ou dérmicas ou a reações de hipersensibilidade sistêmica. A síndrome autoimune tem sido associada a exposições ocupacionais à sílica cristalina ou ao cloreto de vinila (KLAASSEN; WATKINS III, 2012).

Doenças ocupacionais do sistema cardiovascular incluem aterosclerose, arritmias, diminuição no suprimento de sangue das artérias coronárias, hipotensão sistêmica, hipertrofia do ventrículo direito, em geral devido à hipertensão coronariana (KLAASSEN; WATKINS III, 2012). A doença cardiovascular aterosclerótica é associada ao dissulfeto de carbono. Esse solvente químico é usado na fabricação de *rayon* (tecido de fibra celulósica), em aplicações especializadas e laboratórios de pesquisa. Também é o metabólito principal do dissulfiram.

O monóxido de carbono (CO), em níveis elevados, pode causar infarto do miocárdio em indivíduos saudáveis em outros aspectos; em níveis baixos, pode agravar uma isquemia em face de uma doença cardiovascular estabelecida. Muitas jurisdições concedem automaticamente a indenização trabalhista para bombeiros ou para policiais com doença arterial coronariana, considerando-a uma doença ocupacional "relacionada com o estresse", somada aos possíveis efeitos do CO no primeiro grupo. Espasmo de artéria coronária induzido por abstinência de nitrato tem sido relatado entre trabalhadores fortemente expostos aos nitratos durante a fabricação de munições. Solventes de hidrocarbonetos, especialmente os hidrocarbonetos clorados e propulsores de clorofluorocarboneto, aumentam a sensibilidade do miocárdio a arritmias induzidas por catecolaminas (OLSON, 2014).

Doenças hepáticas incluem fígado gorduroso induzido pelo tetracloreto de carbono. Causas de hepatite aguda química incluem a exposição a solventes industriais, como os hidrocarbonetos halogenados (cloreto de metileno, tricloroetileno, tricloroetano e tetracloreto de carbono — este último raramente encontrado na indústria moderna), e a substâncias químicas não halogenadas, como dimetilformamida, dinitropropano e dimetilacetamida. Os componentes de combustível de jatos e foguetes hidrazina e monometil-hidrazina também são potentes hepatotoxinas não halogenadas. Outras respostas hepáticas que podem ser ocupacionalmente relacionadas incluem esteatose, lesão colestática, esclerose hepatoportal e porfiria hepática. O prestador de cuidados agudos deve sempre considerar uma etiologia química tóxica no diagnóstico diferencial de doença hepática (OLSON, 2014).

Doenças no sistema reprodutor de origem ocupacional podem ser específicas com relação ao gênero e ao órgão, ou afetar ambos os gêneros (KLAASSEN; WATKINS III, 2012). Desfechos reprodutivos adversos têm sido associados ou implicados nas exposições ocupacionais a metais pesados (por exemplo, chumbo e mercúrio orgânico), exposições químicas hospitalares (incluindo gases anestésicos e de esterilização) e dibromocloropropano (fumigante do solo) (OLSON, 2014).

Toxicidade aguda do sistema nervoso central (SNC) pode ocorrer com muitos pesticidas (incluindo tanto os hidrocarbonetos de inibição de colinesterase quanto os clorados). O SNC é também alvo do brometo de metila (um fumigante estrutural) bem como da toxina relacionada iodeto de metila. Gases asfixiantes citotóxicos e anóxicos (por exemplo, monóxido de carbono, cianetos e sulfeto de hidrogênio) causam lesão aguda do SNC, bem como asfixiantes a granel (por exemplo, dióxido de carbono). Os solventes hidrocarbonetos são normalmente depressores do SNC em níveis altos de exposição.

A toxicidade crônica do SNC é a marca dos metais pesados. Eles incluem formas inorgânicas (arsênico, chumbo e mercúrio) e orgânicas (chumbo tetraetila e metilmercúrio). A exposição crônica ao manganês pode causar psicose e parkinsonismo. A lesão pós-anóxica, especialmente a partir de monóxido de carbono, pode também levar ao parkinsonismo. Causas comprovadas de neuropatia periférica incluem arsênico, chumbo, mercúrio, dissulfureto de carbono (mencionado anteriormente em ligação com a doença cardíaca aterosclerótica), n-hexano (ampliado em combinação com metiletilcetona) e determinados compostos organofosforados (OLSON, 2014).

A exposição a **agentes infecciosos** pode causar doenças em trabalhadores que desempenham certas ocupações, como veterinários, trabalhadores da área da saúde, pesquisadores biomédicos e fazendeiros (KLAASSEN; WATKINS III, 2012).

Ambientes internos, industriais ou não, podem apresentar riscos ocupacionais devido à presença de **agentes químicos ou biológicos**. Substâncias químicas voláteis e semivoláteis são liberadas de materiais durante a manufatura — por exemplo, de materiais de construção, de revestimentos de pisos, de mobílias, de produtos de limpeza, entre outros. Quando há problemas como ventilação ineficiente do ambiente e o não uso de equipamentos de proteção individual (EPI), tais substâncias podem causar danos à saúde dos trabalhadores. Ainda, armários úmidos ou porões e ambientes fechados podem promover o desenvolvimento de microrganismos; por exemplo, na construção civil, viroses por aerodispersoides, bactérias e fungos são responsáveis por uma variedade de enfermidades (KLAASSEN; WATKINS III, 2012).

Observe, no Quadro 1, algumas das principais doenças ocupacionais e exemplos de toxicantes que as causam.

Quando 1. Exemplo de doenças ocupacionais e os toxicantes associados

Órgão/sistema ou grupo de doença	Doença	Agente causal
Pulmões e vias aéreas	■ Edema pulmonar agudo ■ Bronquiolite obliterante ■ Renite alérgica ■ Asfixia ■ Asma ■ Bronquite (bronquite crônica) ■ Enfisema ■ Doença fibrótica pulmonar ■ Pneumonite (pneumonite por sensibilidade) ■ Irritação das membranas mucosas ■ Síndrome tóxica de poeiras orgânicas ■ Inflamação no trato respiratório superior	■ Óxidos de nitrogênio ■ Polens, esporos de fungos ■ Monóxido de carbono, cianeto de hidrogênio, gases inertes ■ Diisocianato de tolueno, α-amilase, proteínas de urina animal ■ Celeiro de suínos, poeira de algodão, bioaerossóis ■ Arsênio, cloro ■ Poeira de carvão, fumaça de cigarro ■ Sílica, asbestos ■ Bactérias termofílicas, proteína de aves, *Penicillium, Aspergillus* ■ Zinco, cobre, magnésio ■ Ácido clorídrico ■ Silagem mofada, endotoxinas, glucanas, viroses
Câncer	■ Leucemia mielocítica aguda ■ Câncer de bexiga ■ Cânceres gastrointestinais ■ Hemangiossarcoma hepático ■ Carcinoma hepatocelular ■ Mesiotelioma ■ Carcinoma pulmonar ■ Câncer de pele	■ Benzeno, óxido etílico ■ Benzina, 2-naftilamina, 4-difenilamina ■ Asbestos ■ Cloreto de vinila ■ Aflatoxina, vírus da hepatite B ■ Arsênio, éter bis (clorometila), radônio ■ Hidrocarbonetos aromáticos policíclicos, radiação ultravioleta

(Continua)

(Continuação)

Órgão/sistema ou grupo de doença	Doença	Agente causal
Pele	■ Dermatite alérgica de contato ■ Queimaduras químicas ■ Cloracne ■ Dermatite por irritação	■ Látex de borracha natural, isotiazolinonas, níquel ■ Hidróxido de sódio, ácido fluorídrico ■ 2,3,7,8-tetraclorodibenzeno-p-dioxina (TCDD) ■ Dodecilsulfato de sódio
Sistema nervoso	■ Inibição de colinesterase ■ Neuropatia ■ Parkinsonismo ■ Depressão ■ Neuropatia periférica	■ Inseticidas organofosforados ■ Metilmercúrio ■ Monóxido de carbono, dissulfeto de carbono ■ N-Hexano, tricloroetileno, acrilamida
Sistema imune	■ Doenças autoimunes ■ Hipersensibilização ■ Imunossupressão	■ Cloreto de vinila, sílica ■ Chumbo, mercúrio, pesticidas ■ TCDD
Sistema renal	■ Falha renal indireta ■ Nefropatia	■ Arsina, fosfina, trinitrofenol ■ Paraquat, 1,4-diclorobenzeno, cloreto mercúrio
Doença cardiovascular	■ Arritmias ■ Aterosclerose ■ Doença arterial coronariana ■ Hipotensão sistêmica	■ Acetona, tolueno, cloreto de metila, tricloroetileno ■ Dinitrotolueno, monóxido de carbono ■ Dissulfeto de carbono ■ Berílio ■ Nitroglicerina, dinitrato de etilenoglicol
Doença hepática	■ Esteatose ■ Cirrose ■ Morte hepatocelular	■ Tetracloreto de carbono, tolueno ■ Arsênio, tricloroetileno ■ Dimetilformamida ■ TCDD
Sistema reprodutivo	■ Ambos os gêneros	■ Clordecano (kepone), dibromocloropropano, hexano ■ Anilina, estireno ■ Dissulfeto de carbono, chumbo, cloreto de vinila

(Continua)

(Continuação)

Órgão/sistema ou grupo de doença	Doença	Agente causal
Doenças infecciosas	■ Encefalite por arbovírus ■ Aspergilose ■ Criptosporidiose ■ Hepatite B ■ Histoplasmose ■ Legionelose ■ Psitacose ■ Tuberculose	■ Alfavírus, buniavírus, flavivírus ■ Vírus da hepatite B ■ *Aspergillus niger, A. fumigatus, A. flavus* ■ *Cryptosporidium parvum* ■ *Histoplasma capsulatum* ■ *Legionella pneumophila* ■ *Borrelia burgdorferi* ■ *Chlamydia psittaci* ■ *Mycobacterium tuberculosis hominis*

Fonte: Adaptado de Klaassen e Watkins III (2012).

O **câncer ocupacional** é uma das principais preocupações públicas e, muitas vezes, leva ao encaminhamento para uma avaliação toxicológica. Uma variedade de cânceres tem sido associada à exposição no local de trabalho. Identificar as causas químicas de câncer provou ser um grande desafio para os toxicologistas ocupacionais e epidemiologistas (OLSON, 2014). Foram classificados como agentes carcinógenos humanos (grupo 1) comprovados pela IARC (International Agency for Research on Cancer) os agentes a seguir (KLAASSEN; WATKINS III, 2012).

- **Materiais particulados:** asbestos (amianto), sílica cristalina, talco contendo fibras asbestiformes, *erionite*, poeira de madeira.
- **Metais:** arsênio e compostos de arsênio, berílio, cádmio e compostos de cádmio, compostos de crômio hexavalente, compostos de níquel.
- **Compostos orgânicos:** benzeno, carvão de alcatrão, piche, óleos minerais (não tratados ou moderadamente tratados), óleos de argila, lubrificantes derivados da argila, fuligem, cloreto de vinila, 4-aminobifenila, benzidina, 2-naftilamina, óxido de etileno, 2,3,7,8-tetraclorodibenzeno-p-dioxina (TCDD), aflatoxina.
- **Agentes físicos:** radiação ionizante (raios X, raios Y, nêutrons e gás radônio), radiação solar.
- **Outros agentes com exposição ocupacional:** fumaça de tabaco ambiental, gás mostarda, neblina de ácidos inorgânicos fortes contendo ácido sulfúrico

Quando identificado um comprometimento da saúde do trabalhador devido a agentes toxificantes ocupacionais, deve-se, inicialmente, eliminar ou reduzir a exposição — uma intervenção fundamental no tratamento na toxicologia ocupacional, e isso inclui a prevenção da exposição aos colegas de trabalho. A modificação e o controle do local de trabalho, especialmente a substituição de materiais menos perigosos, deve ser sempre a primeira linha de defesa, além do uso de EPIs pelo trabalhador. O tratamento médico de doenças ocupacionais deve seguir os princípios gerais. Em particular, o uso de antídotos específicos deve ser adotado, consultando-se um centro de controle regional de intoxicações ou outros especialistas (OLSON, 2014).

Dose e limites de exposição ocupacional

Existem limites de exposição para agentes químicos, biológicos e físicos do ambiente de trabalho. Tais limites visam à promoção da saúde e à segurança do trabalhador.

Dose é definida como a quantidade de agente tóxico que atinge o tecido-alvo durante um período de tempo definido. Em ambientes ocupacionais, a exposição é frequentemente usada como um substituto para a dose. A resposta a um agente tóxico depende de fatores do hospedeiro e da dose. O caminho da exposição à doença subclínica ou efeito adverso à saúde sugere que existem fatores modificadores importantes, listados a seguir (KLAASSEN; WATKINS III, 2012):

- exposições contemporâneas;
- suscetibilidade genética;
- idade;
- sexo;
- estado nutricional;
- fatores comportamentais.

Esses fatores modificadores podem influenciar se um trabalhador permanece saudável, desenvolve doença subclínica que é reparada, ou progride para doença. A dose é uma função da concentração da exposição, duração da exposição e frequência da exposição. As características individuais e ambientais também podem afetar a dose (KLAASSEN; WATKINS III, 2012).

Os determinantes da dose dos toxicantes pela exposição por via inalatória são os seguintes (KLAASSEN; WATKINS III, 2012):

- concentração de aerodispersoides;
- distribuição do tamanho das partículas;
- velocidade de respiração;
- volume *tidal*;
- outros fatores ligados ao trabalhador;
- duração da exposição;
- propriedades químicas, físicas ou biológicas do toxicante;
- efetividade dos EPIs.

Já os determinantes para **exposição dérmica** são os seguintes (KLAASSEN; WATKINS III, 2012):

- concentração no ar;
- gotículas ou soluções;
- grau de duração da umidade da pele;
- integridade da pele;
- velocidade de absorção percutânea;
- região exposta da pele;
- superfície e área exposta da pele;
- preexistência de doenças de pele;
- temperatura no local de trabalho;
- veículo do toxicante;
- presença de outras substâncias químicas na pele.

Para os **agentes químicos e biológicos**, os limites de exposição são expressos como níveis aceitáveis de concentração ambiental (OELs, *occupational exposure limits*) ou como concentração de um toxicante, de seus metabólitos ou de um marcador específico de seus efeitos (BEIs, *biological exposure indices*) (KLAASSEN; WATKINS III, 2012).

Os **OELs** são estabelecidos como padrões por agências regulatórias ou como guias por grupos de pesquisa ou organizações privadas. Os OELs não correspondem aos níveis de exposição abaixo dos quais a probabilidade de ocorrer alterações na saúde dos trabalhadores expostos é aceitável. Para determinar se os riscos advindos da exposição ocupacional são aceitáveis, é necessário caracterizar o perigo, identificar as potenciais doenças ou efeitos nocivos e estabelecer a relação entre intensidade da exposição ou dose e os efeitos adversos à saúde (KLAASSEN; WATKINS III, 2012).

Outros termos nas investigações sobre a toxicidade de um produto químico para definir um nível no qual não haja efeitos tóxicos, incluem NEL (nenhum nível de efeito), NOEL (nenhum nível de efeito observável) e NOAEL (nenhum nível de efeito adverso observável) (WINDER; STACEY, 2005).

Saiba mais

NEL (nenhum nível de efeito) descreve o nível de dose usado em um experimento com animais no qual nenhum efeito foi observado. **NOEL** (nenhum nível de efeito observável) vai um passo além ao incluir a palavra "observável" para indicar que apenas uma série finita de possíveis pontos finais tóxicos foi investigada. Portanto, reconhece que alguma forma de toxicidade pode estar presente, mas que o teste apropriado não foi empregado para detectá-la. Também permite outras incertezas, como diferenças entre as espécies e assim por diante.

NOAEL (nenhum nível de efeito adverso observável) foi projetado para acomodar a possibilidade de que um efeito pode ter sido observável, mas pode não ser considerado como tendo significado toxicológico para o organismo. Um exemplo de tal efeito, considerado por alguns como sem importância no estabelecimento de limites de exposição aceitáveis, é um aumento no peso do fígado dos animais expostos. Muitos produtos químicos conhecidos aumentam as quantidades de enzimas responsáveis pela biotransformação, e isso é frequentemente considerado uma "resposta adaptativa" (WINDER; STACEY, 2005).

Uma vez que o nível no qual nenhum efeito de significância toxicológica foi obtido, ele pode ser usado para decidir o que constitui um nível aceitável ao qual os humanos podem ser expostos (WINDER; STACEY, 2005). Frecuentemente, isso é feito incorporando um fator de segurança ou fator de incerteza, devido a nossa incerteza nesse processo e aspectos como extrapolação entre espécies, sensibilidades diferentes entre os indivíduos, entre outros. Ele não pode, entretanto, garantir que o nível de exposição identificado protegerá todos os indivíduos a toda e qualquer manifestação toxicológica possível daquele produto químico, mas pode-se esperar que abaixo do nível escolhido seja muito improvável que quaisquer efeitos adversos do produto químico sejam observados (WINDER; STACEY, 2005).

A Occupational Safety Health Administration (OSHA) publica OELs com valor legal nos Estados Unidos, denominados PEL (*permissible exposure limit*). Também utiliza a média ponderada de 8 horas de exposição (TWA-PEL, *time weighted average, permissible exposure limit*) com a mesma denominação da ACGIH (American Conference of Governmental Industrial Hygienists) e a define assim: "[...] o TWA-PEL é o nível de exposição estabelecido como o nível mais alto de exposição que um trabalhador pode estar exposto por 8 horas, sem incorrer o risco de efeitos adversos para a saúde" (OSHA, 1995, documento *on-line*).

No quadro apresentado na Figura 2, você pode ver que, dentro de um mesmo país (Estados Unidos), os níveis da OSHA, com valor legal, são, em geral, maiores do que os da ACGIH — que são, na verdade, uma recomendação de uma organização não governamental (ONG). Sendo assim, as empresas são obrigadas a seguir os OELs definidos pela OSHA, mas podem adotar voluntariamente, ou por meio de negociações com os sindicatos de trabalhadores, os OELs da ACGIH, ou ainda de outras fontes.

Substância CAS / LEO	LT – MTE – Brasil[*]	EUA – TLV – ACGIH[**]	EUA – PEL – OSHA[***]	EU – OELV[****]	UK – WEL[*****]
Benzeno CAS 71-43-2	1 ppm[21] ([******])	0,5 ppm[22]	1 ppm[23]	1 ppm(b)[27]	1 ppm[28]
Tolueno CAS 108-88-3	78 ppm[16]	20 ppm[22]	100 ppm[24]	50 ppm(i)[27]	50 ppm[28]
Chumbo Inorgânico CAS 7439-92-1	0,1 mg/m³ [16]	0,05 mg/m³ [22]	0,05 mg/m³ [25]	0,15 mg/m³(b)[27]	0,10 mg/m³ [29]
Clorofórmio CAS 67-66-3	20 ppm[16]	10 ppm[22]	50 ppm[26]	2 ppm (i)[27]	2 ppm[28]
n-hexano CAS 110-54-3	-	50 ppm[22]	500 ppm[26]	20 ppm(i)[27]	20 ppm[28]

(*) Limites de Tolerância – Ministério do Trabalho e Emprego – Brasil
(**) Threshold Limit Values –ACGIH – Estados Unidos (sem valor legal)
(***) Permissible Exposure Limit – OSHA – Estados Unidos (com valor legal)
(****) Occupational Exposure Limits Value – SCOEL – União Europeia
(*****) Workplace Exposure Limits – HSE – Reino Unido.
(******) 1 ppm não é o LT, mas o Valor de Referência Tecnológico (VRT) para o setor de petróleo, sendo de 2,5 ppm o VRT para o setor siderúrgico.
(b) LEO "binding" ou obrigatório
(i) LEO "indicative" ou indicativo.

Figura 2. Diferenças entre alguns limites de exposição ocupacional, média ponderada para 8 horas diárias de exposição em algumas instituições e países.
Fonte: Buschinelli (2014, documento *on-line*).

No que diz respeito à regulamentação brasileira, a **Norma Regulamentadora (NR) 15** foi elaborada para assegurar que os trabalhadores expostos a agentes químicos não sofressem danos à saúde devido à exposição a estes; ela "[...] estabelece as atividades que devem ser consideradas insalubres, gerando direito ao adicional de insalubridade aos trabalhadores" (BRASIL, 1978a, documento *on-line*). É composta de 13 anexos, que definem os limites de tolerância para agentes físicos, químicos e biológicos.

O **monitoramento biológico** é a medição de uma substância, seus metabólitos ou seus efeitos nos tecidos, fluidos ou ar exalado do corpo de pessoas expostas. Pode ser realizado por meio dos seguintes (WINDER; STACEY, 2005):

- Marcadores biológicos de medições de exposição de toxina ou de seu metabólito específico em uma amostra biológica (como nível de chumbo no sangue; ou ácido trans, trans-mucônico (ATTM), como o metabólito de benzeno na urina; e etanol no ar exalado).
- Marcador biológico de medição do efeito da resposta biológica que leva à lesão ou doença causada pela exposição (como a atividade da acetilcolinesterase (no caso de exposição a pesticidas organofosforados), nível de protoporfirina eritrocitária (no caso de exposição ao chumbo) e nível de β-2-microglobulina na urina (no caso da exposição ao cádmio).
- Biomarcadores de suscetibilidade, indicadores que sinalizam sensibilidade incomumente alta a certa exposição, como atividade de enzimas envolvidas na biotransformação xenobiótica (como GST, glutationa estransferase, ou NAT, N-acetiltransferase) e atividade de mecanismos de reparo de DNA celular.

Embora o monitoramento biológico em si não seja uma medida preventiva, a consideração do monitoramento biológico é interessante por ser um tema que exemplifica claramente a natureza interdisciplinar da proteção dos trabalhadores contra os efeitos deletérios da exposição a produtos químicos (WINDER; STACEY, 2005).

Já, o **monitoramento ambiental** consiste na avaliação da atmosfera do ambiente de trabalho, dos agentes presentes nesse ambiente, a fim de analisar os riscos à saúde. O monitoramento ambiental pode ser realizado utilizando uma das três estratégias a seguir (WINDER; STACEY, 2005).

- **Monitoramento contínuo:** fornece medição em tempo real da concentração de contaminantes no ambiente de trabalho.

- **Amostragem integrada:** com base na coleta (e concentração) de amostras ao longo de um período de tempo para obter a exposição média no período de amostragem — operação, turno inteiro.
- **Amostragem instantânea (pontual):** com base na coleta de amostras em um ponto no tempo para avaliar exposições de pico.

Na avaliação da exposição à saúde ocupacional, os dois tipos de monitoramento (ambiental e biológico) têm seu lugar. O monitoramento ambiental é relativamente preciso, barato, e é uma fonte de dados amplamente disponível para avaliação da exposição. O monitoramento biológico é um método insuperável de avaliação da exposição quando a exposição cutânea é significativa, bem como nos casos em que a variabilidade interindividual pode ter um papel importante. A vigilância contínua e a melhoria da segurança de produtos químicos devem ser uma meta para aqueles que trabalham na área de toxicologia ocupacional (WINDER; STACEY, 2005).

O monitoramento ambiental é regulamentado pela NR 9, do Ministério do Trabalho, a qual visa a:

> [...] preservação da saúde e da integridade dos trabalhadores, através da antecipação, reconhecimento, avaliação e consequente controle da ocorrência de riscos ambientais existentes ou que venham a existir no ambiente de trabalho, tendo em consideração a proteção do meio ambiente e dos recursos naturais. (BRASIL, 1978b, documento *on-line*).

Além disso, a NR 7 estabelece a:

> [...] elaboração e implementação, por parte de todos os empregadores e instituições que admitam trabalhadores como empregados, do Programa de Controle Médico de Saúde Ocupacional — PCMSO, com o objetivo de promoção e preservação da saúde do conjunto dos seus trabalhadores. (BRASIL, 1978c, documento *on-line*).

Além da abordagem do fator de incerteza, **modelos matemáticos** têm sido usados como um meio para se chegar a um padrão de exposição. No entanto, o uso de tais modelos é controverso, pois todos dependem de suposições particulares e podem fornecer valores finais que variam em ordens de magnitude, o que torna seu uso limitado (WINDER; STACEY, 2005).

É importante reconhecer que os dados toxicológicos de animais experimentais não são a única fonte de informação usada no estabelecimento de padrões de exposição. É claro que todos os dados humanos disponíveis devem ser incluídos e são de grande importância. Embora a utilização dessas informações tenha limitações devido à coexposição a diferentes agentes tóxicos no local de trabalho ou a relatórios de rigor científico insatisfatório, estudos epidemiológicos positivos bem conduzidos em humanos sempre superarão os estudos análogos em animais experimentais.

Além disso, outros dados podem ser usados, como os de células relacionadas com os efeitos genotóxicos do produto químico em questão. Também é importante que os dados relativos ao mecanismo de toxicidade sejam considerados. A adequação do estudo e a qualidade dos dados são outros fatores importantes que não devem ser esquecidos. De maneira geral, todas as informações disponíveis devem ser consideradas para se chegar a um valor aceitável para o padrão de exposição (WINDER; STACEY, 2005).

As questões éticas associadas aos testes em animais fizeram aumentar ainda mais o desenvolvimento contínuo de testes *in vitro*, com benefícios humanos e econômicos, uma vez estabelecido com sucesso. Também permite um procedimento mais rápido para avaliar a toxicidade de produtos químicos (WINDER; STACEY, 2005).

A toxicidade das misturas continua a ser um problema, visto que se reconhece que as pessoas são expostas a muitos produtos químicos simultaneamente e que a grande maioria dos dados toxicológicos se refere a produtos químicos individuais. Não seria possível testar todas as permutações e combinações de produtos químicos aos quais os humanos podem ser expostos (WINDER; STACEY, 2005).

Referências

BRASIL. Ministério do Trabalho. *NR 7 - Programa de Controle Médico de Saúde Ocupacional*. Brasília: Ministério do Trabalho, 1978c. Disponível em: https://enit.trabalho.gov.br/portal/images/Arquivos_SST/SST_NR/NR-07.pdf. Acesso em: 31 out. 2020.

BRASIL. Ministério do Trabalho. *NR 9 - Programa de Prevenção de Riscos Ambientais*. Brasília: Ministério do Trabalho, 1978b. Disponível em: https://enit.trabalho.gov.br/portal/images/Arquivos_SST/SST_NR/NR-09-atualizada-2019.pdf. Acesso em: 31 out. 2020.

BRASIL. Ministério do Trabalho. *NR 15 - Atividades e Operações Insalubres*. Brasília: Ministério do Trabalho, 1978a. Disponível em: https://enit.trabalho.gov.br/portal/images/Arquivos_SST/SST_NR/NR-15-atualizada-2019.pdf. Acesso em: 31 out. 2020.

BUSCHINELLI, J. T. *Manual de orientação sobre controle médico ocupacional da exposição a substâncias químicas*. São Paulo: Fundacentro, 2014. Disponível em: http://anamt.org.br/site/upload_arquivos/sugestoes_de_leitura_3420141148287055475.pdf. Acesso em: 31 out. 2020.

KLAASSEN, C. D.; WATKINS III, J. B. *Fundamentos em toxicologia de Casarett e Doull*. 2. ed. Porto Alegre: Artmed, 2012. (Lange).

OLSON, K. R. *Manual de toxicologia clínica*. 6. ed. Porto Alegre: AMGH, 2014. (Lange).

OMS. *Substâncias químicas perigosas à saúde e ao ambiente*. São Paulo: Cultura Acadêmica, 2008. Disponível em: https://www.unesp.br/pgr/manuais/subs_quimicas.pdf. Acesso em: 31 out. 2020.

OSHA. *8-hour total weight average (TWA) permissible exposure limit (PEL)*. United States: OSHA, 1995. Disponível em: https://www.osha.gov/pls/oshaweb/owadisp.show_document?p_table=INTERPRETATIONS&p_id=24470. Acesso em: 31 out. 2020.

UNL. *Toxicology and exposure guidelines*. Nebraska: University of Nebraska Lincoln, 2003. Disponível em: https://ehs.unl.edu/documents/tox_exposure_guidelines.pdf. Acesso em: 31 out. 2020.

WINDER, C.; STACEY, N. H. *Occupational toxicology*. 2. ed. Florida: CRC Press, 2005. Disponível em: http://lib.medilam.ac.ir/Portals/81/94/ducument/Occupational%20toxicology.pdf?ver=9NLMfw1NE3z04l564qaHHw%3d%3d. Acesso em: 31 out. 2020.

Leitura recomendada

BULAT, P. *Toxicological agents & chemicals*. European Module for Undergraduate Teaching of Occupational Medicine – EMUTOM. Serbia: EMUTOM, 2012. Disponível em: https://emutom.eu/files/chapter2/Chapter%202.2%20Toxicology%20text.pdf. Acesso em: 31 out. 2020.

Fique atento

Os *links* para *sites* da *web* fornecidos neste capítulo foram todos testados, e seu funcionamento foi comprovado no momento da publicação do material. No entanto, a rede é extremamente dinâmica; suas páginas estão constantemente mudando de local e conteúdo. Assim, os editores declaram não ter qualquer responsabilidade sobre qualidade, precisão ou integralidade das informações referidas em tais *links*.

Toxicologia ocupacional: avaliação toxicológica de agentes e monitoramento da exposição

Gabriela Cavagnolli

OBJETIVOS DE APRENDIZAGEM

> Descrever a avaliação dos riscos ocupacionais e os testes toxicológicos para estabelecimento dos níveis aceitáveis de exposição.
> Analisar a vigilância da saúde do trabalhador.
> Reconhecer os monitoramentos ambiental e biológico para avaliação da exposição.

Introdução

Neste capítulo, você vai ler sobre as doenças que estão relacionadas com o ambiente ocupacional e as principais vias de exposição aos agentes tóxicos, além de ver exemplos de toxicantes que causam doenças. Você também vai ver os níveis aceitáveis de exposição e como é feita a avaliação toxicológica de agentes ocupacionais.

Precisamos conhecer o potencial dano que todos os agentes no ambiente de trabalho podem oferecer, e cabe à vigilância da saúde do trabalhador apontar os riscos, esclarecer sobre os potenciais danos e indicar medidas preventivas para que essa exposição não cause danos à saúde dos indivíduos. Para tanto, o conhecimento científico dos efeitos causados por esses agentes é de fundamental importância.

Avaliação de riscos ocupacionais e testes toxicológicos

A **toxicologia ocupacional** tem como objetivo preservar a saúde do trabalhador. Isso é feito por meio da identificação das substâncias químicas e biológicas presentes no local de trabalho, da identificação dos quadros agudos e crônicos que esses agentes podem produzir, da definição das condições em que as substâncias podem ser usadas com segurança e da prevenção da absorção de quantidades nocivas dessas substâncias químicas. Os efeitos de exposições agudas nos ambientes de trabalho são normalmente observados em casos de acidentes, como quando há vazamento de alguma substância, ou no trabalho, em espaços confinados. Em geral, as exposições ocupacionais que causam doenças nos trabalhadores são as crônicas (KLAASEN; WATKINS III, 2012; KATZUNG; TREVOR, 2017; BUSCHINELLI, 2020).

A **exposição aguda** é caracterizada pela exposição única ou múltipla, que ocorre em breve período, entre segundos e 1 a 2 dias. Doses agudas, intensas e rapidamente absorvidas de substâncias que, em doses baixas, normalmente podem ser desintoxicadas por mecanismos enzimáticos, talvez ultrapassem a capacidade de desintoxicação do organismo, resultando em toxicidade grave ou fatal. A mesma quantidade da substância absorvida lentamente pode resultar em baixa toxicidade ou em nenhum efeito tóxico. Esse é o caso da exposição ao cianeto. Quando a exposição ao cianeto ocorre em pequenas quantidades, a rodanase, uma enzima mitocondrial presente em humanos, transforma-o em tiocianato, que é relativamente atóxico; entretanto a enzima é sobrepujada por doses altas de cianeto, que é absorvido com rapidez, com efeito letal (KATZUNG; TREVOR, 2017).

Exemplo

Um exemplo de exposição aguda é o vazamento de isocianato de metilo em uma área de alta densidade populacional que ocorreu em 1984, o maior crime da história da indústria de agrotóxicos. Em Bhopal, Índia, cerca de 40 toneladas vazaram de uma fábrica de agrotóxicos, causando a morte de milhares de pessoas e deixando mais de meio milhão de feridos. O agrotóxico entrou na corrente sanguínea das pessoas que o inalaram, causando danos aos olhos, pulmões, cérebro e aos sistemas imunológico, reprodutivo e musculoesquelético, além de danos à saúde mental.

A **exposição crônica** é caracterizada pela exposição única ou múltipla em um período longo, como, por exemplo, a manipulação repetida de um agente químico. A exposição a agentes químicos no ambiente, como a de poluentes na água e no ar, frequentemente é crônica e resulta em doença crônica, como no desastre do metil mercúrio na cidade de Minamata, Japão. Vazamentos súbitos de substâncias químicas e em grande quantidade podem resultar em exposição massiva da população, com consequências graves ou letais (KATZUNG; TREVOR, 2017).

Saiba mais

A cidade de Minamata, no Japão, foi palco de um grande desastre ambiental. A partir da década de 1930, uma fábrica da região começou a lançar, na baía de Minamata, dejetos contendo mercúrio. Duas décadas depois, começaram a aparecer os sinais de contaminação na cidade, primeiro com a morte de peixes, moluscos e aves, e depois com o surgimento de inúmeros casos de manifestações neurológicas em humanos, com uma alta taxa de mortalidade. Logo percebeu-se que se tratava de uma intoxicação por mercúrio, causada pelo consumo de peixes e moluscos contaminados. A hoje conhecida como doença de Minamata é causada por envenenamento por mercúrio e leva cerca de 20 anos para se manifestar após o início da contaminação.

As doenças de origem ocupacional podem ser multifatoriais, envolvendo fatores pessoais ou outros fatores ambientais que contribuem para o processo da doença. A exposição dos trabalhadores ocorre, principalmente, por meio de inalação, ingestão ou absorção dérmica de substâncias como poluentes atmosféricos, da água e do solo. Como a inalação é a principal via de entrada de agentes tóxicos no ambiente industrial, a prevenção primária deve ser planejada para reduzir ou eliminar a absorção por inalação ou por contato com a pele (KLASSEN, 2012; BUSCHINELLI, 2020).

A capacidade inerente de uma substância química em provocar danos aos sistemas biológicos é conhecida por toxicidade. A **toxicidade** expressa a noção de perigo de uma substância capaz de causar dano a um organismo, afetando seriamente uma função ou causando a morte. A National Academy of Sciences, dos Estados Unidos, define que um efeito passa a ser nocivo nas seguintes situações (BUSCHINELLI, 2020):

- quando, ao ser gerado em uma exposição prolongada, resulta em transtornos da capacidade funcional e/ou da capacidade do organismo em compensar nova sobrecarga;
- quando diminui perceptivelmente a capacidade do organismo de manter sua homeostasia, sejam efeitos reversíveis, sejam irreversíveis;
- quando aumenta a susceptibilidade aos efeitos nocivos de outros fatores ambientais, que podem ser químicos, físicos, biológicos ou sociais.

A **caracterização da via de exposição** e, principalmente, da **dose** é fundamental, pois os efeitos de qualquer substância são ligados à dose. O tempo de exposição ao agente agressor e a agressividade do agente são algumas variáveis que influenciam o tamanho do risco. Um indivíduo está mais susceptível a uma toxicidade química, por exemplo, dependendo da exposição da dose e do mecanismo de ação. Todas as substâncias podem ser nocivas, mas o efeito vai depender da dose, podendo variar de uma leve irritação dos olhos até câncer ou mutação. Uma substância em doses baixas, mesmo que potencialmente perigosa, pode não apresentar nocividade. Por exemplo, pessoas expostas a doses muito baixas de cianeto podem não sofrer qualquer efeito nocivo (BUSCHINELLI, 2020).

A resposta a um agente tóxico é dependente de fatores associados tanto ao indivíduo exposto quanto à dose. Alguns fatores modificadores, como exposição contemporânea, susceptibilidade genética, idade, gênero, estado nutricional e fatores ambientas podem influenciar na saúde do trabalhador. As características ambientais e individuais também podem afetar a dose. A dose é função da concentração, da duração e da frequência da exposição. Acompanhe uma ilustração desses fatores na Figura 1.

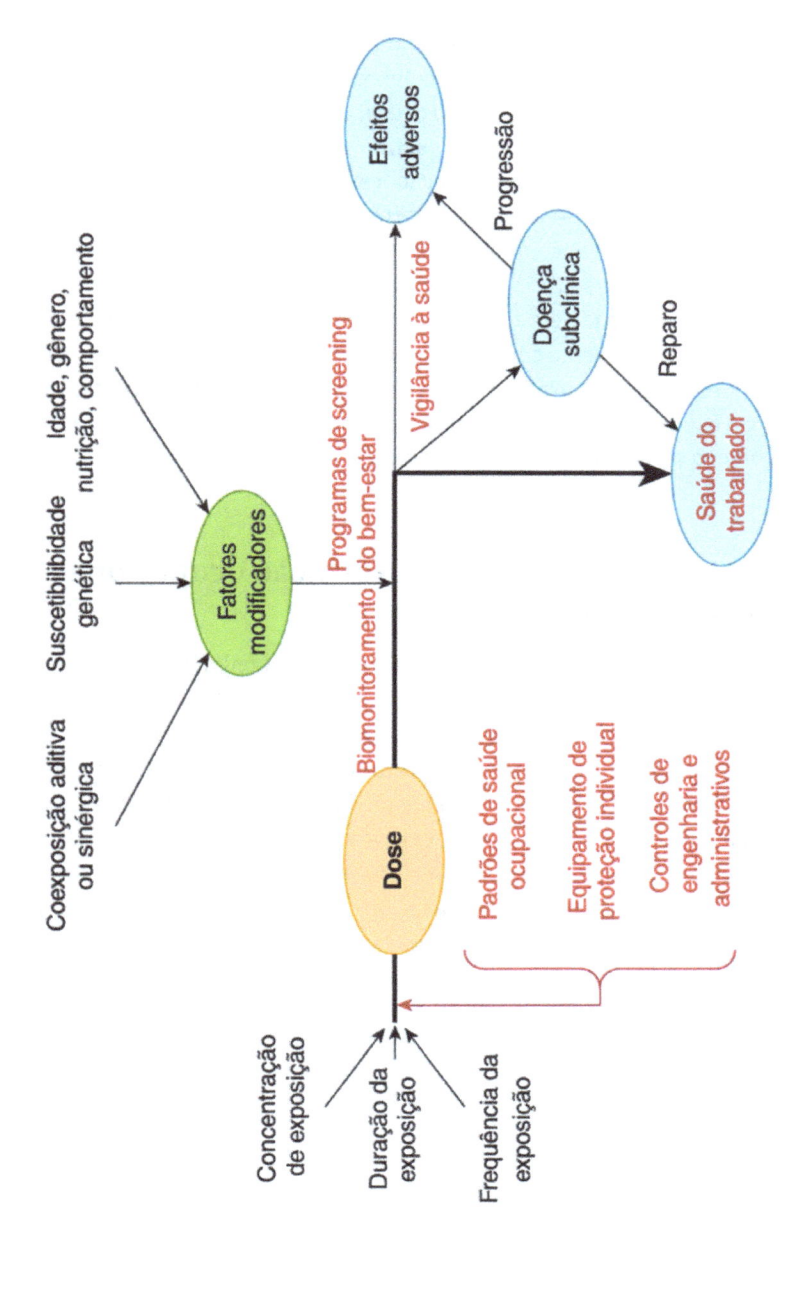

Figura 1. Caminhos da exposição a um agente tóxico, fatores modificadores e oportunidades para intervenção.
Fonte: Klaasen e Watkins III (2012, p. 430).

Pode ser difícil estabelecer a **causalidade** entre um agente tóxico e uma doença em ambientes ocupacionais complexos. Existe uma matriz que avalia a força e a evidência de uma associação causal entre um agente tóxico e uma doença ocupacional, que você pode visualizar na Figura 2. Essa avaliação é guiada por sete critérios, mostrados no cabeçalho da matriz, que consideram evidências provenientes de estudos *in vitro* bem conduzidos, estudos em animais, testes estimulados em humanos (exposição clínica intencional de humanos), relatos de casos e investigações epidemiológicas. Se um agente químico tiver sido estudado em animais, humanos e *in vitro*, e se esses estudos tiverem sido adequadamente controlados utilizando-se modelos apropriados e *endpoints* relevantes, a produção de evidências claras e convincentes de uma relação exposição–resposta pode ser uma forte relação causal entre um agente químico e uma doença (KLASSEN, 2012).

Parâmetros para controle da exposição ocupacional a agentes químicos

Na década de 1970, a Occupational Safety and Health Administration (OSHA) e o National Institute for Occupational Safety and Health (NIOSH), ambos dos Estados Unidos, estabeleceram o **valor de IDLH** (*immediately dangerous to life or health*), também conhecido como **valor de IPVS** (imediatamente perigoso para vida ou saúde), para muitas substâncias (BUSCHINELLI, 2020). Esse parâmetro é o mais importante para a **toxicidade aguda**; ele corresponde à concentração da substância no ar ambiente a partir da qual há risco evidente de morte, de causar efeitos permanentes à saúde, ou de impedir um trabalhador de abandonar uma área contaminada (BUSCHINELLI, 2020).

Toxicologia ocupacional: avaliação toxicológica de agentes e monitoramento... 75

	Avaliação da exposição a agentes específicos	Consideração ou controle de fatores de confusão	Evidências da existência de relação dose-resposta	Resultados consistentes de diferentes estudos	Dados clínicos objetivos	Endpoints relacionados à patologia em humanos	Indivíduos ou modelos apropriados
Estudos in vitro	■						
Estudos em animais							
Testes estimulados em humanos					■	■	
Estudos de caso					■	■	■
Estudos epidemiológicos						■	

A qualidade dos dados obtidos em cada um dos estudos listados na primeira coluna da matriz deve ser ponderada em função da existência dos critérios mencionados no topo de cada coluna, como segue:

0   Nenhuma evidência ou condição não preenchida
1   Dados ambíguos ou condição parcialmente preenchida
2   Algumas evidências ou condição preenchida em sua maioria
3   Claras evidências ou condição preenchida de forma convincente

Figura 2. Matriz para avaliação da intensidade de associação entre um toxicante e uma doença ocupacional.
Fonte: Klaasen e Watkins III (2012, p. 434).

A OSHA exige que o trabalhador esteja protegido com reservas de ar, ou ar mandado, em um ambiente com concentração do agente químico igual ou superior ao IDLH. A principal preocupação é com substâncias corrosivas, asfixiantes ou com efeitos agudos no sistema nervoso central (SNC). Esse parâmetro é derivado de dados obtidos com animais de laboratório e acidentes ocorridos com trabalhadores expostos, quando disponíveis, e é expresso em partes por milhão (ppm) ou miligramas por metro cúbico (mg/m^3) (BUSCHINELLI, 2020).

- A toxicologia procura estabelecer parâmetros indicativos da relação dose × resposta por meio de vários indicadores. Os parâmetros são obtidos experimentalmente em animais de laboratório, em geral em ratos, camundongos, cobaias, coelhos, entre outros. Para os **efeitos agudos**, os principais indicadores são os seguintes (BUSCHINELLI, 2020):**Dose letal 50 (DL50):** trata-se da dose de uma substância que leva à morte de metade (50%) dos indivíduos de determinada espécie. Ela representa o perigo imediato de uma substância química, que pode ser administrada por via oral, intravenosa, subcutânea ou intraperitoneal. Os resultados variam de acordo com espécie, idade, sexo do animal e via de introdução, e são expressos miligramas ou gramas por quilogramas de peso (mg/kg ou g/kg).
- **Concentração letal 50 (CL50):** é utilizada para gases ou vapores inalados, definida para a concentração média da substância no ar ambiente inalada por animais de laboratório, variando de acordo com a espécie do animal e o tempo de exposição. Os resultados são apresentados em miligramas por litro de ar (mg/L), ou ainda ppm, para contaminantes na forma de vapor ou gás, e mg/m^3, para material particulado (sólido ou líquido).

Acompanhe no Quadro 1 os parâmetros de toxicidade aguda de algumas substâncias.

Quadro 1. Parâmetros de toxicidade aguda de algumas substâncias

Substância	CL50 em ppm para ratos, para 4 horas de exposição	CL50 em ppm para camundongos, para 4 horas de exposição	DL50 via oral, ratos em mg/kg	DL50 via oral, camundongos em mg/kg	IDLH em ppm
Benzeno	13.700	13.200	930	4.920	500
Etanol	32.380	30.000	7.060		3.300
Solução de formaldeído a 35,5% em água	267				20
Monóxido de carbono	1.807				1.200
Gás sulfídrico	444	335			100

Fonte: Adaptado de Buschinelli (2014).

Quando se trata de **efeitos crônicos**, as doses em que não se observam efeitos são muito importantes para balizar uma exposição segura. Com esse objetivo, são definidos os parâmetros de menores doses em que se observam ou não os efeitos adversos de uma determinada substância química, acompanhe (BUSCHINELLI, 2020):

- Menor nível de efeito adverso observável (LOAEL, *lowest observed adverse effect level*): é a menor concentração da substância que causa uma alteração considerada adversa.
- Nenhum nível de efeito adverso observável (NOAEL, *no observed adverse effect level*): é a maior concentração da substância que não causa efeitos adversos observados.

- Nenhum nível de efeito observável (NOEL, *no observed effect level*): é a maior concentração da substância encontrada por observação e/ou experimentação que não causa alterações fisiopatológicas nos organismos tratados, diferentemente daqueles observados nos controles da mesma espécie e cepa, sob as mesmas condições do ensaio.

Limites de exposição ocupacional

Existem limites de exposição para agentes químicos, biológicos e físicos do ambiente de trabalho, que visam à promoção da saúde e à segurança do trabalhador. Para agentes químicos e biológicos, os limites de exposição ocupacional (LEO) são expressos como níveis aceitáveis de concentração ambiental (OELs, *occupational exposure limits*) ou como concentração de um toxicante, de seus metabólitos ou de um marcador específico de seus efeitos (BEIs, *biological exposure indices*) (BUSCHINELLI, 2014; KLAASEN; WATKINS III, 2012).

Como a toxicologia tem revelado efeitos nocivos de substâncias em concentrações cada vez mais baixas, a tendência geral é de os valores ficarem cada vez menores. Os LEOs podem ou não ter valor legal. No Brasil, são denominados limites de tolerância (LTs), sendo definidos como "a concentração ou intensidade máxima ou mínima, relacionada com a natureza e o tempo de exposição ao agente, que não causará danos à saúde do trabalhador, durante a sua vida laboral" (BRASIL, 1978, documento *on-line*), e estão estabelecidos nos Anexos 11 e 12 da Norma Regulamentadora (NR) 15 do Ministério do Trabalho e Emprego (BUSCHINELLI, 20120).

Geralmente, os LEOs podem ser estabelecidos para uma exposição para a jornada inteira ou para exposições curtas. Em relação ao tempo de exposição, existem três tipos de LTs também denominados TLVs (*threshold limit values*). Acompanhe (OLSON, 2014; KATZUNG; TREVOR, 2017; BUSCHINELLI, 2020):

- **Tempo de valor limiar-média ponderada de tempo (TLV-TWA) ou média ponderada no tempo:** é a concentração média do agente químico que deve ser respeitada nas jornadas de trabalho (8 horas diárias e 40 horas semanais), e geralmente se modifica em função de inúmeras variáveis dos ciclos produtivos e ambientais.
- **Valor limiar-limite de exposição a curto prazo (TLV-STEL) ou limites de exposição para curto prazo:** o limite de exposição média ponderada de 15 minutos; não deve ser ultrapassado em momento algum da jornada e é suplementar ao TLV-TWA.

■ **Valor limiar–teto (TLV–C):** é a concentração máxima que não deve ser excedida em qualquer momento da exposição no trabalho.

A maioria dos LEOs é atualizada periodicamente, por isso deve-se procurar sempre as referências mais recentes em sua consulta.

Exemplo

Em 1972, para o benzeno, era recomendado TLV-TWA de 25 ppm. A partir de 2001, a recomendação passou a ser de 0,5 ppm, ou seja, um valor 50 vezes menor. O efeito no qual a American Conference of Governmental Industrial Hygienists (ACGIH) se baseou para estabelecer esse LEO para o benzeno foi a leucemia; embora o benzeno tenha outros efeitos, notadamente no SNC e no fígado, além de ser um depressor da medula óssea, as concentrações necessárias para esses efeitos são mais elevadas (BUSCHINELLI, 2014).

Os valores atuais recomendados como **limite de exposição permitido** (**PEL**, *permissible exposure limit*) são apresentados no Quadro 2. Os PELs são valores de TWA (*time weighted average*) média ponderada no tempo, considerando uma jornada de trabalho normal de 8 horas por dia, na qual os trabalhadores podem ser repetidamente expostos sem efeitos adversos (KATZUNG; TREVOR, 2017).

Quadro 2. Exemplos de valores de PELs de alguns poluentes comuns do ar e solventes

Composto	PEL (ppm)
Benzeno	1
Monóxido de carbono	50
Tetracloreto de carbono	10
Clorofórmio	50
Dióxido de nitrogênio	5
Ozônio	0,1
Dióxido de enxofre	5

(Continua)

(Continuação)

Composto	PEL (ppm)
Tetracloroetileno	100
Tolueno	200
1,1,1-tricoloetano	350
Tricloroetileno	100

Fonte: Adaptado de Katzung e Trevor (2017).

Testes de avaliação da toxicidade

Segundo o Conselho Nacional de Saúde Brasileiro, há cinco tipos de ensaios de toxicidade — toxicidade aguda, subaguda, crônica, teratogênica e de embriotoxicidade —, além de estudos especiais. Qualquer que seja o período de exposição, os efeitos nocivos podem ser locais ou sistêmicos e, do ponto de vista clínico, agudos ou crônicos. Vejamos mais sobre alguns desses ensaios (BUSCHINELLI, 2020):

- **Estudo de toxicidade subaguda:** determina a DL50/CL50.
- **Estudo de toxicidade subcrônica:** determina o NOAEL e o LOAEL.
- **Estudo de toxicidade crônica:** corresponde ao cenário mais próximo da exposição do trabalhador. Determina os efeitos em longo prazo, após exposições cumulativas, prevendo os efeitos carcinogênicos, além de também poder estabelecer a relação dose–resposta, o NOAEL e o LOAEL.

Vigilância da saúde do trabalhador

A vigilância da saúde do trabalhador tem como objetivo principal a detecção precoce de um possível efeito de substâncias presentes no ambiente de trabalho, a fim de prevenir o aparecimento de doenças, seja pela alta suscetibilidade de um trabalhador, seja pela falta de controle da exposição por parte da empresa. Os trabalhadores devem ser submetidos a exames médicos periódicos, que consistem em exame clínico que, por vezes, é complementado por exames laboratoriais da esfera de análises clínicas, de imagem etc. Não são exames da área de toxicologia, mas da área da clínica médica (BUSCHINELLI, 2020).

Para isso, é necessário que a equipe responsável pelo Programa de Controle Médico de Saúde Ocupacional (PCMSO) e o Programa de Prevenção de Riscos Ambientais (PPRA) de uma empresa conheçam a legislação, os procedimentos de coleta, as metodologias analíticas atuais e a interpretação dos resultados dos exames (marcadores biológicos) concernentes à toxicologia ocupacional no Brasil. Um dos objetivos do PCMSO é fazer o diagnóstico precoce de agravos à saúde relacionados ao trabalho.

Quando um novo agente químico está sendo usado em grande escala, devem ser instituídos uma cuidadosa vigilância clínica dos trabalhadores e o monitoramento do ambiente de trabalho. É essencial avaliar a validade do OEL, derivado de estudos realizados em animais experimentais na vigilância do meio ocupacional (BUSCHINELLI, 2020; KLAASEN; WATKINS III, 2012). Considerando que os biomarcadores de efeitos iniciais são sutis e que existem variações individuais na resposta à ação tóxica dos agentes químicos, é necessário, via de regra, que resultados provenientes de estudos realizados em um grupo de trabalhadores expostos sejam comparados estatisticamente com resultados advindos de estudo desenvolvido em um grupo de trabalhadores não expostos ao agente de interesse. Se a exposição induz ao aparecimento de efeitos adversos, espera-se que esses estudos consigam estabelecer uma relação entre exposição integrada (intensidade × tempo) e frequência de resultados anormais, e, consequentemente, consigam redefinir o OEL (KLAASEN; WATKINS III, 2012).

Nos casos em que um programa de vigilância não tiver sido implantado antes da introdução do novo agente químico no meio ocupacional, torna-se mais difícil estabelecer a eficácia do limite de exposição. Nesses casos, a avaliação dependerá de estudos de coortes retrospectivos ou estudos de casos-controle, ou, ainda, de estudos transversais em trabalhadores que já tenham sido submetidos à exposição (KLAASEN; WATKINS III, 2012).

Monitoramentos ambiental e biológico para avaliação da exposição

Com a finalidade de detectar os possíveis riscos à saúde, o monitoramento da exposição é um procedimento que consiste em uma rotina de avaliação e interpretação de parâmetros biológicos e/ou ambientais. Os monitoramentos ambiental e biológico são complementares em um programa de segurança e saúde ocupacional, pois interações metabólicas podem ocorrer quando os trabalhadores são expostos simultaneamente aos agentes tóxicos que possuem as mesmas vias de biotransformação ou que modificam a atividade das enzimas de biotransformação. Além disso, o metabolismo pode ser interferido por outros agentes, como tabaco, álcool, medicamento, aditivos alimentares (BUSCHINELLI, 2020; KLAASEN; WATKINS III, 2012).

Monitoramento ambiental para avaliação da exposição

O monitoramento ambiental pode ser realizado para identificar o perigo dos tóxicos ambientais, como chumbo, tolueno, etilbenzeno, agrotóxicos, entre outros, que podem estar no ar, no solo ou na água. Uma das maneiras de avaliar a exposição do trabalhador é por meio da análise da via pulmonar, cujas amostras são obtidas por meio das vias respiratórias dos trabalhadores. Uma das vantagens do monitoramento ambiental é que, além de mais econômico, é menos invasivo do que a análise biológica, que envolve coleta de sangue ou urina. Para que o monitoramento ambiental tenha maior exatidão, o ideal é realizar coletas de um grupo de trabalhadores, e não apenas de um único indivíduo. É importante realizar esse tipo de monitoramento, pois assim é possível melhorar medidas de intervenção e controle de engenharia (KLAASEN; WATKINS III, 2012).

A contaminação do ar por metais provém de gases e partículas derivadas da contaminação de mineração e fundição. É possível avaliar o grau de contaminação do ambiente por meio da determinação da concentração de chumbo em locais onde há indústrias de reformas de baterias, empregando-se como indicadores a poeira doméstica e o ar atmosférico. O sistema de coleta do ar atmosférico e de poeira pode ser constituído por uma bomba de médio volume com suporte para filtro de nitrocelulose. Após a coleta, o filtro é desconectado e colocado em frascos de polietileno, para posterior análise.

Monitoramento biológico para avaliação da exposição

O monitoramento biológico é realizado pela medição de biomarcadores, que permitem avaliar a exposição com base na dose interna, ou seja, a quantidade de um agente químico presente em um ou vários compartimentos do corpo ou no organismo como um todo. Também podem ser testados, para fins de monitoramento, os equipamentos de proteção individual (EPIs), como luvas, respiradores e cremes protetores. As amostras biológicas também podem detectar fatores de exposição que não estão relacionados a atividades ocupacionais, como atividades de lazer (caminhadas, pescaria, piqueniques, exposição ou uso de cigarro, exposição ambiental, hábitos alimentares, empregos secundários) (KLAASEN; WATKINS III, 2012).

O monitoramento biológico é mais vantajoso do que o monitoramento ambiental, pois está mais relacionado com os efeitos adversos à saúde. Com ele pode-se identificar, entre outros, o seguinte (BUSCHINELLI, 2014):

- exposição ao benzeno por um longo período;
- exposição a agrotóxicos em indivíduos que trabalham a céu aberto;
- exposição a substâncias que podem ser absorvidas pelo trato gastrintestinal e pela pele, e não somente por vias aéreas, como, chumbo e cádmio;
- quantidade da substância absorvida pelo trabalhador em função de fatores individuais (idade, sexo, características genéticas, condições funcionais dos órgãos relacionados com a biotransformação e eliminação do agente tóxico).

O monitoramento biológico é feito com de amostras de sangue, urina, fezes, ar expirado, cabelo, unha, líquido de lavagem bronquial, tecido adiposo e leite materno. O momento da coleta é crítico para um monitoramento biológico de exposição (BUSCHINELLI, 2014).

Exemplo

Um exemplo crítico para a coleta são as dosagens do ácido mandélico e do ácido fenilglioxílico na urina. O total (soma) da concentração dos dois metabólitos na urina é indicador de exposição tanto ao estireno (CAS 100-42-5) — substância encontrada em indústrias de produção de polímeros plásticos, resinas e fibras de vidro — quanto ao etil-benzeno (CAS 100-41-4) — substância presente na gasolina, que expõe indivíduos que trabalham em postos de combustíveis. No entanto, para monitorar a exposição à primeira substância, a coleta deve ser feita no final da jornada e a amostra deve ter um LBE (limite biológico de exposição) de 400mg/g creatina; já para a segunda substância, a coleta deve ser feita no final da última jornada da semana e a amostra deve ter um LBE de 700mg/g creatinina. A causa disso é a diferença na toxicocinética dos dois agentes em seres humanos (BUSCHINELLI, 2014).

O conhecimento dos efeitos biológicos precoces, que aparecem em consequência da absorção de um agente químico, é outra forma de realizar o monitoramento biológico. Um indicador de efeito representa o resultado de uma interação bioquímica entre a quantidade da substância química absorvida e os receptores biológicos, ou sítios ativos, do organismo. Uma substância química pode provocar vários efeitos no organismo, simultaneamente. Para a eleição de um deles para indicador, deve-se escolher o de efeito crítico, que seria o primeiro efeito que se verifica a seguir a uma exposição (BUSCHINELLI, 2014).

> **Exemplo**
>
> No caso do chumbo, o efeito crítico se encontra na biossíntese da heme, pois o íon chumbo interfere especificamente na atividade enzimática dessa via metabólica. Em consequência da inibição da enzima delta-ácido-aminolevulínio-de-hidrase (δ-ALA-D), o seu substrato (ALA, ácido aminolevulínico) não pode ser transformado em porfobilinogênio, e assim se verifica um aumento da excreção urinária desse substrato. Também a enzima ferroquelatase é inibida, e o íon ferro não é incorporado na molécula de protoporfirina IX, com consequente aumento desse substrato dentro dos eritrócitos. Assim, a determinação do ácido aminolevulínico na urina (ALA-U) e da protoporfirina eritrocitária (EP) permite evidenciar a existência de um efeito crítico do chumbo inorgânico (BUSCHINELLI, 2014).

O monitoramento biológico dos agentes meta-hemoglobinizantes é realizado por meio da avaliação da percentagem de MHb (metemoglobina) no sangue colhido no final de jornada. À semelhança da carboxi-hemoglobina (HbCO), esse é um indicador que tem relação com efeito, mas, na prática, deve ser utilizado como indicador de exposição excessiva (EE), dada sua curta meia-vida (BUSCHINELLI, 2020). Acompanhe no Quadro 3 os parâmetros utilizados para o monitoramento biológico de agentes meta-hemoglobinizantes em alguns países.

Quadro 3. Parâmetros utilizados para monitoramento biológico de agentes meta-hemoglobinizantes em alguns países

Fonte	Avaliação	Material	VRN	LBE
NR-7 (Brasil, 1985)	MHb	Sangue	Até 2%	5%
ACGIH (USA, 2017)	MHb	Sangue	–	1,5%
VRN: valor de referência de normalidade.				

Fonte: Adaptado de Buschinelli (2020).

É importante que os trabalhadores compreendam o significado dos exames, especialmente os indicadores de dose interna "puros", que, mesmo que se apresentem "anormais", a princípio, não acarretam nenhuma consequência em termos de saúde. Por isso, é recomendável que o programa de monitoramento biológico na empresa seja explicado aos trabalhadores por meio de palestras, textos explicativos e durante o próprio exame periódico (BUSCHINELL, 2014).

Saiba mais

No monitoramento médico, a **vigilância em saúde** é realizada para monitorar possíveis efeitos de determinado agente. É composta de exame clínico e, se necessário, exames complementares, voltados para a detecção precoce do aparecimento de efeitos. Já o **monitoramento biológico da exposição** é realizado por meio de indicadores biológicos específicos, e objetiva verificar se o controle da exposição implantado no ambiente de trabalho é eficaz.

Referências

BRASIL. Ministério do Trabalho. *NR-15*: atividades e operações insalubres. Brasília: MTE, 1978. Disponível em: https://enit.trabalho.gov.br/portal/images/Arquivos_SST/SST_NR/NR-15-atualizada-2019.pdf. Acesso em: 7 nov. 2020.

BUSCHINELLI, J. T. P. *Manual de orientação sobre controle médico ocupacional da exposição a substâncias químicas*. São Paulo: Fundacentro, 2014.

BUSCHINELLI, J. T. P. *Toxicologia ocupacional*. São Paulo: Fundacentro, 2020.

KATZUNG, B. G.; TREVOR, A. J. *Farmacologia básica e clínica*. 13. ed. Porto Alegre: AMGH, 2017. (Lange).

KLAASEN, C. D.; WATKINS III, J. B. *Fundamentos em toxicologia de Casarett e Doull*. 2. ed. Porto Alegre: AMGH, 2012. (Lange).

OLSON, R. K. *Manual de toxicologia clínica*. 6. ed. Porto Alegre: AMGH, 2014. (Lange).

Leituras recomendadas

AMORIN, L. C. A. Os biomarcadores e sua aplicação na avaliação da exposição aos agentes químicos ambientais. *Revista Brasileira de Epidemiologia*, v. 6, n. 2, p. 158–170, 2003. Disponível em: https://www.scielo.br/pdf/rbepid/v6n2/09.pdf. Acesso em: 7 nov. 2020.

CARVALHO, L. V. B. *et al*. Exposição ocupacional a substâncias químicas, fatores socioeconômicos e saúde do trabalhador: uma visão integrada. *Saúde em Debate*, v. 41, nesp., p. 313–326, 2017. Disponível em: https://doi.org/10.1590/0103-11042017s226. Acesso em: 7 nov. 2020.

PAUMGARTTEN, J. R. Epidemiologia, toxicologia e causalidade ambiental de doenças. *Visa em Debate*, v. 3, n. 2, p. 3–8, 2015. Disponível em: https://visaemdebate.incqs.fiocruz.br/index.php/visaemdebate/article/view/585. Acesso em: 7 nov. 2020.

Fique atento

Os *links* para *sites* da *web* fornecidos neste capítulo foram todos testados, e seu funcionamento foi comprovado no momento da publicação do material. No entanto, a rede é extremamente dinâmica; suas páginas estão constantemente mudando de local e conteúdo. Assim, os editores declaram não ter qualquer responsabilidade sobre qualidade, precisão ou integralidade das informações referidas em tais *links*.

Toxicologia forense: aspectos analíticos, investigações de intoxicações fatais e não fatais

Tiago Bittencourt de Oliveira

OBJETIVOS DE APRENDIZAGEM

> - Reconhecer a aplicação da toxicologia analítica na área forense.
> - Descrever como é realizada a investigação de intoxicações fatais.
> - Identificar intoxicações criminosas não fatais.

Introdução

A toxicologia forense é uma aplicação da toxicologia com finalidade pericial e legal. Seu uso mais frequente ocorre na identificação de substâncias que possam ter gerado a morte ou causado danos à saúde humana. As principais áreas de ação da toxicologia forense são o após a morte (*post-mortem*), o teste de drogas e o desempenho das drogas de uso humano. Esta área se utiliza de técnicas analíticas modernas para a identificação correta da substância química agente causal de morte.

Neste capítulo, você vai estudar os passos da toxicologia analítica na área forense e ver quais são suas principais vantagens e desvantagens. Você também vai estudar como é realizada a investigação de intoxicações fatais, que busca identificar a causa morte (*causa mortis*), e quais são as principais amostras biológicas utilizadas na toxicologia forense. Por fim, vai ver as principais intoxicações criminosas não fatais.

Toxicologia analítica na área forense

Nos dias atuais, a toxicologia forense tem que lidar com três áreas principais, que são o após a morte (*post-mortem*), o teste de drogas e o desempenho das drogas de uso humano (ISSA, 2019). A investigação de uma morte pela análise toxicológica forense pode ter diversos desfechos; ela busca evidenciar se trata-se de um homicídio ou suicídio, acidente, uma causa de morte natural, ou ainda uma origem incapaz de ser determinada (KLAASSEN; WATKINS III, 2012). Por exemplo, a detecção de drogas recreacionais pode ser a causa de um acidente ou óbito de um indivíduo (ISSA, 2019). Também faz parte desta área a toxicologia do esporte, que tenta detectar nos fluidos biológicos dos atletas a presença de substância dopante.

O perito responsável pela análise toxicológica forense, o **toxicologista forense**, realiza técnicas qualitativas e quantitativas, procurando a substância tóxica que possa estar presente nos fluidos corporais coletados após a morte, durante a necropsia realizada pelo médico legista. Na necropsia, é realizada a análise das cavidades corporais e a coleta dos fluidos corporais para análise toxicológica, a fim de descobrir as causas e as circunstâncias da morte. O perito forense deve, também, interpretar os achados analíticos, correlacionando-os com os efeitos fisiológicos e comportamentais que a droga encontrada causou no indivíduo antes de sua morte (KLAASSEN; WATKINS III, 2012).

A identificação da causa morte cabe ao médico legista, porém o toxicologista forense ou patologista forense fornece subsídios (resultados em laudos periciais) para embasar a causa do óbito. Nos óbitos suspeitos de envenenamento, é fundamental a realização de testes que determinem a presença do toxicante no indivíduo. Sem a prova do laudo toxicológico, o médico legista não pode afirmar que houve intoxicação por agente tóxico, e o laudo pode ser contestado durante um processo judicial, por exemplo (KLAASSEN; WATKINS III, 2012; ISSA, 2019).

Os pedidos do médico legista ao toxicologista forense foram se transformando ao longo dos últimos anos. Antigamente, a principal solicitação era a identificação e o relato de quaisquer níveis letais de drogas e/ou venenos que levaram à morte. Isso ocorria devido a limitações óbvias nos métodos disponíveis na época, portanto essa era a única solicitação possível. Consequentemente, muitas mortes relacionadas às drogas provavelmente passaram despercebidas no passado.

Atualmente, ocorre maior possibilidade de resultados e interpretações a serem solicitadas, o que auxilia a esclarecer os casos — por exemplo, relatórios de medicamentos administrados, ou até administrações em doses subterapêuticas (ISSA, 2019). Outra solicitação comum feita aos toxicologistas forenses hoje é esclarecer se o falecido estava ou não sob efeito de drogas no momento de um acidente, ou, sendo suspeito de homicídio, se estava sob o efeito de drogas ilícitas quando do ocorrido. Hoje, essas perguntas podem ser mais facilmente respondidas pelos laboratórios de toxicologia forense, já que são equipados com instrumentos cromatográficos de última geração, acoplados à espectrometria de massa (SMITH; BLUTH, 2016; JONES, 2016).

Os laboratórios forenses devem apresentar alto rigor em suas análises e processos, apresentando garantia da qualidade analítica. Além disso, espera-se de um laboratório forense elevados padrões éticos e morais, e que o mesmo cumpra a legislação pertinente do país (ISSA, 2019; MOREAU; SIQUEIRA, 2017). No Brasil, a realização dos testes toxicológicos na área forense é feita em laboratórios oficiais das Secretarias de Segurança Pública, geralmente estaduais, ou em laboratórios associados ao Instituto Médico Legal (IML) do estado.

Exemplo

Há vários sistemas de controle de qualidade laboratorial que podem ser aplicados — por exemplo, as boas práticas de laboratório, a ISO GUIA-25 e, ainda, os padrões de qualidade internacionais aplicados, especificamente, para laboratórios forenses, como o National Institute on Drug Abuse (NIDA) ou a Sociedade de Toxicologistas Forenses (SOFT), entre outros. Os laboratórios também devem passar por exames de proficiência por comparações interlaboratoriais e proceder à implementação de diretrizes, conforme as normas de consenso internacional (MOREAU; SIQUEIRA, 2017).

Os laboratórios forenses devem apresentar sistemas de qualidade que proporcionem capacitação ao analista, adequação dos equipamentos e condições laboratoriais. Também devem ter planos de trabalho definidos e bem organizados, e procedimentos operacionais padronizados (POPs). Os POPs devem incluir descrições detalhadas de todos os processos — recebimento da amostra, cumprimento da cadeia de custódia segura, análise, garantia de qualidade e controle de qualidade (incluindo validação de métodos), revisão de dados, relatórios e descarte de amostras —, bem como uso de programa eletrônico e protocolos de segurança de tais programas, se houver. Também é importante a realização de auditorias internas e externas e de validação das metodologias usadas (ISSA, 2019; MOREAU; SIQUEIRA, 2017).

Fique atento

Cadeia de custódia se refere à documentação que o laboratório preenche para garantir a rastreabilidade das operações realizadas com a amostra, desde a sua coleta até seu descarte ou destruição. Os dados inseridos na cadeia de custódia devem apresentar cada fase laboratorial, desde o recebimento, aliquotagem, preparação, testes realizados, até o processo final, seja ele estocagem, seja destruição (MOREAU; SIQUEIRA, 2017).

A cadeia de custódia deve assegurar que seja registrado quem manuseou a amostra, quando tal manuseio ocorreu, em que local a amostra foi obtida, para qual local a amostra foi (ou retornou), e porque a amostra foi manuseada. Todo método aplicado sobre a amostra deve ser validado (ISSA, 2019). A validação do método deve levar em consideração parâmetros que gerem credibilidade aos resultados encontrados; tais parâmetros são os seguintes (MOREAU; SIQUEIRA, 2017):

- especificidade;
- sensibilidade;
- curva de calibração;
- limite de detecção;
- linearidade;
- precisão;
- exatidão;
- recuperação;
- estabilidade;
- robustez.

A investigação da causa morte pela toxicologia é realizada, basicamente, em três etapas, a obtenção do histórico do caso, a realização das análises toxicológicas na amostra e a interpretação do resultado analítico obtido

(MOREAU; SIQUEIRA, 2017). Os casos que apresentam histórico seguem para as análises direcionadas, e os casos que não apresentam histórico devem realizar uma análise toxicológica sistemática, o que corresponde a uma espécie de triagem (cujo objetivo é encontrar uma substância de interesse toxicológico). Então, os métodos de triagem geram a exclusão de substâncias até a indicação de alguma; com a identificação de uma possível suspeita, essa amostra passa para a realização de um método dirigido, que é considerado confirmatório (MOREAU; SIQUEIRA, 2017).

O teste inicial das amostras coletadas é conhecido como **triagem** ou **teste de triagem**. Geralmente é feito por métodos de imunoensaio e também por reações colorimétricas. Os pontos de corte (*cut-offs*) para diferenciar as amostras negativas daquelas não negativas são estabelecidos pelos órgãos reguladores governamentais de cada país. O teste de triagem é realizado para uma classe específica de medicamentos; como opiáceos, anfetaminas, benzodiazepínicos, entre outros. Quando o resultado é positivo, geralmente é realizado outro teste com metodologia diferente, ou seja, o segundo método não deve ser imunoensaio (ISSA, 2019).

Os **testes confirmatórios** irão confirmar ou não o resultado da triagem. O teste confirmatório é realizado com detecção por espectrometria de massa, acoplada à técnica de cromatografia, que proporciona uma separação química dos analitos, seja em sistema gasoso (GC, *gas chromatography*, ou cromatografia gasosa), seja em sistema líquido (LC, *liquid chromatography*, ou cromatografia líquida) (ISSA, 2019). O detector selecionado deve ser adequado para os analitos, entre outros fatores. O teste ocorre em uma nova alíquota da amostra original, para excluir a probabilidade de uma possível mistura errônea com a alíquota de triagem inicial (HEDLUND *et al.*, 2018).

Os **métodos de análise dos toxicantes em meios biológicos** devem levar em consideração a matriz que o agente tóxico está presente, pois ele pode estar na forma livre, ligado a proteínas ou ligado a outros constituintes celulares. Então, para que a análise propriamente dita seja realizada, é necessário isolar a substância a partir da matriz à qual está ligada (KLASSEN, 2012). O método mais simples de preparação de amostra é usar um solvente miscível em água, como acetonitrila ou acetona. Tais solventes serão adicionados ao fluido biológico para precipitar proteínas e outros constituintes indesejados. Em seguida é feita uma etapa de filtração ou centrifugação, que é realizada antes dos processos de extração, gerando um extrato mais concentrado do que a amostra original. Posteriormente é realizada a etapa analítica confirmatória final (ISSA, 2019).

Para cada classe de medicamentos a ser rastreada, há um grupo de testes confirmatórios específicos. Esse resultado do teste confirmatório analítico é conclusivo e indiscutível, quando o procedimento analítico é realizado corretamente. Se o procedimento de teste de confirmação for realizado corretamente e for mantido de forma adequada por meio da aplicação de testes de proficiência com laboratórios semelhantes, o teste de confirmação é considerado definitivo e indiscutível (ISSA, 2019).

Por fim, o resultado analítico é relatado no laudo pericial. O **relato dos resultados** é feito após uma segunda revisão de todos os resultados por outro pessoal do laboratório, que não fez parte do processo de teste. Encontrando-se resultados aceitáveis, todos os resultados serão certificados e liberados para o médico legista, o oficial de revisão ou para a entidade solicitante (SMITH; BLUTH, 2016).

Etapas da investigação de intoxicações fatais

As avaliações de toxicologia, especialmente em intoxicações fatais, devem ser meticulosamente analisadas. Para tal, as diretrizes a seguir devem ser implementadas (ALLAN; ROBERTS, 2009).

1. Selecionar, armazenar, preservar e utilizar cuidadosamente as amostras de tecido *post-mortem* (de forma inteligente) para análises toxicológicas e histológicas apropriadas.
2. Usar o máximo possível de informações sobre as circunstâncias do falecimento para orientar os procedimentos da primeira etapa.
3. Usar o histórico na prevalência do uso de drogas e nos riscos de fatalidade estimados dentro do grupo particular em questão, para determinar se é ou não necessário trabalho analítico adicional.
4. Considerar como os medicamentos se comportam no corpo antes e após a morte, com e sem estados de doença, juntamente com quaisquer outros fatores, como tolerância.
5. Considerar os resultados toxicológicos no contexto dos achados macroscópicos e histológicos da autópsia.

As amostras utilizadas no *post-mortem* são, principalmente, sangue, urina, conteúdo gástrico e tecidos. As amostras alternativas são humor vítreo, cabelo, bile, tecidos moles, unhas, dentes, ossos e até a madeira e o forro do caixão, como também as larvas que habitam o cadáver (DINIS-OLIVEIRA *et al.*, 2010). Em situações em que há histórico da intoxicação, a coleta é feita de acordo com o conhecimento da distribuição ou armazenamento da substância química no organismo.

> **Exemplo**
>
> No caso de uso de produtos voláteis ou *paraquat*, o órgão coletado é o pulmão; na suspeita de intoxicação por cianeto, coleta-se o baço; na suspeita de intoxicação por LSD, cocaína e opiáceos, coleta-se a bile; na suspeita de intoxicação por drogas de abuso, o cabelo pode se apresentar como amostra (DINIS-OLIVEIRA *et al.*, 2010).

Em caso de cadáveres incinerados, exumados ou putrefatos, amostras pouco convencionais podem ser usadas, como músculo esquelético, medula óssea, cabelo e humor vítreo. Quando o cadáver está queimado, o humor vítreo sempre se apresenta intacto, livre de trauma e de putrefação, sendo é uma amostra útil para a detecção de substâncias voláteis, como álcoois e cetonas (MOREAU; SIQUEIRA, 2017). Como regra geral, o material deve ser encaminhado para o laboratório imediatamente e sem a adição de conservantes. Caso não seja possível o envio imediato, o mesmo deve ser conservado em refrigeração (DINIS-OLIVEIRA *et al.*, 2010; MOREAU; SIQUEIRA, 2017).

É preciso ter muita cautela na interpretação de quaisquer dados de medicamentos *post-mortem*. No entanto, desde que o toxicologista e o patologista estejam cientes de todas as variáveis que podem afetar os resultados, e que estejam disponíveis informações suficientes sobre a vítima e as circunstâncias, é viável formar uma opinião ponderada, que quase sempre é melhor do que nenhuma e é essencial para apontar a causa do óbito (FERNER, 2008). Conforme o entendimento da redistribuição de drogas avança, as concessões para os tipos de drogas que têm maior propensão a se redistribuir podem ser levadas em consideração na avaliação da contribuição daquela droga específica na morte (ALLAN; ROBERTS, 2009).

Os dados farmacológicos são de uso limitado na interpretação dos dados analíticos, porque se aplicam a sujeitos vivos. As alterações *post mortem*, como autólise e putrefação, aumentam a redistribuição do medicamento, o que pode alterar significativamente o local ou a forma como é encontrado (metabólitos) (ALLAN; ROBERTS, 2009).

Cuidados com a coleta de amostra no *post-mortem*

A integridade da amostra é fundamental para um resultado confiável do laboratório forense. Após a morte, ocorre intensa alteração dos processos metabólicos orgânicos, geralmente com drástica redução, porém em diferentes velocidades, dependendo do tecido. Portanto deve-se tomar todo o cuidado no processo de amostragem dos tecidos, associado à rapidez da coleta, para posterior envio para a análise (DINIS-OLIVEIRA *et al*., 2010; MOREAU; SIQUEIRA, 2017). A Figura 1 apresenta os materiais biológicos mais usados, sem necessidade de necropsia, e a janela de detecção das drogas no fluido.

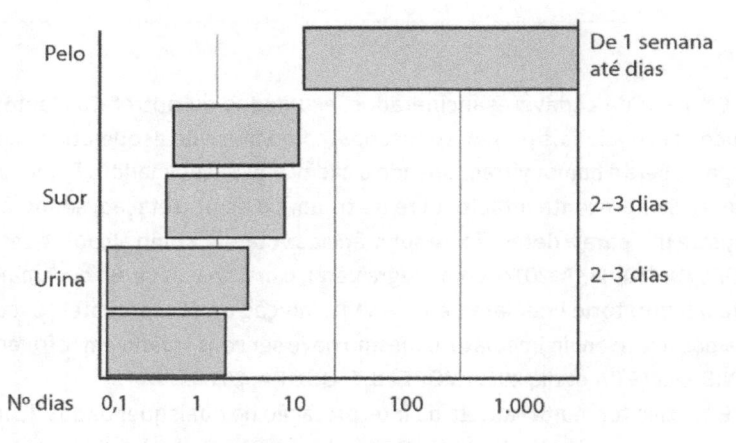

Figura 1. Janela de detecção de diferentes amostras biológicas.
Fonte: Adaptada de Lisboa (2016).

Sangue

O sangue é uma das principais amostras, preferencialmente coletada de locais periféricos, como as veias femorais. O volume necessário varia de 5 a 40mL de sangue, dependendo da análise a ser realizada. Uma alíquota da coleta deve ser armazenada em tubo contendo fluoreto de sódio (0,5 a 2%) como conservante, especialmente quando for realizado doseamento de álcool, cianetos e cocaína. Sempre que possível, é importante coletar em duplicata, para uma segunda análise toxicológica. As amostras de sangue não devem ser coletadas por pressão de cortes feitos nos membros do cadáver, pois isto pode alterar a concentração das substâncias a serem pesquisadas, devido a alterações dinâmicas (MOREAU; SIQUEIRA, 2017).

A amostra de sangue apresenta vantagens em relação a da urina, pois a amostra urinária apenas indica uma exposição anterior à droga, sem evidências conclusivas sobre o tempo exato de possível exposição, ou seus prováveis efeitos fisiológicos, o que no sangue é claramente relacionado (ISSA, 2019).

Urina

A coleta da urina deve ser realizada a partir da bexiga, utilizando-se agulha e seringa ou cateter uretral, sempre antes do início da necropsia. Alguns pontos devem ser levados em consideração, como o uso de cateter antes do óbito, pois podem ser encontrados resíduos de anestésico na bexiga, como a lidocaína, usada no gel para a colocação do cateter. A conservação da urina é realizada com uso do fluoreto de sódio na concentração de 1%; o fluoreto inibe a conversão de glicose em etanol pelas bactérias (é inibidor da enolase) (MOREAU; SIQUEIRA, 2017).

Humor vítreo

O humor vítreo é um líquido em forma de gel, que preenche o globo ocular; representa 80% do volume do olho e está localizado entre a retina e o cristalino. É uma região não vascularizada, com baixo conteúdo de proteína (menor do que o da urina), e apresenta pH entre 7,0 e 7,8.

Sua coleta deve ser realizada por punção com agulha fina, apropriada para coletas intraoculares. O volume a ser coletado é entre 2 e 3mL, e o conteúdo de cada olho deve ser armazenado de forma separada. O líquido coletado deve ser armazenado com fluoreto de sódio 0,5 a 2%. Esta amostra apresenta uma matriz relativamente simples e de fácil obtenção, e é um material estável, com pouca probabilidade de contaminação e resistente à decomposição devido à localização isolada (DINIS-OLIVEIRA et al., 2010; MOREAU; SIQUEIRA, 2017).

Bile

Algumas drogas são eliminadas junto com a bile, especialmente nas superdosagens de paracetamol, cocaína (e seus principais metabólitos, benzoilecgonina, metilesterecgonina, cocaetileno) e opiáceos, por isso ela é utilizada. Trata-se de uma coleta bastante simples na necropsia; caso o paciente tenha removido anteriormente a vesícula biliar, seu conteúdo pode ser adquirido pela aspiração do ducto biliar, com o uso de agulha e seringa (DINIS-OLIVEIRA et al., 2010).

Tecidos

Quando a causa e as circunstâncias do óbito são desconhecidas, recomenda-se coletar amostras de tecidos como tecido adiposo, rim, fígado, cérebro e pulmão. O fígado deve ser coletado preferencialmente do lóbulo direito, cerca de 10 a 20g. As amostras teciduais devem estar livres de agentes fixantes. Cada tecido deve ser acondicionado separadamente, a fim de evitar contaminação cruzada (MOREAU; SIQUEIRA, 2017).

Cabelos

O cabelo é um tipo de amostra alternativa, que pode ser usado para testes de drogas. É fácil de coletar, transportar e armazenar. A principal vantagem sobre as demais amostras é o maior tempo de detecção, já que, no cabelo, esse tempo pode chegar a três meses (sangue e urina, por exemplo, apenas expressam exposição recente). No entanto, a contaminação ambiental é uma grande preocupação com os testes de cabelo, portanto os laboratórios devem tomar precauções especiais durante a preparação das amostras para garantir a remoção da contaminação ambiental (ISSA, 2019; MOREAU; SIQUEIRA, 2017). Outra questão é que o cabelo com tratamento químico, como tinturas, alisamentos e outros tratamentos artificiais, pode conter metais em sua composição, que podem interferir no método proposto.

Em cabelos lavados regularmente e não tratados por produtos agressivos, os medicamentos são geralmente bem detectados, chegando a ser detectados pelo menos um ano após a ingestão. Um estudo de cabelo comprido evidenciou a presença de droga em segmentos distais em mais de três anos após a cessação do consumo (PRAGST; BALIKOVA, 2006).

Portanto, o cabelo sem um tratamento químico visível deve ser lavado no laboratório com solventes para remover óleos e/ou potenciais agentes contaminantes. É possível realizar a determinação em cabelo lavado e em outro não lavado, para comparação dos resultados encontrados (MOREAU; SIQUEIRA, 2017).

Saiba mais

Embora métodos mais sensíveis tenham sido introduzidos nos últimos anos, o desempenho prático da amostragem de cabelo não mudou. A coleta da amostra de cabelo deve ser realizada na parte posterior da cabeça, pois, nessa região, a taxa de crescimento capilar é mais uniforme, permitindo coletar os fios menos superficiais. Uma mecha interna do cabelo deve ser selecionada e cortada mais próxima ao couro cabeludo (cerca de 0,3cm da pele). Preferencialmente, a mecha deve ser arrancada, para obtenção de fios com a raiz, porém, por questões éticas e humanas, essa ação não é realizada. Já existem *kits* comerciais específicos para coleta e armazenamento do cabelo.

Para fins forenses, é aconselhável coletar pelo menos duas amostras de cabelo, separadas. Uma amostra deve ser suficiente para a análise abrangente, incluindo a confirmação e quaisquer repetições necessárias. A segunda amostra de cabelo é armazenada separadamente, e é deixada intacta para uso futuro, ou seja, em casos de objeção. Se cabelo do couro cabeludo não está disponível, fontes alternativas, incluindo pelos púbicos, axilares e corporais, devem ser coletadas. Em casos importantes ou em indivíduos com cabelo muito curto no couro cabeludo, essas fontes alternativas também devem ser coletados para fornecer informações adicionais. Essas fontes alternativas são tradicionalmente sujeitas a menos exposição à influência cosmética e ambiental, e representam outro período de crescimento.

As amostras de cabelo devem ser armazenadas em locais escuros e secas à temperatura ambiente. A maneira mais simples e adequada de arazenamento é em um envelope de papel etiquetado. O armazenamento em sacos plásticos deve ser evitado por causa da contaminação; também o plástico pode potencialmente extrair substâncias lipofílicas do cabelo. Um procedimento prático é embrulhar o cabelo seco em folha de alumínio antes da colocação no papel envelope. A quantide de cabelo deve ser próxima de 200mg de amostra; deve ser identificada a orientação dos fios, de modo a saber o sentido da raiz e o local das pontas, pois isso pode ser necessário para avaliar o período de exposição à substância.

A amostra deve ser enviada ao laboratório com informações sobre tamanho, cor, eventual tratamento químico e parte anatômica do corpo da qual foi coletada. A análise *post-mortem* ainda deve ter informações de data e hora da coleta, idade do indivíduo, estimativa da hora do óbito, período decorrido entre óbito e realização da necropsia, identificação de eventual doença preexistente e medicamentos que eram usados antes do falecimento do indivíduo (PRAGST; BALIKOVA, 2006).

Como interpretar as causas de morte por drogas

Ao interpretar os níveis de drogas *post-mortem*, as circunstâncias e o momento da morte devem ser levados em consideração, além dos achados da autópsia. Um exemplo clássico é a determinação da causa da morte em casos de incêndios, supostamente acidentais, se morte ocorreu antes do início do incêndio ou se o nível de saturação sanguínea de monóxido de carbono indica o falecimento resultante do incêndio (KLAASSEN; WATKINS III, 2012).

As circunstâncias e o momento da morte também são ilustrados por três cenários comuns em que a causa da morte foi a toxicidade de alguma substância. O primeiro cenário revela uma morte rápida, de minutos após a injeção intravenosa de heroína, por exemplo. Nesse caso, a agulha e a seringa são encontradas próximas ao corpo, o monitoramento da droga na urina é negativo, mas a morfina se apresenta em altos níveis no sangue. Os achados patológicos são pequenos, e a causa mais comum da morte é a rápida parada respiratória (ALLAN; ROBERTS, 2009).

O segundo cenário revela uma morte lenta, devido à injeção intravenosa de heroína, por exemplo. O falecido é encontrado deitado em uma cama sem nenhum vestígio de droga no local. A morfina está em um nível tóxico limítrofe no sangue, mas em níveis elevados na urina. Há edema cerebral acentuado e pulmonar, com congestão intensa. Esses achados sugerem uma morte tardia com um período prolongado de depressão respiratória e lesão cerebral hipóxica. A asfixia posicional, com obstrução das vias aéreas pela língua, também é um indício importante para este tipo de intoxicação.

Em um terceiro cenário ocorre a morte retardada, após ingestão de metadona, por exemplo. Uma pessoa é levada ao pronto-socorro após ingerir metadona de um amigo, gravemente intoxicada e em coma. Ela recupera a consciência depois receber naloxona no hospital, mas é encontrada morta em casa no dia seguinte. No exame *post-mortem*, há congestão pulmonar e edema cerebral. Na dosagem sanguínea, encontra-se a metadona em níveis elevados. As investigações policiais sugerem que a pessoa não tomou mais metadona depois de deixar o hospital. É provável que ela tenha voltado ao coma com depressão respiratória depois que a naloxona foi metabolizada, como consequência da meia-vida longa da metadona e da meia-vida curta da naloxona (ALLAN; ROBERTS, 2009). Portanto, o cenário e o histórico são importantes para o fechamento do caso.

Intoxicações criminosas não fatais

A solicitação por análises toxicológicas em vítimas não fatais tem aumentado atualmente. As situações mais rotineiras são a administração de substância química para bloquear a vítima, deixando-a suscetível a roubo, estupro ou sequestro, ou uso de drogas para agressão e/ou abuso infantil (KLAASSEN; WATKINS III, 2012). As principais drogas de abuso encontradas em situações que geram crimes são as seguintes (ALLAN; ROBERTS, 2009):

- álcool (etanol);
- benzodiazepínicos;
- barbitúricos;
- anfetaminas;
- maconha (*Canabis sativa*);

- opiáceos (morfina, metadona e codeína);
- cocaína ou *crack*;
- heroína;
- alucinógenos (LSD — dietilamida do ácido lisérgico —, cogumelos tóxicos);
- cetamina;
- *ecstasy* (MDMA — 3,4-metilenodioximetanfetamina — e fentanilas semelhantes, MDEA — 3,4-metilenodioximetiletilanfetamina —, MBDB — N-metilbenzodioxazolilbutamina).
- ácido gama-hidroxibutírico (GHB).

Entre todas as drogas de abuso, o álcool acaba sendo a mais utilizada, especialmente pela legalidade e facilidade de acesso. Ele gera muitos acidentes, especialmente de trânsito, muitos dos quais fatais. Em outros casos, geralmente são utilizadas drogas depressoras do sistema nervoso central (SNC) para causar sonolência, ou até mesmo anestesia. Alguns desses fármacos são legais, apesar de precisarem da retenção da receita médica para comercialização, como os benzodiazepínicos e alguns opiáceos. Os sintomas mais encontrados são hipotensão, sedação, amnésia. Esses casos são um desafio ao toxicologista forense, pois geralmente o fármaco já foi eliminado no momento em que a vítima procura atendimento.

Saiba mais

A Lei Federal nº 11.705, de 19 de junho de 2008, que alterou a Lei Federal nº 9.503, de 23 de setembro de 1997 (CTB, Código de Trânsito Brasileiro), trouxe uma nova dinâmica para o trânsito no Brasil. A lei foi apelidada de Lei Seca, pois diminuiu a tolerância para 0,02g/dL de álcool no organismo para o ato de dirigir. Acima desse valor ocorrem sanções administrativas, e acima de 0,06g/dL já é passível de sanções criminais.

Entretanto, como os dados de morte e acidentes de trânsito de pessoas embriagadas não parou de aumentar, entrou em vigor uma nova lei, a Lei nº 12.760, de 20 de dezembro de 2012, popularmente conhecida como Nova Lei Seca, alterando os artigos 165, 262, 270, 276, 277 e 306 do CTB. A fim de promover a redução dos acidentes de trânsito associados com o uso de álcool, essa lei estabelece que "[...] qualquer concentração de álcool por litro de sangue ou por litro de ar alveolar sujeita o motorista às sanções previstas em art. 165" (BRASIL, 2012, documento *on-line*).

A toxicologia tem papel importante no doseamento da alcoolemia, principalmente em se tratando de amostra de sangue. Alguns cuidados com a amostra devem ser tomados, como o uso de fluoreto de sódio como conservante e anticoagulante. Outro detalhe importante é que a investigação de etanol no *post-mortem*, em corpo encontrado vários dias depois do óbito, apresenta como opção a amostra do humor vítreo, já que ocorre produção de etanol endógeno pelo tecido morto. Neste caso, o humor vítreo diferencia o etanol encontrado no corpo putrefato (o que é endógeno próprio da putrefação e o que é exógeno, proveniente do consumo de bebida alcoólica) (NEVES et al., 2019; MOREAU; SIQUEIRA, 2017).

Nos casos de abuso infantil, são utilizados os xaropes de ipeca (raiz do arbusto de *Psychotria ipecacuanha*), laxantes, diuréticos, antidepressivos, hipnóticos-sedativos e narcóticos. A principal ideia de uso dessas drogas é neutralizar ou acalmar a criança, deixando-a sonolenta por longos períodos. Para a detecção dessas drogas há necessidade de métodos sofisticados, como a cromatografia gasosa associada ao espetro de massa (KLAASSEN; WATKINS III, 2012).

Outros casos de uso de drogas seria o aborto inseguro, praticado fora da jurisprudência legal, em casas ou clínicas clandestinas. Existe uma lista de plantas medicinais, medicamentos, e até drogas de abuso (tabaco, maconha, cocaína, *crack*) que propiciam o aborto; entre elas se destacam medicamentos como o misoprostol e a mifepristona. Quando o procedimento se desenvolve inadequadamente, pode trazer riscos à vida da mãe e gerar má formação fetal (ROEHSIG et al., 2011).

O uso de várias drogas ou o uso de drogas concomitantemente com o álcool é comumente encontrado, e aumenta a dificuldade interpretativa para o toxicologista e o patologista forense. Vários efeitos ocorrem, e o resultado dependerá dos inúmeros fatores que normalmente se aplicam, como dosagem, estado de saúde, aspectos genéticos do indivíduo e modo de uso, além das quantidades relativas de cada substância. Relação temporal, propriedades farmacológicas, antagonismo, aumento dos efeitos, sinergismo e metabolismo são fatores adicionais que entram em jogo quando o uso de múltiplas drogas está envolvido (ALLAN; ROBERTS, 2009).

As principais amostras a serem coletadas são a urina, a saliva e o sangue, já que estamos falando de um indivíduo vivo. Na urina, é muito importante a certificação de que a amostra não foi adulterada; as alterações da urina podem mascarar os resultados, portanto a urina deve ser testada para creatinina, pH, densidade e oxidantes (nitrito). Todas as urinas que apresentem creatinina acima de 2mg/dL; densidade menor do que 1001 ou maior do que 1020; pH entre 3 e 4,5, ou pH entre 9 e 11; e ainda nitrito entre 200mg/mL e 500mg/dL devem ser descartadas da análise (ISSA, 2019).

Cada vez mais tem sido usado o fluido oral como amostra para detecção de drogas de abuso. A saliva é considerada uma amostra não invasiva, sem invadir a privacidade da pessoa, especialmente porque sua coleta pode ser realizada sob supervisão, impedindo adulterações, como acontece com a urina (COSBEY; ELLIOTT; PATERSON, 2017). Quando comparada com as amostras de urina, as amostras do fluido oral reflexem melhor as concentrações sanguíneas de uma droga. O fluido oral especifica o uso recente de drogas e oferece melhor associação com efeitos farmacológicos, como dirigir automóvel com desempenho prejudicado. É uma amostra que pode ser coletada na beira da estrada ou em acidentes de trânsito, ou ainda em outras situações que obriguem o diagnóstico de condução sob a influência de drogas ou álcool. Como o fluido oral é um hiperfiltrado de sangue, os compostos originais são detectados e, provavelmente, não os metabólitos. Os limites de detecção são, portanto, mais curtos do que os da urina, sendo de apenas 1 a 2 dias, em comparação com 2 a 5 dias da urina (ELLIOTT; STEPHEN; PATERSON, 2018).

Outra amostra que tem sido muito usada ultimamente é o ar oriundo da respiração humana. A expiração humana é muito usada para a detecção dos níveis exalados de álcool, o que pode gerar uma estimativa de álcool sanguíneo (alcoolemia). A concentração detectada é comparada à concentração legalmente definida em cada país para a condução de veículos sob o efeito de álcool e outras infrações relacionadas com o código de trânsito. Também o ar expirado pode ser utilizado para a detecção da presença ou ausência de inalantes, a maioria dos quais são solventes orgânicos voláteis que não são facilmente detectados no sangue. Esses solventes orgânicos são cada vez mais utilizados como forma de abuso entre jovens e adolescentes (SMITH; BLUTH, 2016; JONES, 2016; COSBEY; ELLIOTT; PATERSON, 2017).

Entretanto, a amostra de escolha em testes de desempenho humano ainda é o sangue, embora o fluido oral se apresente como promissor. Analisar uma amostra de sangue se torna de extrema importância, porque, confirmada a presença de alguma substância de abuso, é provável que se estabeleça um período de tempo estimado de exposição ao medicamento ou droga. Isso não ocorre com uma amostra de urina, por exemplo, na qual todos os medicamentos têm uma janela de detecção muito mais longa. A capacidade de verificar o prazo, de forma conclusiva, sobre o consumo de drogas é crucial em todas as configurações de teste de desempenho humano (ISSA, 2019).

No Quadro 1 são apresentados os principais toxicantes, o fluido biológico de escolha e o método analítico ideal para sua detecção.

Quadro 1. Principais toxicantes, sua amostra mais utilizada e o método adequado

Toxicante (ou grupo)	Amostra biológica	Método aplicado
Drogas de abuso	Urina	Imunoensaios
Etanol	Soro	CG
Benzodiazepínicos	Urina, soro	Imunoensaios, CG-EM
Paracetamol, salicilatos	Soro	Imunoensaios, CLAE
Difenidramina	Urina	CCD
Antidepressivos tricíclicos	Soro	Imunoensaios, CLAE
Barbitúricos (50% fenobarbital)	Urina, soro	Imunoensaios, CG

CG: cromatografia gasosa; CG-EM: cromatografia gasosa aplicada a espectrometria de massas; CLAE: cromatografia líquida de alta eficiência; CCD: cromatografia de camada delgada.

Fonte: Adaptado de Klaassen e Watkins III (2012).

Exemplo

Na realização de testes de toxicológicos *post-mortem*, é importante estar atento aos processos de degradação que ocorrem no cadáver e que poderão alterar ou influenciar o resultado toxicológico. O fenômeno que mais altera os resultados é a redistribuição *post-mortem*; isso ocorre pela difusão de concentração dos toxicantes do sangue para compartimentos vizinhos, como os tecidos e órgãos.

Entretanto, existem outros fatores que devem ser levados em consideração. No caso de cadáveres com vários dias de decomposição e apresentando estado de putrefação avançada, o metabolismo associado poderá gerar a degradação de substâncias lábeis, o que pode resultar em amostra não detectada no sangue e urina, por exemplo. O etanol e o cianeto são exemplos que podem ter alterações em suas concentrações devido à atividade bacteriana. Nesses casos é aconselhável utilizar matrizes que tenham tempos de retenção maior, como amostras de cabelo e humor vítreo.

A partir disso, imagine o caso de um cadáver desconhecido, encontrado em um estado avançado de decomposição, em um matagal. Os materiais biológicos remanescentes são cabelo, ossos e tecido putrefatos. Nestas condições, a identificação do cadáver se dá pela análise do DNA, e o cabelo pode ser utilizado para uma análise toxicológica sistemática (LISBOA, 2016).

Referências

ALLAN, A. R.; ROBERTS, I. S. D. Post-mortem toxicology of commonly-abused drugs. *Diagnostic Histopathology*, v. 15, n. 1, p. 33–41, 2009. Disponível em: https://www.sciencedirect.com/science/article/abs/pii/S1756231708002053. Acesso em: 6 nov. 2020.

BRASIL. *Lei nº 12.760, de 20 de dezembro de 2012*. Altera a Lei nº 9.503, de 23 de setembro de 1997, que institui o Código de Trânsito Brasileiro. Brasília: Presidência da República, 2012. Disponível em: http://www.planalto.gov.br/ccivil_03/_ato2011-2014/2012/lei/l12760.htm. Acesso em: 6 nov. 2020.

COSBEY, S.; ELLIOTT, S.; PATERSON, S. The United Kingdom and Ireland Association of Forensic Toxicologists; establishing best practice for professional training & development in forensic toxicology. *Science & Justice*: Journal of the Forensic Science Society, v. 57, n. 1, p. 63–71, 2017. Disponível em: https://www.sciencedirect.com/science/article/abs/pii/S1355030616301022. Acesso em: 6 nov. 2020.

DINIS-OLIVEIRA, R. J. *et al*. Collection of biological samples in forensic toxicology. *Toxicology Mechanisms and Methods*, v. 20, n. 7, p. 363–414, 2010. Disponível em: https://pubmed.ncbi.nlm.nih.gov/20615091/. Acesso em: 4 out. 2020.

ELLIOTT, S. P.; STEPHEN, D. W. S.; PATERSON, S. The United Kingdom and Ireland association of forensic toxicologists forensic toxicology laboratory guidelines. *Science & Justice*: Journal of the Forensic Science Society, v. 58, n. 5, p. 335–345, 2018. Disponível em: http://www.ukiaft.co.uk/image/catalog/documents/UKIAFT%20Lab%20Guidelines%202018%20published.pdf. Acesso em: 6 nov. 2020.

FERNER, R. E. Post-mortem clinical pharmacology. *British Journal of Clinical Pharmacology*, v. 66, n. 4, p. 430–443, 2008. Disponível em: https://pubmed.ncbi.nlm.nih.gov/18637886/. Acesso em: 6 nov. 2020.

HEDLUND, J. *et al*. Pre-offense alcohol intake in homicide offenders and victims: A forensic toxicological case-control study. *Journal of Forensic and Legal Medicine*, v. 56, p. 55–58, 2018. Disponível em: https://www.sciencedirect.com/science/article/abs/pii/S1752928X18300878. Acesso em: 6 nov. 2020.

ISSA, S.Y. Forensic toxicology. *In*: KARCIOGLU, O. *Poisoning in the modern world*: a new tricks for an old dog? London: Intechopen, 2019. DOI: 10.5772/intechopen.82869

JONES, J. T. Advances in drug testing for substance abuse alternative programs. *Journal of Nursing Regulation*, v. 6, n. 4, p. 62–67, 2016. Disponível em: https://www.sciencedirect.com/science/article/abs/pii/S2155825616310092. Acesso em: 6 nov. 2020.

LISBOA, M. P. *Matrizes biológicas de interesse forense*. 2016. Dissertação (Mestrado em Ciências Farmacêuticas) — Universidade de Coimbra, Portugal, 2016. Disponível em: https://eg.uc.pt/bitstream/10316/48554/1/M_Marcia%20Lisboa.pdf. Acesso em: 6 nov. 2020.

KLAASEN, C. D.; WATKINS III, J. B. *Fundamentos em toxicologia de Casarett e Doull*. 2. ed. Porto Alegre: AMGH, 2012. (Lange).

MOREAU, R. L. M.; SIQUEIRA, M. E. P. B. *Ciências farmacêuticas*: toxicologia analítica. 2. ed. Rio de Janeiro: Guanabara Koogan, 2017.

NEVES, M. *et al*. Driving under the influence of alcohol: epidemiological profile of the victims in Mato Grosso State, Midwest Brazil. *Brazilian Journal of Forensic Sciences, Medical Law and Bioethics*, v. 8, n. 2, p. 96–112, 2019. Disponível em: https://www.ipebj.com.br/bjfs/index.php/bjfs/article/view/697. Acesso em: 6 nov. 2020.

PRAGST, F.; BALIKOVA, M.A. State of the art in hair analysis for detection of drug and alcohol abuse. *Clinica Chimica Acta*, v. 370, p. 17–49, mar.2006. Disponível em: https://www.sciencedirect.com/science/article/abs/pii/S0009898106001227. Acesso em: 6 nov. 2020.

ROEHSIG, M. *et al*. Abortifacientes: efeitos tóxicos e riscos. *Saúde, Ética & Justiça*, v. 16, n. 1, p. 1–8, 2011. Disponível em: http://www.revistas.usp.br/sej/article/view/45772. Acesso em: 6 nov. 2020.

SMITH, M. P.; BLUTH, M. H. Forensic toxicology. *Clinics in Laboratory Medicine*, v. 36, n. 4, p. 753–759, 2016. Disponível em: https://www.labmed.theclinics.com/article/S0272-2712(16)30058-0/fulltext. Acesso em: 6 nov. 2020.

Fique atento

Os *links* para *sites* da *web* fornecidos neste capítulo foram todos testados, e seu funcionamento foi comprovado no momento da publicação do material. No entanto, a rede é extremamente dinâmica; suas páginas estão constantemente mudando de local e conteúdo. Assim, os editores declaram não ter qualquer responsabilidade sobre qualidade, precisão ou integralidade das informações referidas em tais *links*.

Toxicologia forense: análise de drogas, testes de desempenho e testemunho

Francine Luciano Rahmeier

OBJETIVOS DE APRENDIZAGEM

> - Identificar análises de drogas de abuso em materiais biológicos, com finalidade forense.
> - Reconhecer os testes de desempenho humano.
> - Analisar o testemunho em tribunais.

Introdução

A toxicologia é uma ciência que estuda os efeitos adversos de substâncias químicas sobre um organismo vivo, unindo, principalmente, conhecimentos de química, bioquímica, fisiologia, farmacologia e biologia celular. Dentro dessa área, encontramos a toxicologia forense, que tem como foco avaliar o efeito nocivo de sustâncias químicas sobre o organismo em situações em que haja envolvimento criminalístico, jurídico, médico-legal e afins. Na toxicologia forense é bastante comum a avaliação de drogas de abuso e substâncias psicoativas, que podem ser analisadas em um grande espectro de amostras biológicas, que vão desde sangue e urina até órgãos e fios de cabelo.

Neste capítulo, você vai estudar os tipos de amostra que podemos utilizar em análises forenses para a detecção de drogas de abuso. Vai ver quais são os testes de desempenho que são afetados por essas mesmas drogas e entender como a toxicologia forense pode contribuir para a resolução de casos na justiça.

Análise forense: como detectar drogas de abuso em amostras biológicas?

Já nos primórdios das civilizações, o uso de substâncias psicoativas naturais era utilizado para fins integrativos e recreacionais; em algumas culturas, acreditava-se que essas substâncias eram uma forma de conexão com o divino. O uso dessas substâncias permeou os próximos séculos, e a descoberta de outros tipos de substâncias, e também de drogas sintéticas, atingiu todas as classes populacionais.

Nos tempos modernos, o uso de drogas de forma abusiva vem crescendo. Atualmente, esse é um grave problema social, tendo em vista o alto consumo de drogas ilícitas e o envolvimento desse consumo em delitos, além de ser uma grande preocupação no âmbito da saúde pública, levando muitas pessoas à dependência e até mesmo ao óbito, gerando altos custos ao Estado (MARANGONI; OLIVEIRA, 2013; PASSAGLI et al., 2018).

Saiba mais

Em teoria, **droga** é qualquer substância química, natural ou sintética, que tenha a finalidade de gerar efeitos em um órgão-alvo ou no organismo como um todo. Já **droga de abuso** é toda substância capaz de gerar dependência química, física ou psíquica, e que tem potencial de gerar efeitos no sistema nervoso central (SNC), modificando, deprimindo ou estimulando o comportamento, as emoções, as sensações, a consciência, os pensamentos e o humor do usuário.

As drogas de abuso, no Brasil, são classificadas como **lícitas**, que têm permissão do Estado para produção, comercialização e uso, e **ilícitas**, que não têm permissão para produção e comercialização; caso isso ocorra, estarão sujeitas à apreensão e condenação do indivíduo que praticou o crime. Entre as drogas de abuso lícitas de uso mais comum estão etanol, tabaco e medicamentos, como os opiáceos e opioides (morfina, codeína e metadona), benzodiazepínicos (clonazepam, diazepam, flunitrazepam), anfetaminas comerciais (metilfenidato, efedrina) e barbitúricos (tiopental, fenobarbital). Entre as drogas de abuso ilícitas mais conhecidas estão maconha, cocaína, *crack*, heroína, anfetaminas alucinógenas — metanfetamina (cristal), metilenodioximetanfetamina (MDMA, *ecstasy*), dietilamina do ácido lisérgico (LSD, doce), cetamina (*special K*), etc. (MARANGONI; OLIVEIRA, 2013; DORTA et al., 2018; PASSAGLI et al., 2018)

Segundo o último World Drug Report (2020), cerca de 269 milhões de pessoas no mundo usaram algum tipo de droga no ano de 2018, o que corresponde a 5,4% da população mundial com idades entre 15 e 64 anos, e a maior parte é consumidora de maconha e opioides. Acompanhe esses números em mais detalhes na Figura 1. Esse número vem crescendo exponencialmente a cada ano, e o consumo de drogas parece ser algo fora do controle (UNODC, 2020).

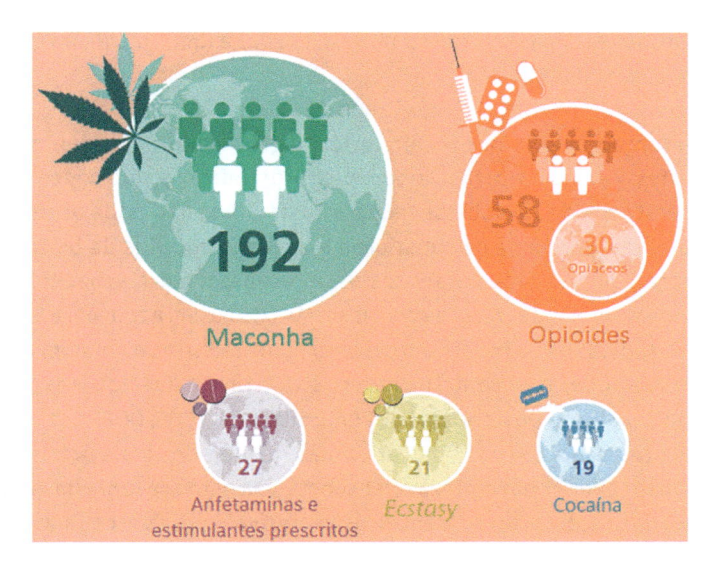

Figura 1. Número de usuários de drogas de abuso no mundo, em milhões, e as principais drogas utilizadas em 2018.
Fonte: Adaptada de UNODC (2020).

Dentro do contexto forense, a toxicologia é muito importante, tendo em vista que pode auxiliar na elucidação de eventos, como homicídios, suicídios, mortes acidentais e crimes. A toxicologia pode fornecer pistas sobre o uso de qualquer substância que possa ter alterado o estado de saúde ou de consciência da vítima ou do acusado, auxiliando no estabelecimento do nexo causal originador do evento em questão. Para tanto, é necessária coleta de amostras biológicas (*in vivo* e *post-mortem*) e também não biológicas, que possam servir como vestígio e prova em um caso de interesse judicial (MOREAU; SIQUEIRA, 2016).

As **amostras não biológicas** podem ser de qualquer natureza que não biológica e que podem auxiliar no processo de investigação criminal. Tais amostras podem ser objetos encontrados nas cenas de crime ou próximos à vítima, como alimentos, água, seringas, vidros e embalagens suspeitas, copos, garrafas, entre outros. Dentro desse espectro, temos a própria substância psicoativa, encontrada nas formas de comprimidos, líquidos, pó, vegetais, ampolas, seringas e outras apresentações (MOREAU; SIQUEIRA, 2016).

Na análise toxicológica, é importante ter em mente as seguintes definições, que fazem parte do passo a passo para se chegar a uma conclusão que será colocada em um laudo:

- **Detecção:** é feita por técnicas de triagem, geralmente por meio de testes rápidos ou de reação com produtos químicos, que podem sugerir a presença de tal substância na amostra, mas não pode afirmar com certeza a presença da substância e de seus produtos de biotransformação, pois muitos desses testes apresentam baixa especificidade e podem apresentar reações cruzadas. Mesmo assim, a triagem é bastante utilizada, especialmente em casos em que não se tem nenhum vestígio do que pode ser encontrado na amostra, a fim de direcionar as análises confirmatórias posteriores (MOREAU; SIQUEIRA, 2016; DORTA et al., 2018).
- **Identificação:** é feita com a utilização de métodos mais precisos, que podem inferir com certeza qual substância está presente na amostra.
- **Quantificação:** além da identificação precisa, é possível estimar a quantidade da substância química que está presente na amostra e, a partir disto, estimar a quantidade de droga que foi utilizada (DORTA et al., 2018).

Para se proceder a uma análise toxicológica, seja em materiais *in natura*, seja em matrizes biológicas *in vivo* e *post-mortem*, é necessário seguir alguns passos importantes, que fazem parte da segurança da qualidade analítica. A partir do momento em que uma amostra é coletada, o toxicologista forense precisa saber se há alguma suspeita do que pode ser encontrado ou se não há indícios do que foi utilizado. Quando a amostra em questão tem um histórico, deve ser feita uma análise direcionada, que vai proceder a testes para a confirmação da suspeita.

Fique atento

É muito importante considerar diversos fatores que podem interferir diretamente na escolha da amostra a ser coletada, como os estados a seguir (MOREAU; SIQUEIRA, 2016):

- informações sobre sinais e sintomas na pessoa viva, horário do ocorrido, sinais e características do cadáver, objetos encontrados no local entre outros;
- características de biotransformação das drogas, absorção, distribuição, armazenamento, excreção da amostra e toxicodinâmica da droga;
- fenômenos de redistribuição *post-mortem* e produção endógena de etanol;
- tempo em que ocorreu a exposição à droga, se a exposição é recente ou tardia.

Em casos nos quais não há suspeitas, o toxicologista deve proceder a uma análise toxicológica sistemática, iniciando com um processo de triagem da amostra, que fará a detecção do analito que se está buscando (MOREAU; SIQUEIRA, 2016). A partir disso, em pessoas vivas é preconizado que se coletem diversas amostras biológicas diferentes, utilizando métodos de coleta pouco invasivos. Já em casos *post-mortem* (PM), recomenda-se a obtenção de uma coleção de amostras no ato da necropsia, que possibilite o rastreamento de praticamente todas as substâncias possíveis (MOREAU; SIQUEIRA, 2016). Acompanhe no Quadro 1 a quantidade de matiz biológica a ser coletada para realização de análise toxicológica no caso de coleta *post-mortem*.

Quadro 1. Quantidade de matiz biológica a ser coletada para realização de análise toxicológica

Matriz biológica	Quantidade
Cérebro	50g
Fígado	50g
Rins	50g
Sangue	Coração: 25mL
	Periférico: 10mL
Humor vítreo	Toda a quantidade disponível
Urina	Toda a quantidade disponível
Bile	Toda a quantidade disponível
Conteúdo gástrico	Toda a quantidade disponível

Fonte: Adaptado de Moreau e Siqueira (2016).

No Brasil, essas análises são feitas em laboratórios credenciados pertencentes às Secretarias de Segurança Pública estaduais, Polícia Federal e Civil e Institutos Médico-Legais (MOREAU; SIQUEIRA, 2016).

Principais materiais biológicos coletados *in vivo*

Em pessoas vivas, a coleta de amostras se aplica especialmente em casos de avaliação do comportamento e desempenho humano. São situações em que há suspeita de alteração da capacidade de condução de veículos; alterações da *performance* esportiva; crimes contra a integridade física, como acidentes, agressões, violência sexual; intoxicações acidentais ou intencionais que não resultem em morte; detecção de uso ou abuso de drogas (LISBOA, 2016; MOREAU; SIQUEIRA, 2016). Vejamos quais são os principais materiais biológicos coletados nesses casos.

Sangue

O sangue é o principal fluido biológico de escolha para avaliações toxicológicas, bastante utilizado para identificar e quantificar substâncias circulantes e correlacionar com o estado clínico do indivíduo. Também é possível correlacionar as quantidades encontradas com as concentrações de metabólitos presentes na urina, a fim de estabelecer a dose real que foi ingerida e o tempo decorrido desde que foi consumida. O grande problema desta amostra é que a detecção de amostras nesse material deve ser feita o mais rápido possível, tendo em vista que a janela de detecção é restrita, pois as substâncias não permanecem por muito tempo na circulação, sendo logo metabolizadas e excretadas (BORDIN *et al.*, 2015; LISBOA, 2016; DORTA *et al.*, 2018).

Recomenda-se utilizar, preferencialmente, o sangue total (coletado geralmente na veia cefálica), tendo em vista que algumas drogas podem ter mais afinidade por proteínas presentes no soro ou plasma, não fornecendo quantidades fidedignas circulantes. Essa amostra deve ser coletada com anticoagulante EDTA (não utilizar quando a suspeita for de compostos metálicos ou organometálicos) ou heparina (pode interagir com alguns fármacos). Também pode ser utilizado um conservante para evitar a perda de compostos (fluoreto de sódio, 2–3mg/mL de sangue), a glicólise e a contaminação bacteriana. Na gravidez, pode-se coletar sangue do cordão umbilical (BRASIL, [2013?]; LISBOA, 2016; DORTA *et al.*, 2018).

Urina

Em geral, a urina é considerada a matriz menos invasiva e de fácil obtenção, disponível em grandes volumes e que apresenta poucos interferentes. Pode facilmente ser congelada, sendo estável por muito tempo. É eleita para a avaliação de uso recente de alguma substância, especialmente seus metabólitos, que, em geral, podem ser encontrados nessa amostra por um período de 2 a 5 dias após o consumo.

Esse fluido geralmente é indicado para a detecção rápida de substâncias como benzodiazepínicos, opioides, anfetaminas, canabinoides (substâncias ativas e metabólitos oriundos da maconha, como canabinol, canabidiol e THC [Δ^9tetrahidrocanabinol]) e cocaína. A coleta da amostra de urina deve ser sempre assistida por algum profissional, tendo em vista a grande facilidade de adulteração da amostra pela pessoa que será avaliada. Muitas vezes, há o consumo prévio de diuréticos para aumentar a excreção de metabólitos, de modo que, no momento do exame, esses metabólitos pesquisados poderão não estar presentes ou em quantidade/concentração diminuída. Dessa forma, o laboratório deve procurar, além da droga-alvo, outro tipo de droga utilizada para adulterar a amostra ou alterar o resultado da análise (KLAASSEN; WATKINS III, 2012; BORDIN et al., 2015; LISBOA, 2016; MOREAU; SIQUEIRA, 2016).

Ar expirado

O ar expirado (ar alveolar) é uma amostra não invasiva que possibilita a avaliação de substâncias voláteis. Sua análise é bastante comum para a detecção de etanol, especialmente em abordagens a condutores de veículos. Por ser de fácil obtenção, a avaliação pode ser feita no próprio local, com o auxílio de um aparelho conhecido popularmente como **bafômetro**. Para obter amostra de ar alveolar, basta que o motorista sopre continuamente até o total esvaziamento pulmonar. O aparelho desconta a primeira porção do sopro, por se tratar apenas da volatilização da substância nas primeiras porções pulmonares e pela própria boca, contabilizando apenas o ar que vem dos alvéolos (LISBOA, 2016; MOREAU; SIQUEIRA, 2016).

Conteúdo gástrico

É bastante útil em casos de intoxicação oral por alguma substância. O conteúdo gástrico pode ser obtido por meio de amostras de vômito ou de lavado gástrico durante o próprio atendimento hospitalar. A análise desse conteúdo geralmente detecta facilmente as substâncias, tendo em vista que a maior parte é consumida por via oral; muitas vezes, podem ser encontrados até mesmo comprimidos e cápsulas que ainda não foram digeridos e absorvidos. O achado de grandes quantidades de substância nesse conteúdo possibilita confirmar suspeitas de *overdose* intencional. Outro fator que pode ser observado é o cheiro deste conteúdo. A presença de odor de amêndoa amarga pode sugerir intoxicação por cianeto, enquanto o odor de alho pode indicar intoxicação com organofosforados (LISBOA, 2016; DORTA *et al*., 2018).

Fluido oral

As concentrações de drogas encontradas nesse tipo de fluido, como cocaína, anfetamina, canabinoides, benzodiazepínicos e etanol, indicam as quantidades consumidas recentemente (de 6 a 24h, no máximo 2 dias para drogas mais básicas), refletindo a fração livre da droga na circulação sanguínea (pois o sangue transfere as substâncias para a saliva por meio de difusão passiva ou ultrafiltração, que ficam acumuladas no fluido oral). As principais drogas rastreadas nessa amostra são anfetaminas, cocaína, canabinoides, opioides, benzodiazepínicos e etanol (BORDIN *et al*., 2015; LISBOA, 2016; MOREAU; SIQUEIRA, 2016; DORTA *et al*., 2018).

As vantagens dessa amostra é a sua fácil obtenção, podendo ser coletada em qualquer local. A rapidez na obtenção de resultados em triagens (feitas, muitas vezes, em abordagens a condutores de veículos e trabalhadores em seu local de trabalho, para saber se a pessoa em questão está sob efeito de alguma droga que altere seu desempenho; a testagem é feita na hora, por imunoensaios) e a possibilidade de guardar a amostra para dosagens posteriores ou confirmações por outros métodos também são vantagens.

A desvantagem do fluido oral é que ele não é uma amostra de qualidade para quantificações precisas, pois não existem muitos valores de referência para essa amostra e que possam ser extrapolados para o sangue. Além disso, a amostra deve ser coletada somente após 10 minutos de a pessoa ter comido ou bebido alguma coisa, cerca de 4 horas após a ingestão de drogas ou outras substâncias, e a higiene bucal não deve ser feita, pois pode mascarar ou interferir na qualidade da análise (BORDIN *et al*., 2015; LISBOA, 2016; MOREAU; SIQUEIRA, 2016; DORTA *et al*., 2018).

Cabelo

É uma matriz biológica muito importante, que possibilita uma janela de avaliação muito mais prolongada (semanas a meses) do que as amostras corriqueiramente utilizadas, fornecendo informações do padrão de consumo e do tipo de substância consumida pelos usuários nesse período de tempo. Diversas substâncias e seus metabólitos podem ser identificados, até mesmo em baixas concentrações, como anfetaminas, canabinoides, benzodiazepínicos, cocaína, opioides e morfina, que passam do sangue para o cabelo por meio de difusão passiva dos capilares sanguíneos para as células da base do folículo capilar e pela transpiração e oleosidade da pele ou couro cabeludo (BORDIN *et al.*, 2015; LISBOA, 2016; MOREAU; SIQUEIRA, 2016; DORTA *et al.*, 2018).

A melanina presente no fio de cabelo é um fator que facilita a incorporação de substância; dessa forma, cabelos mais escuros têm maior propensão de incorporar xenobióticos do que cabelos claros. Uma limitação dessa amostra é que podem ocorrer contaminações do fio por exposições externas (do meio ambiente) e também tinturas e produtos químicos utilizados no tratamento dos fios (que reduzem de 50 a 80% a concentração de drogas nessa matriz, comparada ao que foi incorporado inicialmente) (BORDIN *et al.*, 2015; LISBOA, 2016; MOREAU; SIQUEIRA, 2016; DORTA *et al.*, 2018).

Para a avaliação capilar, o material deve ser coletado próximo à raiz do cabelo, sendo cortada uma mecha de cabelo de aproximadamente 3 centímetros. Tendo em vista que o fio de cabelo cresce em média 1 centímetro por mês, um segmento de 3 centímetros representaria a história de uso ou abstinência de drogas por um período aproximado de 3 meses. Dessa forma, analisando-se alguns segmentos do cabelo, é possível estimar uma data aproximada de quando a droga foi consumida (BORDIN *et al.*, 2015; LISBOA, 2016; MOREAU; SIQUEIRA, 2016; DORTA *et al.*, 2018).

Fique atento

O fio de cabelo leva de 5 a 7 dias para ficar exposto, portanto, o cabelo vai apresentar drogas que foram utilizadas somente após esse período.

Interferência das drogas no desempenho humano e testes relacionados

A avaliação do desempenho humano é uma área da toxicologia forense que analisa as amostras à procura de substâncias capazes de alterar o estado de consciência e a capacidade de tomar decisões ou de modificar o desempenho em tarefas. Dessa forma, para se dizer que uma substância é capaz de alterar o desempenho humano sobre qualquer atividade, é importante que seja feita a identificação e a quantificação da substância na amostra coletada. É o estabelecimento da quantidade presente na amostra que torna possível estimar a dose circulante da droga no ato do delito (ou outro acontecimento), para inferir se a pessoa estava o não sob efeito da droga (MOREAU; SIQUEIRA, 2016; DORTA et al., 2018).

Saiba mais

Esse tipo de avaliação é muito utilizado para analisar o consumo de etanol e outras drogas em condutores de veículos, vítimas de abuso sexual, roubo ou sequestro; avaliar o uso dessas drogas em funcionários de empresas (a fim de evitar possíveis alterações e acidentes durante o trabalho); e analisar a utilização de substâncias por atletas (*doping*).

O **abuso** de diversas substâncias que afetam as capacidades psicomotoras, especialmente o etanol, pode alterar totalmente os sentidos do usuário, como você pode ver no Quadro 2. Tal alteração está diretamente envolvida em grande parte dos acidentes de trânsito no mundo todo. O consumo médio de etanol no Brasil supera a média de consumo mundial, e as estatísticas revelam que, ao longo do ano de 2019, 18 mil motoristas foram autuados por estarem dirigindo sob efeito de etanol e 5.631 acidentes foram provocados pelo consumo dessa substância, sendo 1.412 graves. Ainda, estima-se que cerca de 41,3% dos condutores mortos em acidentes de trânsito só no estado do Rio Grande do Sul, em 2018, haviam ingerido etanol (MOREAU; SIQUEIRA, 2016; DORTA et al., 2018; PORTAL G1 RS, 2019).

Quadro 2. Sinais e sintomas da intoxicação aguda por etanol

Etanol no sangue (g/L)	Estágio	Sinais e sintomas clínicos
0,1 a 0,5	Subclínico	Nenhuma influência aparente; testes especiais revelam pequenos transtornos subclínicos
0,3 a 1,2	Euforia	Suave euforia, sociabilidade, decréscimo das inibições, diminuição da atenção, julgamento e controle

(Continua)

(Continuação)

Etanol no sangue (g/L)	Estágio	Sinais e sintomas clínicos
0,9 a 2,5	Excitação	Instabilidade emocional, decréscimo das inibições, perda do julgamento crítico, enfraquecimento da memória e da compreensão, falta de coordenação motora
1,8 a 3,0	Confusão	Desorientação, confusão mental, vertigens, estado emocional exagerado, distúrbios da sensação e da percepção, debilidade no equilíbrio, falta de coordenação muscular, dificuldade na fala
2,7 a 4,0	Estupor	Apatia, inércia geral, diminuição marcada das respostas aos estímulos, incontinência urinária e debilidade da consciência
3,5 a 5,0	Coma	Completa inconsciência, coma, anestesia, dificuldades circulatória e respiratória
Acima de 4,5	Morte	Parada respiratória

Fonte: Adaptado de Moreau e Siqueira (2016).

Diante dos riscos do uso de etanol no trânsito, o Brasil instaurou a Lei nº. 11.705, de 19 de junho de 2008, popularmente conhecida como Lei Seca, na qual proíbe a circulação de veículo quando o condutor apresentar valores de alcoolemia igual ou acima de 6dg/L de sangue, ou sob a influência de qualquer droga que determine dependência. Entretanto a Lei nº 12.760, de 20 de dezembro de 2012, alterou o Código de Trânsito Brasileiro, passando a considerar que qualquer concentração de etanol encontrada no ar exalado ou sangue é considerada infração gravíssima. Também são aceitos vídeos, fotos e testemunhos de que o condutor estava alcoolizado como prova de infração, que prevê multa, suspensão do direito de dirigir por 12 meses, recolhimento da carteira de habilitação e apreensão do veículo; a depender da situação, o motorista também pode sofrer detenção (BRASIL, 2020).

A taxa de absorção e de excreção de etanol pelo organismo depende de alguns fatores, como tipo de bebida ingerida, sexo, taxa metabólica e peso corporal, mas, em geral, logo que a bebida alcoólica é ingerida, cerca de 20% já são absorvidos pelo estômago, e o restante é absorvido nas demais porções do intestino, sendo rapidamente distribuído para todos os tecidos. As mulheres têm maior tendência a concentrar mais etanol no sangue do que os homens, devido à maior concentração de gordura, menor atividade da etanol desidrogenase e menor quantidade de líquido corpóreo (MOREAU; SIQUEIRA, 2016; PASSAGLI *et al.*, 2018).

Teoricamente, o corpo humano metaboliza o etanol a uma velocidade de 0,15 a 0,2g de etanol/kg de peso corporal/hora, o que significa que uma pessoa de 70kg elimina 14g de etanol por hora. Para calcular a concentração de álcool no sangue (c), basta seguir a Fórmula de Widmark, que se baseia na quantidade de álcool ingerida em gramas (HONORATO, 2013):

$$A = p \cdot r \cdot c$$

onde:

- A: quantidade de álcool ingerida em gramas.
- p: peso corporal em quilogramas (kg).
- r: quociente de redução; corresponde a 0,55 para mulheres e 0,68 para homens.
- c: concentração de álcool no sangue.

Para descobrir a quantidade de gramas a partir de mililitros ingeridos, A, basta aplicar a seguinte fórmula:

teor alcoólico (%) · volume (mL) · 0,79 (peso em gramas equivalente a 1mL)

O valor obtido será uma concentração *c* em gramas de álcool por quilograma de sangue. Para transformar esse valor de g/kg para g/mL (sistema de medida adotado no Brasil), basta dividir o valor obtido por 1,056 (valor correspondente à densidade do sangue). Assim será obtido o teor de álcool no sangue (TAS) em g/L de sangue (HONORATO, 2013).

Saiba mais

O *site* Calkoo disponibiliza uma calculadora em que é possível descobrir o teor de álcool no sangue (TAS), inserindo dados como sexo, quantidade de bebida consumida (mL), porcentagem de álcool da bebida, tempo desde a primeira dose e peso corporal (kg). O resultado reflete o teor aproximado de álcool circulante nesse exato momento. Procure esse *site* na internet, ele disponibiliza vários outros tipos de calculadora gratuitamente.

Corriqueiramente, a dosagem de etanol no ar expirado (ar alveolar) é feita em batidas de trânsito, conhecidas por *blitz*, nas quais a Polícia Militar, a Polícia Rodoviária e os agentes de trânsito fazem triagem em diversos motoristas, utilizando um etilômetro, conhecido popularmente por bafômetro. Esse aparelho realiza a dosagem de etanol no ar alveolar expirado, que é soprado para o interior do aparelho, realizando a dosagem por meio de reações de oxirredução do etanol.

O ar alveolar reflete um bom equilíbrio entre a concentração de etanol nos pulmões (tendo em vista que o etanol é volátil) e no sangue. Geralmente, a dose expelida no ar alveolar representa a metade da dose circulante presente no sangue. O teste do bafômetro não deve ser feito logo após o indivíduo tomar seu último gole, devendo-se aguardar cerca de 20 minutos, a fim de permitir que a última quantidade ingerida seja absorvida (PASSAGLI *et al.*, 2018). A dosagem de etanol também pode ser feita no sangue e outros fluidos, em laboratório especializado, usando-se a cromatografia gasosa (MOREAU; SIQUEIRA, 2016).

Exemplo

Para uma pessoa que apresenta um valor de 0,3g/L de etanol no teste do bafômetro, podemos inferir que a dose circulante de etanol seja de 0,6g/L.

Não só o abuso de álcool é preocupante quando tratamos de segurança no trânsito. Drogas de abuso como maconha, cocaína, anfetaminas (metilfenidato [Ritalina®], *ecstasy*, metanfetamina) e opioides são drogas frequentemente utilizadas por condutores de veículos, porém sua detecção não é feita com a mesma facilidade do que o teste do bafômetro. Mesmo existindo testes rápidos (imunocromatográficos) capazes de detectar um amplo espectro de drogas, esses testes necessitam de uma amostra de urina, que é de difícil a coleta em uma *blitz* de trânsito, e, para realizar a quantificação, as amostras precisam ser analisadas em laboratório de toxicologia (MOREAU; SIQUEIRA, 2016; PASSAGLI *et al.*, 2018). Veja mais sobre a avaliação da exposição a drogas de abuso no trânsito no Quadro 3.

Quadro 3. Amostras utilizadas para avaliar a exposição a drogas de abuso no trânsito

Amostra	Indica estar sob efeito?	Qualidades	Limitações
Sangue	Sim	Possibilita estabelecer correlação com dose no sistema nervoso central	Coleta invasiva; pouco volume; amostra complexa
Urina	Não	Fácil coleta; possibilita estabelecer uso recente para grande número de substâncias	Frequentemente a detecção é de metabólitos (e não da substância psicoativa precursora); possibilidade da contaminação
Ar alveolar	Sim	Amostra analisada no local da abordagem	Somente para substâncias voláteis; análise laboratorial prejudicada
Fluido oral	Sim, com ressalvas	Fácil coleta, não invasiva; amostra menos complexa do que o sangue	Pouco volume; baixa concentração; útil para algumas substâncias
Cabelo	Não	Possibilita avaliar uso não recente	Grande possibilidade de contaminação externa; não indica uso recente; pode subestimar ou superestimar consumo

Fonte: Adaptado de Moreau e Siqueira (2016).

São bastante comuns os relatos do uso de drogas estimulantes por caminhoneiros, a fim de reduzir o cansaço e o sono de modo a conseguirem dirigir por mais tempo e chegar mais rápido ao seu destino (MOREAU; SIQUEIRA, 2016). Devido ao aumento crescente de usuários entre esses motoristas, o Governo Federal criou a Lei nº 13.103, de 2 de março de 2015, popularmente conhecida como Lei do Caminhoneiro, que regulamenta a proibição do uso de substâncias psicoativas e determina que todo motorista de carga ou passageiro seja obrigado a realizar exames toxicológicos regularmente. O DETRAN determina aos motoristas que, no ato da obtenção ou renovação da carteira de habilitação para as categorias C, D e E, apresentem exame toxicológico de larga janela de detecção, a fim de avaliar se o motorista usa ou fez uso pregresso de drogas de abuso (BRASIL, 2015).

Saiba mais

Em 2019, o governo federal divulgou que um novo método promissor para detectar drogas rapidamente estava em fase de teste. Esse método conta com um aparelho, chamado de drogômetro, que, assim como o bafômetro, poderá ser utilizado muito em breve em abordagens de trânsito. O aparelho detecta drogas como maconha, anfetaminas, cocaína, ansiolíticos e indutores de sono, entre outros, a partir de uma amostra de saliva, que pode ser facilmente coletada a qualquer momento.

O uso de álcool, drogas de abuso e fármacos está bastante relacionado com casos de **intoxicação criminosa**, com o objetivo de incapacitar a vítima para a prática de agressão e abuso sexual, roubo e sequestro. Muitas vezes, as vítimas são induzidas a consumir em excesso algumas substâncias das quais já são usuárias (etanol e outras drogas de abuso) e, em outros casos, são drogadas, sem o seu conhecimento, com alguma droga incapacitante, como anestésicos e sedativos hipnóticos, que causam sedação, relaxamento muscular profundo, desorientação, confusão mental, tontura, problemas de julgamento, amnésia anterógrada e até mesmo depressão respiratória, coma e morte (KLAASSEN; WATKINS III, 2012; MARTON et al., 2019). O Quadro 4 mostra as principais drogas encontradas em amostras de vítimas de abuso sexual.

Quadro 4. Principais drogas encontradas em 578 amostras de urina de vítimas de abuso sexual

Classificação	Droga/Grupo	Incidência	Porcentagem de casos
1	Não detectado	167	29
2	Etanol	148	26
3	Benzodiazepínicos	70	12
4	Maconha	67	12
5	Anfetamínicos	41	7

(Continua)

(Continuação)

Classificação	Droga/Grupo	Incidência	Porcentagem de casos
6	Gama-hidroxibutirato	24	4
7	Opiáceos (morfina/codeína)	20	4
8	Outras drogas	13	3

Fonte: Adaptado de Klaassen e Watkins III (2012).

Em vítimas não fatais, logo após o crime ocorrido, pode-se realizar o rastreio de substâncias psicoativas a partir dos sinais e sintomas relatados pela pessoa, mas essa dosagem desse ser rápida devido à estreita janela de absorção e excreção desses analitos. Geralmente, a amostra de escolha é o sangue (até 48h do ocorrido) e/ou a urina (até 96h), na qual a busca de metabólitos pode ser feita dentro de alguns dias. Se muitos dias tiverem se passado, pode-se coletar amostra de cabelo ou unha (KLAASSEN; WATKINS III, 2012; MOREAU; SIQUEIRA, 2016; DORTA *et al.*, 2018; MARTON *et al.*, 2019).

Outra área importante dentro da toxicologia é a **avaliação de *doping*** no esporte, que, apesar de não envolver crime contra outras pessoas, envolve o uso de substâncias capazes de aprimorar as habilidades físicas ou psíquicas de atletas. Tendo em vista que é um ato ilegal dentro do esporte e que está sujeito a julgamento, o *doping* faz parte das análises em toxicologia forense. Todos os anos, especialmente em épocas de Jogos Olímpicos, Jogos Pan Americanos, Copa do Mundo, entre outros eventos esportivos, surgem diversos casos de dopagem, que culminam na desclassificação do atleta de qualquer competição; em caso de vitória, o atleta perde sua premiação, recorde ou título (KASVI, 2018; AUTORIDADE BRASILEIRA DE CONTROLE DE DOPAGEM, 2020).

Entre as substâncias de uso mais comum no meio esportivo, temos as listadas a seguir (KASVI, 2018; AUTORIDADE BRASILEIRA DE CONTROLE DE DOPAGEM, 2020).

- **Agonistas adrenérgicos e estimulantes:** atuam como vasodilatadores e broncodilatadores, podendo aumentar a capacidade respiratória e de oxigenação de tecidos e, com isso, reduzir a fadiga, aumentar a explosão e a velocidade e diminuir o apetite. São utilizados especialmente por corredores, nadadores, jogadores de futebol, ciclistas.

Abrangem substâncias como anfetaminas, efedrina, norepinefrina, pseudoefedrina, metaefedrina e norpseudoefedrina.
- **Eritropoietina:** hormônio que estimula a produção de glóbulos vermelhos, aumentando a capacidade de oxigenação sanguínea.
- **Agentes anabolizantes e hormônio do crescimento:** hormônio do crescimento (GH, *growth hormone*), boldenona, clostebol, testosterona e bolasterona são alguns exemplos de compostos utilizados a fim de aumentar a massa e a força muscular, especialmente em atletas de lutas e levantadores de peso.
- **Drogas recreacionais:** apesar de ser utilizadas por potenciais efeitos de melhora da *performance*, geralmente causam o efeito contrário. São exemplos o álcool, a maconha e a cocaína.
- **Drogas mascarantes:** esse tipo de medicamento tem a função de aumentar a excreção urinária, em uma tentativa de eliminar rapidamente metabólitos de outras substâncias que estão classificadas no *doping*. Como exemplo temos os diuréticos, que também são usados por lutadores, jóqueis e ginastas para reduzir o peso e a retenção de líquidos.

Saiba mais

No *site* oficial do Comitê Olímpico do Brasil (COB) você encontra informações sobre todas as drogas e fármacos de uso proibido para atletas e os medicamentos permitidos para uso terapêutico, como é feito o controle de *doping*, quais são as consequências do *doping* e muito mais. Pesquise o *site* em seu navegador da internet.

Geralmente, os atletas não são testados somente dias antes ou durante torneios, mas também são testados a qualquer momento e sem aviso prévio. O atleta deve preencher um formulário e coletar amostras de urina, que são assistidas por um agente do Controle de Dopagem, para evitar que o atleta tente diluir a amostra ou entregar a amostra de outra pessoa. Eventualmente, a coleta de sangue também pode ser requerida. Assim que a amostra está coletada e devidamente identificada e acondicionada, é enviada a algum laboratório credenciado e acreditado pela Agência Mundial Antidopagem (WADA, World Anti-Doping Agency). Nesse laboratório, é feito um *screening* para avaliar se existe algum tipo de droga presente na amostra, feito por metodologias sensíveis e precisas, como a cromatografia líquida e gasosa (MOREAU; SIQUEIRA, 2016; KASVI, 2018; AUTORIDADE BRASILEIRA DE CONTROLE DE DOPAGEM, 2020).

O laudo toxicológico como testemunho em tribunais

O laudo toxicológico é uma ferramenta muito importante para a resolução de uma série de crimes em que há a suspeita do envolvimento com drogas de abuso. Esse laudo pode ser levado a tribunal, e o toxicologista forense responsável pela elaboração do laudo se manifesta como uma testemunha técnica, apresentando todo o processo de coleta, transporte, acondicionamento, aliquotagem e tratamento da amostra, bem como o processo de testagem e os resultados encontrados, dando um testemunho objetivo. Em outros casos, o toxicologista pode ser contratado para prestar assistência ao júri, fornecendo sua própria interpretação sobre os resultados, inclusive, contestando laudos feitos por outros toxicologistas (KLAASSEN; WATKINS III, 2012; MOREAU; SIQUEIRA, 2016; DORTA et al., 2018).

Para que o laudo e o testemunho sejam validados, todas as etapas, desde a coleta da amostra, devem estar bem documentadas, de modo a comprovar que nenhuma adulteração que pudesse manipular qualquer resultado foi feita durante o processo e que todas as etapas seguiram os protocolos e foram feitos de maneira correta. Essa série de documentos, da coleta da amostra até a liberação do resultado, é chamada de **cadeia de custódia** (MACHADO, 2016; MOREAU; SIQUEIRA, 2016; DORTA et al., 2018).

Essa cadeia de custódia é dividida em duas fases. A **cadeia de custódia externa** compreende o momento desde o primeiro contato (com a pessoa ou cadáver) até a chegada da amostra ao laboratório. Em um formulário constam todas as etapas, desde a coleta até o transporte e a transferência, que pode ser feita por uma pessoa específica ou pelos serviços dos Correio, dependendo a situação. A **cadeia de custódia interna** compreende as etapas de transferência, armazenamento, processamento e descarte da amostra dentro do ambiente laboratorial (MACHADO, 2016; MOREAU; SIQUEIRA, 2016; DORTA et al., 2018).

É imprescindível que todos os elementos da cena do crime, e não apenas os relativos à própria pessoa ou vítima, sejam preservados ao máximo, pois, no ambiente, podem haver potenciais amostras *in natura* e objetos, que não devem, de forma alguma, sofrer contaminação. Além da documentação, é muito importante que outros elementos sejam cuidados, para que a integridade da cadeia de custódia seja mantida, como (DORTA et al., 2018):

- acondicionamento das amostras em embalagens apropriadas lacradas e identificadas;

- preservação e transporte em boas condições (por exemplo, manter as amostras biológicas sob refrigeração);
- registros;
- numeração dos lacres.

No caso de o laboratório receber uma amostra que apresente qualquer sinal de erro na cadeia de custódia, o material não pode ser aceito, e deve ser enviado de volta juntamente com um termo de devolução bem justificado (DORTA *et al.*, 2018). A quebra da cadeia de custódia (por exemplo, romper um lacre de alguma amostra sem justificativa ou documentação) é um fator que pode resultar no fracasso de um processo jurídico, pois alguma parte do processo não foi registrada ou não pode ser rastreada, colocando em dúvida a confiabilidade do método. Isso abre uma brecha para a cogitação de adulteração da amostra, que pode absolver ou acusar um réu injustamente (MACHADO, 2016; MOREAU; SIQUEIRA, 2016; DORTA *et al.*, 2018).

Exemplo

O caso do jogador de futebol americano O. J. Simpson é um dos mais famosos de quebra da cadeia de custódia. Todos os indícios, como amostras de DNA na cena do crime, apontavam o jogador como o principal suspeito de ter assassinado, a facadas, sua ex-esposa, Nicole Brown, e o amigo dela, Ronald Goldman. Entretanto, os advogados do réu conseguiram verificar uma série de erros na cadeia de custódia, inferindo contaminação das amostras e da cena do crime; dessa forma, conseguiram invalidar as provas e livrá-lo da condenação.

Após a emissão do laudo, o toxicologista pode guardar todo ou apenas uma alíquota do material, para o caso de solicitarem uma contraperícia, na qual as análises são repetidas no mesmo material que originou o primeiro laudo.

Fique atento

Uma amostra de contraperícia não é a mesma coisa que uma amostra para contraprova. Amostras reservadas para contraprova são uma parte do material que não foi enviada ao laboratório de toxicologia forense, que fica acondicionada em outro local (que deve ter sua própria cadeia de custódia), para que sejam feitas análises posteriores, a fim de contestar o primeiro laudo. Ela pode ser enviada a um laboratório diferente, caso seja necessário ou solicitado (DORTA *et al.*, 2018).

Além da cadeia de custódia, o método pelo qual a amostra foi analisada deve ser um teste validado, para garantir a segurança da qualidade analítica. Para tanto, o laboratório precisa usar métodos que já estejam bem estabelecidos em sua rotina e que tenham um alto nível de confiança analítica, a fim de fornecer resultados fidedignos. Desse modo, podem refletir a real quantificação de drogas presente na amostra, livre de qualquer fator que possa interferir nessa análise e alterar o resultado (MOREAU; SIQUEIRA, 2016; DORTA et al., 2018).

O laudo do toxicologista deve conter informações que atestem que todos os cuidados foram tomados durante a análise, de modo a inferir a qualidade de seu laudo. Tais informações incluem nível de treinamento e experiência do profissional responsável pelas análises; laudos de manutenção e calibração dos equipamentos; certificados de controle de qualidade dos reagentes e do ambiente laboratorial; boa preservação e manipulação responsável da amostra (MOREAU; SIQUEIRA, 2016; DORTA et al., 2018).

A correta análise e interpretação dos resultados na conclusão do laudo a partir dos achados analíticos é de suma importância para a decisão do juiz. Sozinho, o laudo técnico não é capaz de inferir dolo ou culpa, mas é, com certeza, um elemento importante, que pode embasar a decisão judicial. É por isso que o conhecimento do tipo da amostra, da farmacocinética e toxicocinética do fármaco encontrado e da taxa de metabolização deste pelo organismo, assim como a escolha correta do método analítico, a avaliação dos possíveis interferentes e a aplicação de cálculos corretos são fundamentais (FERRARI JÚNIOR, 2012).

Cabe ao toxicologista ligar todos os pontos para concluir se (FERRARI JÚNIOR, 2012; PASSAGLI et al., 2018):

- um condutor de veículo em um acidente de trânsito com vítimas fatais estava sob efeito de álcool no momento do acidente; caso isso seja confirmado, o crime de homicídio culposo passa a ser considerado doloso;
- uma vítima encontrada morta em um incêndio tinha vestígios de monóxido de carbono no sangue, nas vias aéreas e pulmonares; caso não tenha, provavelmente a pessoa já estava morta antes do incêndio ocorrer, caracterizando, em vez de uma morte acidental, uma suspeita de homicídio com incêndio criminal para acobertar a suspeita ou qualquer vestígio;

- os comprimidos encontrados na cena de um crime correspondem à mesma droga encontrada no conteúdo estomacal da vítima encontrada no local; caso os pequenos detalhes não sejam considerados pelo analista, podem ser liberados resultados falso-negativos ou falso-positivos, produzindo laudos que podem ser facilmente questionados em um tribunal, invalidando a análise.

Saiba mais

- Nos livros de ficção escritos por Agatha Christie e Sir Arthur Conan Doyle, os detetives Hercule Poirot e Sherlock Holmes desvendam uma série de casos que envolvem o uso de substâncias psicoativas para a prática de crimes. Em alguns momentos, acredita-se que o próprio Sherlock Holmes era viciado em cocaína e heroína.
- Além dos livros, as aventuras de Sherlock Holmes inspiraram dois filmes, *Sherlock Holmes* (2009) e *Sherlock Holmes: A Game of Shadows* (2011), ambos do diretor Guy Ritchie, que apresentam o uso de substâncias na prática de crimes. As aventuras de Hercule Poirot também se transformaram em um filme, lançado em 2016, intitulado *O Assassinato No Expresso do Oriente*, que também abrange o uso de substâncias de interesse toxicológico.
- No filme *Do Inferno*, o ator Johnny Depp interpreta o inspetor Frederick Abberline, que, por meio do efeito alucinógeno do ópio (que ele acreditava ser um poder mediúnico), consegue visualizar os assassinatos cometidos por Jack, o Estripador.
- Nos contos da Disney, um exame toxicológico em Alice, do conto "Alice no País das Maravilhas", poderia desvendar que tipo de substância continha nas bebidas e comidas que ela ingere durante a história, e que a fazia ter as sensações de mudança de tamanho, ver criaturas estranhas e animais falantes. Igualmente, nos contos da Branca de Neve e da Bela Adormecida, uma coleta de matriz biológica das princesas poderia elucidar a causa dos sonos profundos.
- O livro acadêmico *A Serpente e o Arco-íris* conta a história de Wade Davis, um etnobotânico e antropólogo que, em visita ao Haiti, conseguiu coletar amostras de plantas e drogas para descobrir quais substâncias estavam por trás da formação do zumbi, que, pela lenda, é um ser humano que foi trazido de volta à vida pela magia, desprovido de sentimentos e vontade própria, controlado por um mestre. Em suas pesquisas, Wade conseguiu identificar substâncias que compunham a poção, como alucinógenos extraídos de plantas do gênero *Datura*, além da tetrodotoxina, uma toxina que causa paralisia, oriunda do peixe baiacu. A administração dessa poção nas pessoas, junto com um ritual religioso, fazia com que estas acreditassem que haviam morrido e se tornando um zumbi (DAVIS, 1985).

Referências

AUTORIDADE BRASILEIRA DE CONTROLE DE DOPAGEM. *Lista de substâncias e métodos proibidos 2020*. Brasília: ABCD, 2020. Disponível em: https://www.gov.br/abcd/pt-br/composicao/atletas/substancias-e-metodos-proibidos/lista-de-substancias-e-metodos-proibidos. Acesso em: 11 nov. 2020.

BORDIN, D. C. M. et al. Técnicas de preparo de amostras biológicas com interesse forense. *Scientia Chromatographica*, v. 7, n. 2, p. 125–143, 2015. Disponível em: http://www.iicweb.org/scientiachromatographica.com/files/v7n2a04.pdf. Acesso em: 11 nov. 2020.

BRASIL. Instituto Nacional de Medicina Legal e Ciências Forenses. *Norma Procedimental NP-INMLCF-009*: recomendações para colheita e acondicionamento de amostras em Toxicologia Forense. [S. l.]: INMLCF, [2013?]. Disponível em: https://www.inmlcf.mj.pt/wdinmlWebsite/Data/file/OutrasInformacoes/PareceresOrientacoesServico/Normas/NP-INMLCF-009-Rev01.pdf. Acesso em: 11 nov. 2020.

BRASIL. *Lei nº 13.103, de 2 de março de 2015*. Dispõe sobre o exercício da profissão de motorista; altera a Consolidação das Leis do Trabalho - CLT, aprovada pelo Decreto-Lei nº 5.452, de 1º de maio de 1943, e as Leis n º 9.503, de 23 de setembro de 1997 - Código de Trânsito Brasileiro, e 11.442, de 5 de janeiro de 2007 (empresas e transportadores autônomos de carga), para disciplinar a jornada de trabalho e o tempo de direção do motorista profissional; altera a Lei nº 7.408, de 25 de novembro de 1985; revoga dispositivos da Lei nº 12.619, de 30 de abril de 2012; e dá outras providências. Brasília: Presidência da República, 2015. Disponível em: http://www.planalto.gov.br/ccivil_03/_ato2015-2018/2015/lei/l13103.htm. Acesso em: 11 nov. 2020.

BRASIL. *Lei Seca completa 12 anos no Brasil com campanha de conscientização*. Brasília: Presidência da República, 2020. Disponível em: https://www.gov.br/pt-br/noticias/transito-e-transportes/2020/06/lei-seca-completa-12-anos-no-brasil-com-campanha-de-conscientizacao. Acesso em: 11 nov. 2020.

DAVIS, W. *A serpente e o arco-íris*. São Paulo: Jorge Zahar, 1986.

DORTA, D. J. et al. (org.). *Toxicologia forense*. São Paulo: Blucher, 2018.

FERRARI JÚNIOR, E. Investigação policial: análise toxicológica post mortem. *Revista Jus Navigandi*, ano 17, n. 3193, 29 mar. 2012. Disponível em: https://jus.com.br/artigos/21390. Acesso em: 11 nov. 2020.

HONORATO, C. M. Etiloxidação: se bebi, quando poderei dirigir com segurança? *Saúde, Ética & Justiça*, v. 18, n. 1, p. 88–102, 2013. Disponível em: http://www.revistas.usp.br/sej/article/view/75135. Acesso em: 11 nov. 2020.

KASVI. *Doping e o esporte*: testes e controles no desempenho de alta performance. [S. l.]: Kasvi, 2018. Disponível em: https://kasvi.com.br/doping-esporte-testes-controles/. Acesso em: 11 nov. 2020.

KLAASSEN, C. D.; WATKINS III, J. B. *Fundamentos em toxicologia de Casarett e Doull*. 2. ed. Porto Alegre: AMGH, 2012. (Lange).

LISBOA, M. P. *Matrizes biológicas de interesse forense*. 2016. Monografia de Estágio Curricular (Mestrado Integrado em Ciências Farmacêuticas)- Universidade de Coimbra, Coimbra, 2016. Disponível em: https://eg.uc.pt/bitstream/10316/48554/1/M_Marcia%20Lisboa.pdf. Acesso em: 11 nov. 2020.

MACHADO, M. M. Importância da cadeia de custódia para prova pericial. *Revista Criminalística e Medicina Legal*, v. 1, n. 2, p. 8–12, 2016. Disponível em: http://revistacml.com.br/wp-content/uploads/2018/04/RCML-2-01.pdf. Acesso em: 11 nov. 2020.

MARANGONI, S. R.; OLIVEIRA, M. L. F. Fatores desencadeantes do uso de drogas de abuso em mulheres. *Texto & Contexto Enfermagem*, v. 22, n. 3, p. 662–670, 2013. Disponível em: https://doi.org/10.1590/S0104-07072013000300012. Acesso em: 11 nov. 2020.

MARTON, R. *et al.* Perfil epidemiológico das vítimas de violência sexual envolvendo Drogas Facilitadoras de Crime (DFCs). Revista Brasileira de Criminalística, v. 8, n. 2, p. 63–67, 2019. Disponível em: http://rbc.org.br/ojs/index.php/rbc/article/view/391. Acesso em: 11 nov. 2020.

MOREAU, R. L. M.; SIQUEIRA, M. E. P. B. *Ciências farmacêuticas*: toxicologia analítica. 2. ed. Rio de Janeiro: Guanabara Koogan, 2016.

PASSAGLI, M. F. *et al. Toxicologia forense*: teoria e prática. 5. ed. Campinas: Millennium, 2018.

PORTAL G1 RS. Álcool é detectado em quase 40% das vítimas de acidentes de trânsito no RS, revela pesquisa. *G1 RS*, 19 dez. 2019. Disponível em: https://g1.globo.com/rs/rio-grande-do-sul/noticia/2019/12/19/alcool-e-detectado-em-quase-40percent-das--vitimas-de-acidentes-de-transito-no-rs-revela-pesquisa.ghtml. Acesso em: 11 nov. 2020.

UNODC. *World drug report*: drug use and health consequences. [S. l.]: UNODC, 2020. Disponível em: https://wdr.unodc.org/wdr2020/index.html. Acesso em: 11 nov. 2020.

Fique atento

Os *links* para *sites* da *web* fornecidos neste capítulo foram todos testados, e seu funcionamento foi comprovado no momento da publicação do material. No entanto, a rede é extremamente dinâmica; suas páginas estão constantemente mudando de local e conteúdo. Assim, os editores declaram não ter qualquer responsabilidade sobre qualidade, precisão ou integralidade das informações referidas em tais *links*.

Toxicocinética, toxicodinâmica e parâmetros de toxicidade medicamentosa

Pietro Maria Chagas

OBJETIVOS DE APRENDIZAGEM

> Conceituar os aspectos associados à toxicocinética.
> Identificar a toxicodinâmica de medicamentos tóxicos.
> Descrever os parâmetros de toxicidade medicamentosa.

Introdução

Neste capítulo, você vai estudar as áreas da toxicologia conhecidas como toxicocinética e toxicodinâmica. Enquanto a toxicocinética aborda aspectos como absorção, distribuição e excreção de toxicantes e como isso pode influenciar seus efeitos tóxicos, a toxicodinâmica envolve os mecanismos bioquímicos e fisiológicos pelos quais esses efeitos acontecem. A partir dos conceitos de toxicocinética e toxicodinâmica, você também verá os diferentes parâmetros de toxicidade pelos quais os medicamentos são avaliados, a fim de identificar e comparar suas manifestações tóxicas.

Toxicocinética

Para compreender e controlar a ação toxicológica de agentes tóxicos (ou toxicantes) nos organismos vivos, é imprescindível conhecer como essas substâncias chegam aos seus tecidos-alvo. Os processos conhecidos como absorção, distribuição, metabolismo e excreção definem a deposição das diferentes substâncias químicas (ou xenobióticos), conforme você pode ver na Figura 1. A caracterização desses processos é definida como **toxicocinética**, ciência que abrange também o estudo da relação entre a quantidade de um agente tóxico que atua sobre o organismo e seu perfil de concentração plasmática em determinado período de tempo.

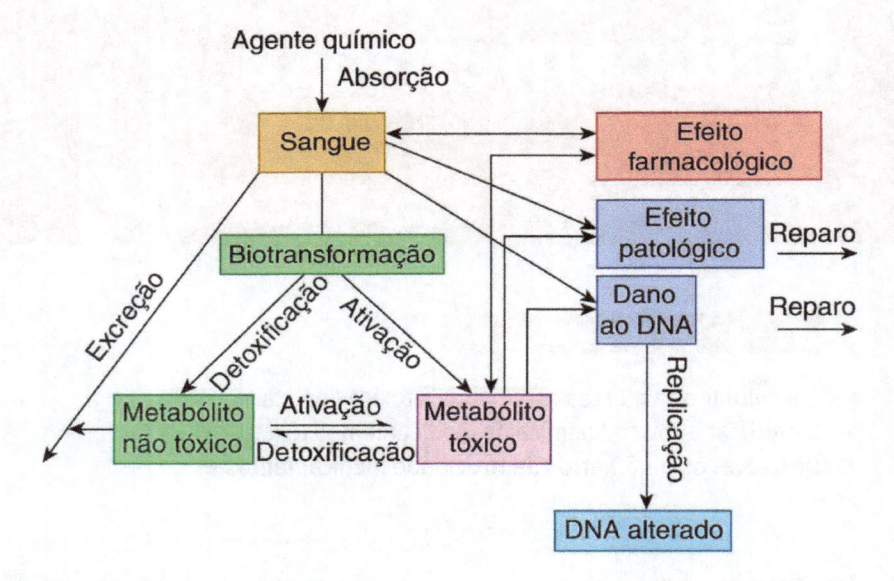

Figura 1. Diferentes etapas toxicocinéticas pelas quais passam os agentes tóxicos, a fim de exercer seus efeitos biológicos.
Fonte: Klaassen (2012, p. 68).

A pele, os pulmões e o sistema digestório atuam como barreiras, que separam os organismos de um ambiente contendo um vasto número de toxicantes. Exceto as substâncias cáusticas e corrosivas (como ácidos, bases, sais e oxidantes), os quais atuam de forma tópica e inespecífica, a maioria dos agentes tóxicos precisa atravessar várias membranas celulares, desde o seu local de administração até o sítio de ação, para produzir uma resposta biológica (OGA; CAMARGO; BATISTUZZO, 2008; KLAASSEN, 2012).

Membranas celulares

O agente tóxico pode atravessar as membranas celulares por mecanismos de **transporte passivo** (sem gasto de energia — por exemplo, difusão simples) ou **transporte especializado** (por meio de transportadores ativos ou facilitadores). A Figura 2 ilustra os tipos de transporte ativo e passivo.

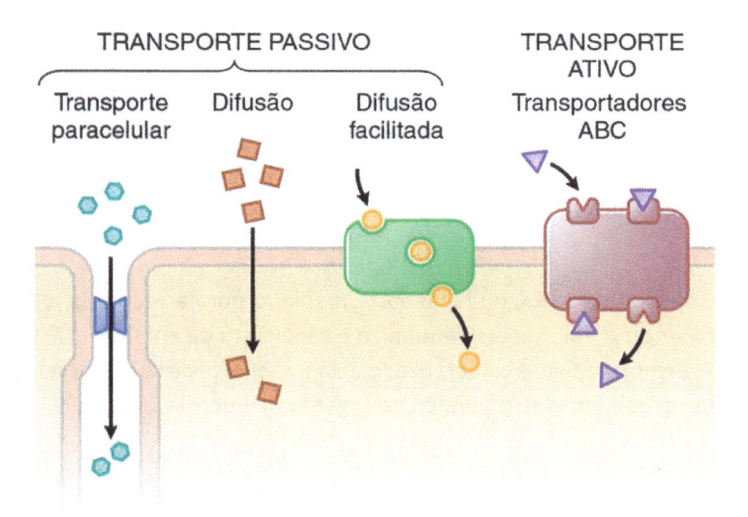

Figura 2. Mecanismos gerais pelos quais as substâncias químicas atravessam as membranas biológicas.
Fonte: Hilal-Dandan e Brunton (2015, documento *on-line*).

A grande maioria dos xenobióticos, sejam eles fármacos, sejam toxicantes, atravessa as membranas biológicas por mecanismos de **difusão simples**. As substâncias podem atravessar as barreiras de forma passiva, com base em suas características físico-químicas: algumas substâncias hidrofílicas de pequeno peso molecular conseguem atravessar através de poros aquosos no processo conhecido como **difusão paracelular**, enquanto substâncias lipossolúveis e, consequentemente, hidrofóbicas difundem-se através da porção lipídica das membranas (OGA; CAMARGO; BATISTUZZO, 2008; KLAASSEN, 2012).

Uma importante questão relacionada à difusão simples se refere ao fato de que substâncias com características de ácido ou de base fracos precisam estar em sua forma não ionizada para se difundir através da porção lipídica das membranas biológicas. O grau de ionização de uma substância química depende do seu pKa e do pH do meio em que se encontra. A relação entre esses parâmetros é descrita pelas equações de Henderson-Hasselbach:

$$pKa - pH = \log \frac{[\text{forma protonada}]}{[\text{forma não protonada}]}$$

Sendo assim, substâncias de natureza ácida atravessam muito mais facilmente as membranas biológicas em pH ácido, enquanto substâncias de natureza básica apresentam condições similares em pH alcalino (BRUNTON, CHABNER; KNOLLMANN, 2012; OGA; CAMARGO; BATISTUZZO, 2008).

Quanto aos mecanismos relacionados à utilização de transportadores (ou proteínas transmembranas) especializados, podemos mencionar os seguintes:

- **Difusão facilitada:** ou transporte mediado por carreadores, ocorre a favor do gradiente eletroquímico e sem gasto de energia.
- **Transporte ativo:** é caracterizado pelo transporte de substâncias contra um gradiente eletroquímico, com gasto de energia.

Fique atento

Tanto a difusão facilitada quanto o transporte ativo podem ser saturados por altas concentrações de substrato, assim como inibidos por antagonistas ou substâncias que utilizem o mesmo transportador.

Além das formas citadas, as substâncias químicas também podem ser transportadas através das membranas celulares por **fagocitose** ou **pinocitose**, mecanismo envolvido no transporte de moléculas de grande peso molecular, como proteínas (BRUNTON, CHABNER; KNOLLMANN, 2012; KLAASSEN, 2012).

Absorção

A processo de absorção é descrito como a etapa toxicocinética na qual os toxicantes atravessam as diferentes membranas corporais e chegam à circulação sistêmica. As diferentes vias pelas quais os agentes tóxicos podem ser absorvidos são classificadas da seguinte maneira (BRUNTON, CHABNER; KNOLLMANN, 2012; KLAASSEN, 2012):

- **Vias enterais:** vias que envolvem a passagem pelo trato digestório; por exemplo, via oral, retal e sublingual.
- **Vias parenterais diretas:** vias que desviam as vias alimentares, sendo a administração realizada por meio de injeção; por exemplo, via intravenosa, intramuscular e subcutânea.
- **Vias parenterais indiretas:** vias que desviam o trato digestório, mas sem o uso de injeções; por exemplo, via inalatória e tópica.

> **Saiba mais**
>
> Resumidamente, os principais locais de absorção são a via oral, os pulmões e a pele.

O **trato gastrointestinal (TGI)** é considerado um dos locais mais importantes de absorção de substâncias químicas. A ingestão pela via oral pode ser acidental, pela água ou por alimentos contaminados, ou intencional, no caso de atos suicidas ou ingestão de drogas de abuso. A absorção por essa via pode acontecer em nível estomacal, embora a maior parte aconteça em nível intestinal, uma vez que o intestino apresenta uma superfície maior de absorção, devido às microvilosidades. Uma particularidade da absorção pelo TGI é o metabolismo de primeira passagem, no qual algumas substâncias já podem ser extensivamente metabolizadas pela mucosa gastrointestinal e pelo fígado antes de alcançarem a circulação sistêmica.

> **Fique atento**
>
> A absorção em cada compartimento sofre influência do pH do local, das características anatômicas e da irrigação sanguínea. A presença de alimentos também pode influenciar a absorção de substâncias por essa via, devido à alteração da velocidade de trânsito do TGI ou às interações físico-químicas entre agentes tóxicos e alimentos (BRUNTON, 2012; KLAASSEN, 2012; RANG, 2016).

A absorção pela **via inalatória ou pulmonar** é de fundamental importância para gases, substâncias voláteis e partículas líquidas e sólidas suspensas no ar atmosférico. Partículas suspensas no ar com diâmetro menor do que 1μm podem chegar até os alvéolos junto com o ar inspirado, onde são absorvidas; partículas de 2 a 5μm geralmente depositam-se na região traqueobronquiolar, sendo também absorvidas de forma semelhante; entretanto, partículas maiores do que 5μm, em geral, ficam retidas na região nasofaríngea, sendo removidas por processos mecânicos ao se limpar, assoar o nariz ou espirrar, ainda que possam ser eventualmente deglutidas e absorvidas pelo TGI. O trato respiratório, particularmente os pulmões, apresenta grande superfície de absorção e grande fluxo sanguíneo. Exemplos de substâncias tóxicas absorvidas por esta via incluem drogas de abuso inaladas através do fumo e alérgenos ambientais (KLAASSEN, 2012).

Inúmeros agentes tóxicos entram em contato com a **pele** e podem ser absorvidos sistemicamente, ainda que essa barreira não seja muito permeável à maioria das substâncias. Para ser absorvido por essa via tópica, um toxicante precisa atravessar a epiderme ou as glândulas e folículos pilosos, sendo o estrato córneo a camada determinante da quantidade que um agente será absorvido pela pele. Diversos fatores podem aumentar a absorção de um fármaco/toxicante através de pele: integridade comprometida e hidratação do estrato córneo; aumento do fluxo sanguíneo devido à temperatura elevada ou inflamação; características físico-químicas do toxicante. Certos agentes tóxicos podem ter efeitos diretos sobre a pele, causando efeitos corrosivos ou de sensibilização, não apresentando, necessariamente, absorção sistêmica para induzirem efeitos deletérios (KLAASSEN, 2012; SPINOSA, 2019).

As vias de administração **parenterais** — intramuscular, intravenosa e subcutânea — são utilizadas na terapêutica, em situações experimentais, e também estão relacionadas à administração de drogas de abuso como cocaína e heroína. No caso da via **intravenosa**, o fármaco é administrado diretamente na circulação, sendo eliminado o processo absortivo.

Distribuição

A distribuição de substâncias é a **transferência reversível** de um para outro local do organismo. Esse fenômeno pode acontecer tanto de forma rápida quanto de forma lenta, dependendo das características físico-químicas do agente envolvido. Os toxicantes podem distribuir-se nos diferentes compartimentos corporais: circulação sanguínea, líquido intersticial e o espaço intracelular, determinados pelo volume de distribuição das substâncias.

A **taxa de distribuição** para os órgãos é influenciada, primeiramente, pelo **fluxo sanguíneo** e pela **permeabilidade capilar** dos diferentes tecidos. Após a etapa de absorção, as diferentes substâncias são liberadas em vários tecidos a partir da circulação sistêmica: os tecidos altamente vascularizados (por exemplo, coração, fígado, rins e cérebro) geralmente são os primeiros a receber os agentes. Os diferentes tecidos variam quanto à capacidade de captação; os músculos, por exemplo, ainda que recebam os toxicantes de forma mais lenta, apresentam maior capacidade de captação devido a sua superioridade em massa em relação aos tecidos altamente vascularizados. O tecido mais precariamente vascularizado é considerado o tecido adiposo, ainda que ele seja frequentemente associado ao acúmulo de substâncias e reservatório tecidual (KLAASSEN, 2012; RANG, 2016).

Alguns tecidos têm as células endoteliais dos capilares sanguíneos muito unidas, barrando a entrada de diversas substâncias; exemplos disso são as barreiras hematoencefálica, hemato-ocular, placentária e testicular. Embora não sejam barreiras absolutas à passagem de agentes tóxicos, são menos permeáveis do que outras áreas do corpo. **Lipossolubilidade** e **grau de ionização** são determinantes na penetração nesses locais, e alguns poucos xenobióticos podem, eventualmente, ingressar nesses locais por meio de carreadores. Já substâncias como anestésicos, barbitúricos e bilirrubina atravessam passivamente, devido à sua lipossolubilidade, e algumas dessas substâncias podem, inclusive, acumularem-se em tecidos como o sistema nervoso central (SNC). Substâncias polares, como lactato e piruvato, utilizam transportadores para penetrar essas barreiras (KLAASSEN, 2012).

Os xenobióticos também podem se ligar a proteínas plasmáticas e componentes teciduais, entre os quais podemos mencionar albumina, transferrina, globulinas e lipoproteínas. Como apenas a fração livre da substância atravessa as membranas biológicas, a ligação a proteínas plasmáticas diminui a velocidade com que a substância alcança a concentração suficiente nos tecidos para produzir um efeito tóxico, ainda que não evite que a mesma alcance o seu local de ação. Além disso, certos compartimentos podem atuar como reservatórios teciduais de toxicantes; entre os quais podemos citar o fígado, os rins, os ossos e, especialmente, o tecido adiposo no caso de fármacos altamente lipofílicos (OGA; CAMARGO; BATISTUZZO, 2008; KLAASSEN, 2012).

Metabolismo e excreção

O **metabolismo** (também chamado de **biotransformação**) é a etapa toxicocinética relacionada às alterações químicas dos xenobióticos, que ocorrem a fim de torná-los mais hidrossolúveis e de diminuir a excreção renal. O metabolismo não necessariamente é sinônimo de inativação, tendo em vista que algumas substâncias se tornam mais ativas quando metabolizadas. Ainda que o principal local de biotransformação seja o fígado, também podem ser mencionados os pulmões, os rins e o epitélio gastrointestinal.

A biotransformação é dividida em duas fases, relacionadas ao tipo de reações envolvidos. As reações de **fase I** envolvem reações de oxidação, redução e hidrólise. Nesse tipo de reação, um grupamento polar é introduzido ou tornado disponível. Já as reações de **fase II** envolvem reações de conjugação com moléculas endógenas hidrofílicas — entre elas o ácido glicurônico, a glutationa, os aminoácidos e os grupos funcionais polares sulfato e acetila —, a fim de formar metabólitos de maior peso molecular, inativos e de elevada hidrossolubilidade (STORPIRTIS et al., 2011; KLAASSEN, 2019).

Exemplo

Exemplos de enzimas de fase I são a família de enzimas do citocromo 450 (CYP) e diversas desidrogenases e hidrolases. Exemplos de enzimas de fase II são as glicuroniltransferases, as glutationa-S-transferases, as N-acetiltransferases e as sulfotransferases (STORPIRTIS *et al.*, 2011; KLAASSEN, 2012).

A **velocidade** dos processos de biotransformação de agentes tóxicos pode sofrer alterações relacionadas a diversos fatores. Um desses fatores é a administração simultânea de diferentes agentes, uma vez que certas substâncias podem inibir, enquanto outras podem estimular enzimas do metabolismo; toxicantes metabolizados pelo CYP são particularmente influenciados por esse aspecto. Fármacos da classe dos barbitúricos são exemplos de substâncias que aumentam a expressão de diversas enzimas do CYP, sendo frequentemente associados a interações medicamentosas e toxicológicas. A idade também conta como fator que influencia os processos de biotransformação, uma vez que a habilidade de metabolizar drogas é geralmente reduzida em fetos, recém--nascidos e idosos. O estado de saúde do indivíduo também é considerado um fator determinante, uma vez que patologias do fígado geralmente diminuem o metabolismo em nível do fígado (STORPIRTIS et al., 2011; KLAASSEN, 2012).

A **excreção** é o processo pelo qual a substância ou metabólito é eliminado do organismo, de forma comumente irreversível. Todas as secreções podem estar relacionadas à excreção de agentes químicos: a via considera majoritária é a **via renal** (através da urina), mas o suor, a saliva, o leite e as fezes também podem levar à eliminação de xenobióticos.

A excreção de toxicantes pela via renal segue os mesmos processos fisiológicos de formação de urina e eliminação de metabólitos endógenos: filtração glomerular, excreção tubular passiva e secreção tubular ativa. Compostos não ligados a proteínas plasmáticas e com peso molecular menor que 60kDa podem ser filtrados pelos glomérulos. As substâncias presentes no filtrado podem permanecer no lúmen tubular ou serem reabsorvidas de volta à corrente sanguínea, caso ainda apresentem relativa lipossolubilidade. Xenobióticos podem ainda ser secretados ativamente por meio de diversos transportadores especializados presentes nos túbulos renais (BRUNTON, CHABNER; KNOLLMANN, 2012; KATZUNG, 2017; KLAASSEN, 2012).

A **excreção fecal** é uma via de eliminação considerável em dois aspectos: em relação à eliminação de substâncias administradas pelas vias orais e que não sejam absorvidas, assim como toxicantes e metabólitos excretados pelo sistema hepatobiliar. Em relação à eliminação de fármacos pela bile, é relevante mencionar a possibilidade de circulação entero-hepática e reabsorção da substância, caso seu metabólito (principalmente conjugados glicuronídeos ou sulfatos) sejam hidrolisados pela microflora intestinal, processo que acarreta novo aumento de lipossolubilidade da substância (BRUNTON, CHABNER; KNOLLMANN, 2012; KATZUNG, 2017; KLAASSEN, 2012).

Como vias adicionais de excreção, podemos citar os seguintes (KLAASSEN, 2019):

- O ar exalado, relacionado à eliminação de gases e líquidos voláteis. Uma aplicação dessa via é a determinação da alcoolemia em equipamentos conhecidos popularmente como bafômetros (etilômetro).
- O leite, o qual pode estar relacionado à passagem de medicamentos e toxinas da mãe para o bebê, assim como a transferência de agentes tóxicos por meio de produtos lácteos — compostos básicos tendem a ser encontrados em maior concentração, uma vez que o leite é geralmente mais ácido do que o sangue.

> **Saiba mais**
>
> Em casos de intoxicação por medicamentos, diferentes abordagens podem ser utilizadas. Além da estabilização do paciente e da administração de antídotos, alguns procedimentos podem ser realizados com base em sua farmacocinética, acompanhe (KATZUNG, 2017).
>
> **Procedimentos de descontaminação:** estes procedimentos envolvem a remoção de toxinas da pele e do TGI. Enquanto a remoção de toxinas da pele envolve a remoção de roupas contaminadas e lavagem do local, a remoção de toxinas do TGI pode envolver desde a indução de êmese (vômitos), lavagem gástrica ou utilização de laxantes até a administração de carvão ativado (capaz de adsorver muitos fármacos e substâncias tóxicas).
>
> **Métodos para aumentar a eliminação do agente tóxico:** a hemodiálise (procedimento que realiza função similar à do rim em nosso corpo, retirando as substâncias tóxicas) pode ser utilizada para aumentar a eliminação do agente tóxico, bem como o uso de diuréticos ou a manipulação do pH urinário. Assim como o pH do meio influencia na absorção de substâncias, também influencia em sua reabsorção renal: a alcalinização da urina é utilizada para eliminar substâncias ácidas, enquanto a acidificação da urina é utilizada para aumentar a eliminação de substâncias básicas.

Toxicodinâmica

A toxicodinâmica pode ser descrita como a ciência relacionada ao estudo dos mecanismos de ação tóxica pelos quais uma substância química leva a alterações nas funções bioquímicas e fisiológicas de um organismo vivo. Ela fornece bases racionais ao entendimento dos dados de toxicidade.

Os mecanismos celulares são múltiplos e podem ser classificados por diferentes critérios, que generalizam a variedade de interações entre os agentes tóxicos e os organismos vivos, contribuindo para a manifestação final do efeito tóxico. Ainda que alguns compostos como ácidos, bases, solventes e sais de metais pesados apresentem mecanismos inespecíficos de ação tóxica, causando lesão em qualquer célula de organismos vivos de forma indistinta, e não seletiva a qualquer órgão ou tecido, a maioria dos agentes tóxicos e medicamentos apresenta mecanismos relativamente seletivos. Esses mecanismos seletivos envolvem a interação com macromoléculas, principalmente proteínas, de determinados órgãos ou tecidos, alterando o funcionamento adequado desses locais (KLAASSEN, 2012; OGA; CAMARGO; BATISTUZZO, 2008).

Além disso, no tocante ao espectro de muitos efeitos adversos relacionados a medicamentos, estes podem ser de certa forma previsíveis ou não. Os efeitos adversos podem ser relacionados às ações farmacológicas dos medicamentos, e tais ações são relativamente bem conhecidas — por exemplo, sedação com ansiolíticos, sangramento com anticoagulantes ou hipotensão postural devido ao uso de fármacos anti-hipertensivos. Quando os efeitos adversos estão ligados às ações farmacológicas, eles são relativamente mais previsíveis, sendo, na maioria das vezes, relacionados à dose, assim como à susceptibilidade individual. Os eventos farmacológicos não relacionados às ações farmacológicas geralmente são mais complexos de prever e, frequentemente, são relacionados não ao fármaco administrado, mas sim a um metabólito reativo — por exemplo, reações de hipersensibilidade, carcinogênese, necrose tecidual (SPINOSA, 2019; KLAASSEN, 2012).

Mecanismos gerais de toxicidade

Como mencionado anteriormente, os agentes tóxicos podem interagir de forma seletiva sobre estruturas constituídas de macromoléculas. Os principais alvos são as enzimas e os receptores, podendo também interferir sobre as membranas excitáveis e na produção de trifosfato de adenosina (ATP).

Compostos que atuam sobre alvos enzimáticos, atuam como inibidores das reações catalisadas por diferentes enzimas, podendo atuar de forma tanto **competitiva** (quando apresentam estrutura química análoga ao substrato endógeno e competem pelo mesmo sítio ativo) quanto **não competitiva** (quando interagem com locais diferentes da enzima). Um dos principais exemplos de drogas que atuam por inibição enzimática são os toxicantes da classe dos organofosforados e carbamatos, classe também relacionada ao uso como praguicidas agrícolas. Eles inibem as colinesterases de forma irreversível e reversível, respectivamente. Quando inibidas, as colinesterases não degradam o neurotransmissor acetilcolina, levando à superestimulação da sinalização colinérgica autônoma. A inibição causada pelos organofosforados, ainda que tida como irreversível, diferentemente dos carbamatos, pode ser revertida por fármacos da classe das oximas (SPINOSA, 2019; KLAASSEN, 2012; OGA; CAMARGO; BATISTUZZO, 2008).

Receptores são proteínas, transmembranares e nucleares, as quais se ligam a substâncias endógenas e xenobióticos, gerando sinais, ou seja, alterações bioquímicas dentro das células a fim de produzir uma resposta biológica. Os compostos que atuam em receptores podem ser classificados da seguinte maneira (KLAASSEN, 2012; RANG, 2016; OGA; CAMARGO; BATISTUZZO, 2008):

- **Agonistas plenos:** quando chegam a 100% da resposta do receptor.
- **Agonistas parciais:** não chegam a 100% de eficácia.
- **Antagonistas:** bloqueiam o efeito de agonistas, ainda que não possuam efeito sozinhos.
- **Agonistas inversos:** apresentam efeito inverso aos agonistas, diminuindo a atividade basal dos receptores (por questões práticas, muitas vezes os agonistas inversos são classificados de forma simplificada como antagonistas).

Exemplo

Como exemplo de receptores fisiológicos temos os receptores nicotínicos musculares de acetilcolina, responsáveis pela contração voluntária de músculos esqueléticos. Eles podem ser bloqueados pelos venenos conhecidos como curares, utilizados em flechas, por índios, como veneno com efeito paralisante (KLAASSEN, 2012; RANG, 2016; OGA; CAMARGO; BATISTUZZO, 2008).

Compostos que atuam sobre membranas excitáveis interferem na sua manutenção e estabilidade, podendo atuar sobre mecanismos de liberação de neurotransmissores, assim como no fluxo de íons e substâncias através de canais iônicos e transportadores. Como exemplo de drogas que atuam sobre esses mecanismos temos fármacos antidepressivos, drogas de abuso e diversas toxinas produzidas por seres vivos.

A **toxina botulínica**, produzida pela bactéria *Clostridium botulinum*, liga-se irreversivelmente ao terminal axonal colinérgico, bloqueando a liberação de acetilcolina. Essa toxina está relacionada tanto a uma grave intoxicação alimentar (chamada botulismo) quanto ao uso pela indústria farmacêutica para paralisia de músculos do corpo para fins terapêuticos e estéticos.

Já o processo de recaptação neuronal de neurotransmissores por transportadores presentes em neurônios pré-sinápticos pode ser influenciado por diversas substâncias, como medicamentos antidepressivos e drogas de abuso (dentre elas a cocaína).

Relacionados aos efeitos sobre canais iônicos, **tranquilizantes** como os barbitúricos e benzodiazepínicos ligam-se a uma região do receptor do neurotransmissor ácido γ-aminobutírico (GABA), ligada a um canal de cloreto, facilitando a entrada desse ânion na célula e o efeito inibitório desse neurotransmissor. **Solventes**, como o álcool, também podem produzir efeitos depressores em nível de SNC, ao alterarem a fluidez de membranas, tornando-as mais densas e rígidas. Dessa forma, comprometem vários processos que necessitem de alterações rápidas e reversíveis da membrana (KLAASSEN, 2012; OGA; CAMARGO; BATISTUZZO, 2008).

Além dos mecanismos citados, várias substâncias químicas apresentam efeitos adversos devido à interferência na síntese de ATP. Essa alteração pode acontecer devido a inúmeros fatores, os quais vão desde o bloqueio de fornecimento de oxigênio aos tecidos até a inibição de enzimas relacionadas à oxidação de carboidratos e da fosforilação oxidativa.

Exemplo

A oxidação do ferro presente na hemoglobina por nitritos ou em situações de estresse oxidativo interfere no adequado abastecimento de oxigênio aos tecidos, pois a meta-hemoglobina não consegue transportar oxigênio.

A síntese final de ATP pode ser bloqueada em diferentes locais; enquanto substâncias como a rotenona e a antimicina A atuam sobre os complexos da cadeia respiratória, os nitrofenóis agem como desacopladores da fosforilação oxidativa, e o composto fluoroacetato inibe especificamente o ciclo de Krebs. A depleção dos níveis de ATP pode ter vários efeitos deletérios, como alterações na integridade da membrana, no funcionamento de transportadores ativos e em diversos processos anabólicos (KLAASSEN, 2012; OGA; CAMARGO; BATISTUZZO, 2008).

Toxificação × detoxificação

Como vimos, os processos de biotransformação de xenobióticos tem como função principal a transformação dos mesmos em substâncias mais hidrossolúveis, não sendo, necessariamente, um sinônimo de inativação. Uma reação de biotransformação que diminua o potencial tóxico de uma substância é chamada de **detoxificação**. Entretanto, algumas reações de biotransformação podem levar à produção de compostos altamente reativos, responsáveis pela ação tóxica de um composto. Esse processo é chamado de **toxificação**, **bioativação** ou **ativação metabólica**. Com alguns xenobióticos, as reações de biotransformação acabam por conferir características estruturais mais reativas aos compostos, permitindo que interajam de forma mais eficiente com receptores ou enzimas (KLAASSEN, 2012; OGA; CAMARGO; BATISTUZZO, 2008).

Além disso, as reações de toxificação, principalmente reações de fase I, frequentemente levam à formação de moléculas tão reativas que reagem indiscriminadamente com grupos funcionais de diversas macromoléculas dos organismos, sejam elas lipídeos, proteínas ou ácidos nucleicos. Sendo assim, os efeitos adversos observados (por exemplo, mutagênese, carcinogênese ou necrose celular), muitas vezes não são necessariamente relacionados ao xenobiótico administrado inicialmente, mas sim aos seus metabólitos tóxicos.

Exemplo

Um medicamento que pode levar à produção de metabólitos extremamente tóxicos é o **paracetamol**. O paracetamol pode sofrer tanto reações de biotransformação hepáticas de fase I (de oxidação via citocromo P450) quanto reações de fase II via glicuroniltransferase. Em algumas espécies (como os gatos), em indivíduos com alterações hepáticas ou em altas doses, o metabólito da reação de oxidação, chamado N-acetil-p-benzo-quinona imina (NAPQI), é produzido em altas quantidades. Esse metabólito tóxico é extremamente reativo e relacionado à depleção dos níveis de glutationa hepática, um importante antioxidante endógeno, com consequente indução de estresse oxidativo e necrose hepática (SPINOSA, 2019; KLAASSEN, 2019; OGA; CAMARGO; BATISTUZZO, 2008).

Parâmetros de toxicidade

Uma frase muito conhecida no campo da toxicologia, atribuída ao médico suíço do início do século XVI conhecido como Paracelso, é a seguinte: "Só a dose faz o veneno". Partindo-se dessa afirmação, comenta-se que praticamente todas as substâncias químicas conhecidas têm o potencial de produzir lesão ou morte, dependendo da dose administrada. Nesta seção serão abordados tanto o espectro de reações indesejáveis relacionadas à potenciais toxicantes quanto os principais parâmetros considerados na avaliação da toxicidade de medicamentos (GRANDJEAN, 2016, tradução nossa).

Espectro de efeitos indesejáveis

Diferentes drogas podem produzir uma série de efeitos biológicos no organismo. Quando se discorre de medicamentos, na prática, geralmente um efeito é tido como o objetivo principal – o **objetivo terapêutico** – e os outros são muitas vezes referidos como efeitos **indesejáveis**, **secundários** ou **colaterais**. Em alguns casos, ainda que um efeito seja considerado 'colateral" para uma indicação terapêutica, pode ser desejável em outra situação. No entanto, alguns efeitos colaterais são sempre prejudiciais ao bem-estar dos organismos vivos, sendo mencionados como efeitos **adversos** ou **tóxicos** de um fármaco (KLAASSEN, 2012).

Como mencionado anteriormente, alguns efeitos adversos estão relacionados ao efeito farmacológico dos medicamentos e são, de certa forma, previsíveis. Quando são observadas reações anormais a uma substância, possivelmente relacionadas às características genéticas individuais, essas reações são consideradas idiossincráticas. Muitas vezes são observadas reações em indivíduos com sensibilidade a doses baixas ou com extrema insensibilidade a altas doses.

Exemplo

São reações idiossincráticas efeitos adversos como porfiria aguda, hipertermia maligna e reações pseudoalérgicas — manifestações semelhantes às de uma reação alérgica, mas com ausência de especificidade imunológica, apresentando sintomas como os *rashes* cutâneos relacionados a alguns medicamentos.

O Quadro 1 apresenta a classificação das diferentes reações adversas a medicamentos. Perceba que as reações tipo A (relacionados ao efeito farmacológico) e as reações do tipo B (idiossincráticas) são as mais comuns.

Quadro 1. Classificação das reações adversas a medicamentos

Tipo de reação		Características	Exemplos
A (aumento)	Mais frequentes	Relacionada a um efeito farmacológico da droga – reação esperada.	Síndrome serotoninérgica com ISRSs
B (bizarra)		Não relacionada a um efeito farmacológico da droga — reação inesperada.	Hipersensibilidade a penicilinas
C (crônica)		Relacionada ao efeito cumulativo do fármaco.	Tromboembolismo com o uso de anticoncepcional
D (*delayed* — atraso)		Ocorre ou aparece algum tempo após o uso do medicamento.	Teratogênese
E (*end of use* — fim do uso)		Ocorre logo após a suspensão do medicamento.	Síndrome de abstinência a opiáceos
F (falha)		Falha inesperada da terapia comum relacionada à dose. Frequentemente causada por interação medicamentosa.	Dosagem inadequada de anticoncepcional oral quando utilizados indutores enzimáticos
ISRS: inibidores seletivos da recaptação de serotonina			

Fonte: Adaptado de Figueiredo *et al.* ([20--]).

Além das situações anteriormente mencionadas, alguns toxicantes e medicamentos induzem a reações imunológicas de hipersensibilidade, resultantes de sensibilização prévia ao produto químico ou molécula semelhante; após a etapa de sensibilização, as reações alérgicas resultam da exposição a doses relativamente muito baixas.

> **Fique atento**
>
> A maioria dos medicamentos induzem a reações imunes ao se comportarem como haptenos, pois são moléculas de peso molecular muito pequeno para estimular a formação de anticorpos. Haptenos precisam se combinar a moléculas carreadoras maiores, geralmente proteínas do soro, para juntos estimularem uma resposta imune: a alergia à penicilina, por exemplo, relaciona-se à resposta imune formada pelo complexo peniciloil-proteína formado com a albumina sérica (CASTELLS; KHAN; PHILLIPS, 2019, tradução nossa; SPINOSA, 2019; KLAASSEN, 2012).

Quanto ao tempo, os efeitos adversos podem ser diferenciados em efeitos tóxicos imediatos e retardados. Os **efeitos tóxicos imediatos**, relacionados à maior parte das substâncias, ocorrem ou desenvolvem-se rapidamente após uma administração única. Já os **efeitos tóxicos retardados** ocorrem após o passar de algum tempo, como os efeitos carcinogênicos, os quais normalmente têm longos períodos de latência, podendo demorar de 20 a 30 anos para o aparecimento de sintomas em seres humanos.

Os efeitos tóxicos observados podem também ser **reversíveis ou não**, dependendo da capacidade de regeneração de cada tecido. Por exemplo, danos a tecidos com alta capacidade de regeneração, como o tecido hepático, ainda que graves, geralmente são reversíveis; enquanto danos ao SNC frequentemente são irreversíveis, dada a tamanha complexidade das células neuronais, que dificilmente podem ser repostas (KLAASSEN, 2012).

> **Fique atento**
>
> Os efeitos carcinogênicos e teratogênicos também são considerados irreversíveis (KLAASSEN, 2012).

Os efeitos adversos podem ser classificados em relação ao sítio em que se manifestam. Enquanto **efeitos locais** ocorrem no sítio de primeiro contato, **efeitos sistêmicos** necessitam da absorção e distribuição a partir do ponto de administração para um local distante, podendo provocar maior ação em um órgão-alvo, como o SNC, o sistema circulatório, o sistema hematopoiético, o fígado e os rins (SPINOSA, 2019; KLAASSEN, 2012).

> **Saiba mais**
>
> Dica de leitura: o livro *Manual de Toxicologia Clínica* (OLSON, 2014) aborda passo a passo a avaliação e o tratamento dos sintomas mais comuns relacionados a diferentes tipos de substâncias químicas.

Muitos efeitos adversos são resultado das interações entre diferentes substâncias químicas. Os efeitos resultantes de interações podem ser divididos da seguinte maneira (KLAASSEN, 2012; RODRIGUES; OLIVEIRA, 2016, tradução nossa):

- **Aditivos:** quando o efeito das duas substâncias juntas é igual à soma dos efeitos delas sozinhas.
- **Sinérgicos:** quando os efeitos combinados dos dois produtos são muito maiores do que a soma dos efeitos de cada produto isoladamente.
- **Potenciação:** ocorre quando uma substância, muitas vezes um solvente, sem efeito é adicionada a outro composto tóxico, e o resultado final é muito mais tóxico.
- **Antagônicos:** quando duas substâncias administradas em conjunto interferem uma com o efeito da outra de forma negativa. Pacientes polimedicados, ou seja, que fazem uso de mais de um medicamento, apresentam risco maior de reações adversas e interações medicamentosas, sendo esse risco aumentado quanto maior o número de medicamentos utilizados.

Avaliação da toxicidade de medicamentos

Os medicamentos, antes de chegarem ao mercado, são avaliados e caracterizados em relação aos potenciais efeitos tóxicos que poderão ser capazes de produzir. Ainda que não exista um conjunto fixo de parâmetros a serem avaliados, os tipos de teste avaliados estão relacionados a questões como finalidade da substância química e efeitos tóxicos produzidos por análogos estruturais (KLAASSEN, 2012).

A fim de que um medicamento seja aprovado para utilização clínica, a Agência Nacional de Vigilância Sanitária (Anvisa) propõe, em seu *Guia para Condução de Estudos Não Clínicos de Toxicologia e Segurança Farmacológica Necessários ao Desenvolvimento de Medicamentos* (2013), estudos como (ANVISA, 2013, documento *on-line*):

- toxicidade de dose única (aguda);
- toxicidade de doses repetidas;
- toxicidade reprodutiva;
- genotoxicidade;
- tolerância local;
- carcinogenicidade.

A Anvisa também recomenda estudos de interesse na avaliação da segurança farmacológica e toxicocinética. Outros estudos que avaliam a segurança da substância-teste podem ser necessários conforme o caso.

Em relação aos ensaios de avaliação de **toxicidade aguda**, uma ou mais vias de administração são testadas em uma ou mais espécies animais (geralmente uma espécie roedora e outra não). Um dos principais parâmetros avaliados é a dose letal mediana, ou DL_{50}, na qual investiga-se a dose necessária de um composto para matar 50% de uma população teste em até 14 dias após uma administração única. Também são identificados potenciais órgãos-alvo e outras manifestações clínicas de intoxicação aguda.

Ensaios com **doses repetidas** são realizados em diferentes períodos, para avaliar toxicidade subaguda (em geral administrações por 14 dias), subcrônica (até 90 dias) e crônica (6 meses a 2 anos). Os ensaios com doses repetidas têm como objetivo estabelecer o **nível mais baixo para um efeito adverso observável** (**LOAEL**, *lowest observable adverse effect level*) e o **nível sem efeitos adversos observáveis** (**NOAEL**, *no observable adverse effect level*), assim como caracterizar determinado órgão ou órgãos afetados pela substância avaliada, sendo realizados ensaios hematológicos e parâmetros bioquímicos — principalmente de função hepática e renal, por serem órgãos-chave no processamento de xenobióticos. Nos ensaios crônicos, devido ao seu maior tempo de exposição, também é avaliado o potencial carcinogênico do produto estudado. Ainda que os valores relacionados a doses sejam obtidos em testes em animais, os mesmos são transpostos para humanos, corrigindo pela superfície corporal (ANVISA, 2013; KLAASSEN, 2012).

Partindo-se de parâmetros como dose tóxica e dose efetiva mediana (DT_{50} e DE_{50}, respectivamente), podem ser obtidos o índice terapêutico (IT) e as margens de segurança e de exposição. O **IT** é definido como a relação entre a dose necessária para produzir efeito tóxico e a dose necessária para produzir o efeito terapêutico desejado, conforme fórmula a seguir:

$$IT = \frac{DT_{50}}{DE_{50}}$$

Ele é utilizado para medidas comparativas entre diferentes substâncias, ainda que seja considerado apenas uma declaração aproximada em relação à segurança relativa de um medicamento.

Fique atento

O IT não deve ser usado isoladamente, mas é um importante indicativo de segurança relativa, e cuidados devem ser tomados em relação à exposição a medicamentos de IT baixo. Como representado na figura a seguir (WHALEN, 2016, p. 35), fármacos com IT pequeno apresentam janela terapêutica estreita, enquanto fármacos com IT amplo apresentam janela terapêutica mais larga.

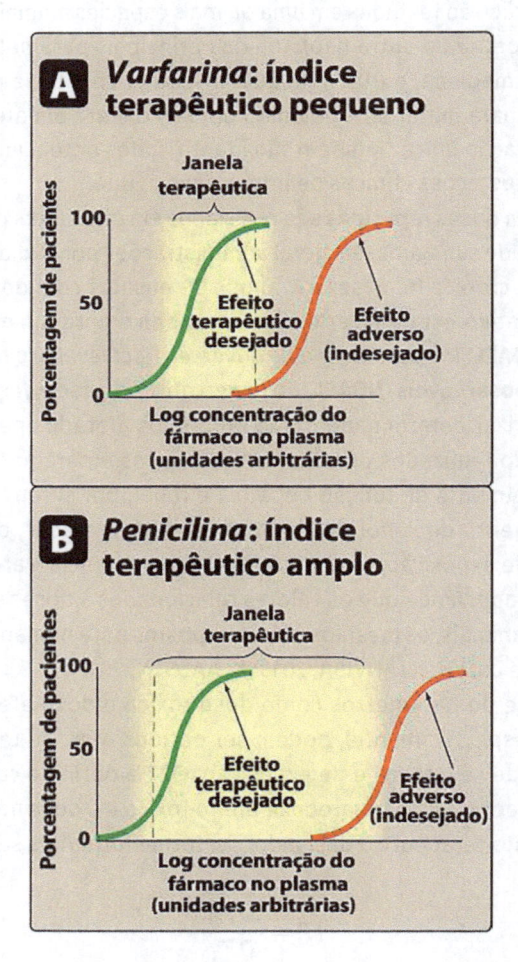

A *Varfarina*: índice terapêutico pequeno

Janela terapêutica
Porcentagem de pacientes
100
50
0
Efeito terapêutico desejado
Efeito adverso (indesejado)
Log concentração do fármaco no plasma (unidades arbitrárias)

B *Penicilina*: índice terapêutico amplo

Janela terapêutica
Porcentagem de pacientes
100
50
0
Efeito terapêutico desejado
Efeito adverso (indesejado)
Log concentração do fármaco no plasma (unidades arbitrárias)

Outra maneira importante para de avaliar a toxicidade de uma substância com potencial terapêutico é a **margem de segurança**, a qual indica a magnitude de diferença entre a dose que 99% dos indivíduos em uma população estudada apresenta o efeito desejado e a dose que 1% dos indivíduos apresenta efeitos indesejados graves (geralmente utilizando os valores de NOAEL obtidos em animais). O cálculo da margem de segurança é feito conforme a fórmula a seguir (KLAASSEN, 2012; OGA; CAMARGO; BATISTUZZO, 2008).

$$\text{Margem de segurança} = \frac{DL_1}{DE_{99}}$$

Dependendo da via de administração ou do local de exposição da substância química, podem também ser realizados **testes de irritação dérmica** (teste de Draize) ou **ocular**, assim como testes de sensibilização, para avaliar substâncias que podem repetidamente entrar em contato com a pele (ANVISA, 2013; KLAASSEN, 2012).

Os **estudos de mutagênese** e de **avaliação do potencial genotóxico** são importantes porque algumas substâncias e seus metabólitos tóxicos têm potencial de induzir modificações no DNA. A mutação de proto-oncogenes ou genes supressores de tumores pode levar ao desenvolvimento de cânceres (carcinogênese). No mesmo sentido, é importante avaliar o **risco de indução de defeitos congênitos**, como teratogênese e lesões fetais: o marco histórico do reconhecimento da talidomida como agente indutor de focomelia levou à criação de muitas entidades reguladoras de fármacos em diversos países (KLAASSEN, 2012; OGA; CAMARGO; BATISTUZZO, 2008).

Após os estudos pré-clínicos, os fármacos são ainda submetidos a **ensaios de fase clínica** para avaliação de seu potencial farmacológico e toxicológico em humanos. Mesmo os fármacos já disponíveis no mercado devem estar em constante "farmacovigilância", a fim de detectar quaisquer efeitos adversos raros e em longo prazo, muitas vezes só observáveis em cenários pós--comercialização, com grupos maiores de pacientes e períodos de tratamento maiores. Efeitos adversos graves podem levar a novas orientações quanto ao uso em determinados grupos de pacientes ou até mesmo a suspensão de comercialização (KLAASSEN, 2012).

Referências

ANVISA. Guia para a Condução de Estudos Não Clínicos de Toxicologia e Segurança Farmacológica Necessários ao Desenvolvimento de Medicamentos. Brasília, DF: ANVISA, 2013. Disponível em: https://qrgo.page.link/YPrWJ. Acesso em: 23 out. 2020.

BRUNTON, L. L.; CHABNER, B. A.; KNOLLMANN, B. C. (org.). *As bases farmacológicas da terapêutica de Goodman e Gilman*. 12. ed. Porto Alegre: Artmed, 2012.

CASTELLS, M.; KHAN, D. A.; PHILLIPS, E. J. Penicillin Allergy. *N Engl J Med*. v. 381, n. 24, p. 2338-2351, 2019.

FIGUEIREDO, P. M. *et al*. Reações Adversas a Medicamentos. *ANVISA*, [20--]. Disponível em: http://portal.anvisa.gov.br/documents/33868/2894427/Rea%C3%A7%C3%B5es+Adversas+a+Medicamentos/1041b8af-9cde-4e94-8f5c-9a5fe95f804d. Acesso em: 22 out. 2020.

GRANDJEAN, P. Paracelsus Revisited: The Dose Concept in a Complex World. *Basic & clinical pharmacology & toxicology*, v. 119, n. 2, p. 126–132, 2016. Disponível em: https://doi.org/10.1111/bcpt.12622. Acesso em: 22 out. 2020.

HILAL-DANDAN, R.; BRUNTON, L. L. (org.). Manual de farmacologia e terapêutica de Goodman & Gilman. 2. ed. Porto Alegre: AMGH, 2015. E-book.

KATZUNG, B. *Farmacologia Básica e Clínica*. 13. ed. Porto Alegre: AMGH, 2017.

KLAASSEN, C. D. *Fundamentos em toxicologia de Casarett e Doull*. 2. ed. Porto Alegre: AMGH, 2012.

OGA, S.; CAMARGO, M. M.; BATISTUZZO, J. A. O. Fundamentos de toxicologia. 3. ed. São Paulo: Atheneu, 2008.

RANG, H. P. *Rang & Dale Farmacologia*. 8. ed. Rio de Janeiro: Elsevier, 2016.

RODRIGUES, M. C. S.; OLIVEIRA, C. Drug-drug interactions and adverse drug reactions in polypharmacy among older adults: an integrative review. *Rev. Latino-Am. Enfermagem*, v. 24, 2016. Disponível em: http://www.scielo.br/scielo.php?script=sci_arttext&pid=S0104-11692016000100613&lng=en&nrm=iso. Acesso em: 02 out. 2020.

SPINOSA, H. S.; GÓRNIAK, S. L.; PALERMO NETO, J. *Toxicologia aplicada à medicina veterinária*. 2. ed. Barueri, SP: Manole, 2019.

STORPIRTIS, S. *et al. Farmacocinética - Básica e Aplicada*. São Paulo: Guanabara Koogan, 2011.

WHALEN, K.; FINKEL, R.; PANAVELIL, T. A. *Farmacologia Ilustrada*. 6. ed. Porto Alegre: Artmed, 2016.

Leitura recomendada

OLSON, R.K. *Manual de Toxicologia Clínica*. 6. ed. Porto Alegre: AMGH, 2014.

Fique atento

Os *links* para *sites* da *web* fornecidos neste capítulo foram todos testados, e seu funcionamento foi comprovado no momento da publicação do material. No entanto, a rede é extremamente dinâmica; suas páginas estão constantemente mudando de local e conteúdo. Assim, os editores declaram não ter qualquer responsabilidade sobre qualidade, precisão ou integralidade das informações referidas em tais *links*.

Toxicologia de medicamentos

Thaís Carine Ruaro

OBJETIVOS DE APRENDIZAGEM

> - Descrever os efeitos tóxicos de medicamentos analgésicos e anestésicos.
> - Identificar os efeitos tóxicos dos medicamentos antidepressivos, ansiolíticos e antipsicóticos.
> - Listar os efeitos tóxicos de fitoterápicos.

Introdução

Da mesma forma que os medicamentos auxiliam na manutenção da saúde, eles podem causar sérios danos às pessoas se mal administrados, além dos casos de abuso e intoxicação proposital. Neste capítulo, você vai estudar as condições de exposição a medicamentos, as faixas etárias em que mais acontecem as intoxicações medicamentosas e os grupos medicamentosos mais frequentemente envolvidos. Também vai ler sobre os efeitos tóxicos dos medicamentos antidepressivos, ansiolíticos e antipsicóticos. Por fim, vai ver quais são os efeitos tóxicos de analgésicos, anestésicos e fitoterápicos.

Toxicidade medicamentosa

A interação entre fármacos e o organismo vivo é objeto de estudo há muitos anos, e continua recebendo importância da população científica ainda hoje. Na Antiguidade, muitas substâncias eram utilizadas para o tratamento de doenças, mas foi no século XX que inúmeras substâncias foram descobertas e desenvolvidas, principalmente durante as grandes guerras mundiais. Nesse período, também foi identificado que esses agentes terapêuticos não causavam somente efeitos benéficos, mas poderiam causar sequelas devido aos seus efeitos tóxicos (LUIZ; MEZZAROBA, 2008).

Entre as décadas de 1950 e 1960, a farmacologia e a toxicologia apresentaram crescimento exponencial, e hoje têm grande destaque. Apesar dos grandes avanços científicos e do conhecimento disponível, a terapia medicamentosa é sujeita a erros inerentes à condição humana. O consumo de medicamentos de maneira indiscriminada, a automedicação e a indicação de medicamentos por pessoas não capacitadas são um grave problema nos dias atuais, e constituem o uso não racional de medicamentos (LUIZ; MEZZAROBA, 2008).

Muitos profissionais da saúde e responsáveis pela regulamentação da produção e utilização de medicamentos também estão entre os responsáveis pelo uso indiscriminado dos mesmos. Dessa maneira, medidas de controle da legislação, produção, venda (por exemplo, medicamentos sujeito a controle especial) e propaganda de medicamentos são utilizadas, com o objetivo de evitar que a população seja afetada pelo uso indiscriminado, o que pode causar efeitos tóxicos (LUIZ; MEZZAROBA, 2008).

Saiba mais

A propaganda e a publicidade de medicamentos estão regulamentadas pela Resolução de Diretoria Colegiada (RDC) nº 96, de 17 de dezembro de 2008, que "[...] dispõe sobre a propaganda, publicidade, informação e outras práticas cujo objetivo seja a divulgação ou promoção comercial de medicamentos" (BRASIL, 2008).

O estudo da toxicologia de medicamentos é baseado nas reações adversas causadas pela utilização dos medicamentos em suas doses terapêuticas, além da intoxicação oriunda de doses excessivas por uso acidental ou inadequado. As reações adversas em doses terapêuticas, por exemplo, podem ocorrer quando as funções de biotransformação e excreção das moléculas pelo organismo se encontram alteradas devido a uma disfunção fisiológica ou a uma interação medicamentosa. Assim, o acompanhamento farmacoterapêutico se torna importante para proporcionar ao paciente uma terapia com segurança e eficácia, bem como efeitos tóxicos mínimos (LUIZ; MEZZAROBA, 2008).

Para compreendermos melhor a toxicologia de medicamentos, precisamos antes conhecer algumas definições.

- **Efeito adverso ou reação adversa ao medicamento (RAM):** é uma resposta ou efeito prejudicial ou indesejável que ocorre durante ou posteriormente ao uso de um medicamento em doses terapêuticas.
- **Efeito colateral:** é caracterizado por um efeito não pretendido, benéfico ou adverso, causado por doses terapêuticas de medicamentos.
- **Efeito tóxico:** é um efeito adverso causado pela constância do efeito farmacológico, ou seja, do efeito terapêutico do medicamento em doses terapêuticas.
- **Intoxicação medicamentosa:** ocorre com o uso de uma superdosagem do medicamento.

Fique atento

Um efeito adverso pode ser oriundo de um efeito tóxico ou de um efeito colateral. O efeito tóxico é um efeito adverso causado pela constância do efeito farmacológico, ou seja, do efeito terapêutico do medicamento. Já o efeito colateral pode ou não ser um efeito adverso que é desenvolvido por uma reação farmacológica diferente daquela que produz o efeito terapêutico, podendo ou não estar relacionado com a dose do fármaco.

O efeito tóxico caudado por um fármaco, na maioria das vezes, inicia-se pelo acúmulo de metabólitos do fármaco no corpo, podendo levar à produção de radicais tóxicos, peroxidação lipídica, depleção de glutationa e modificação de grupos sulfidrílicos, além de interagir diretamente com lipídios, proteínas, carboidratos e com o DNA da célula atingida. Deve-se considerar a idiossincrasia, ou seja, a predisposição particular de cada indivíduo/organismo à influência de um agente externo como o medicamento (RANG *et al.*, 2016).

Os medicamentos que têm um baixo **índice terapêutico (IT)** são os que têm a maior probabilidade de causar efeitos tóxicos, ou seja, quando um medicamento tem a **dose letal (DL50**, ou dose que provoca morte de 50% dos animais experimentais) muito próxima da **dose eficaz mediana (DE50**, ou dose necessária para produzir efeito em 50% dos indivíduos), esse medicamento tem maior chance de causar efeitos tóxicos devido às diferenças individuais de cada paciente relacionadas ao efeito farmacocinético (absorção, distribuição, metabolização e excreção). Dessa forma, durante o uso desses medicamentos, é indicada a monitorização terapêutica por meio da dosagem do fármaco ou de seus metabólitos na corrente sanguínea e ajuste da dosagem (se necessário) para a segurança do paciente (LUIZ; MEZZAROBA, 2008).

> **Exemplo**
>
> Alguns fármacos que têm IT baixos: ácido valproico, aminofilina, carbamazepina, ciclosporina, clindamicina, clonidina, clozapina, digoxina, disopiramida, fenitoína, fenobarbital, gentamicina, lítio, minoxidil, oxcarbazepina, prazosina, primidona, procainamida, quinidina, teofilina, verapamil (cloridrato), varfarina, vancomicina, entre outros.

> **Exemplo**
>
> A **varfarina** é um medicamento anticoagulante utilizado para a prevenção da embolia em pacientes com arritmia atrial, doença cardíaca reumática com dano valvular, embolia pulmonar, infarto do miocárdio e trombose venosa profunda. É uma substância de baixo IT e com potencial de reações adversas graves, como sangramento espontâneo, anemia, necrose cutânea, cor arroxeada dos dedos dos pés, alopecia, náuseas, diarreia e icterícia. Interage com diversos medicamentos, como os da classe dos anti-inflamatórios não esteroidais (AINEs), que podem levar ao aumento de seus efeitos anticoagulantes devido ao IT limitado. Dessa forma, os pacientes não devem usar medicamentos alternativos sem consultar um profissional capacitado e devem relatar quaisquer sinais de hemorragia. A monitorização terapêutica é indicada para ajuste da dosagem do fármaco (GUIDONI, 2012).

Em doenças como insuficiência cardíaca, renal, hepática, neoplasias, fibrose cística e variações importantes no volume de distribuição (hipoalbuminemia, nutrição parenteral, terapia com fármacos vasoativos, entre outros), a monitorização terapêutica é indicada, pois os fatores fisiopatológicos da doença podem influenciar as características farmacocinéticas do fármaco, necessitando de ajuste na dosagem. Outros motivos, além dos desvios farmacocinéticos inerentes ao paciente e que levam à variabilidade da resposta medicamentosa, são idade do paciente (crianças e idosos são mais afetados); politerapia; pacientes com consequências clínicas graves (tuberculosa, asma, aids, transplante); estado nutricional; obesidade; tabagismo e etilismo (KLAASSEN; WATKINS, 2012).

O efeito adverso ou tóxico de um fármaco pode se manifestar de diferentes formas, listadas a seguir (KLAASSEN; WATKINS, 2012).

- **Reações alérgicas:** caracterizadas por uma reação imunológica a uma substância química (alergia química), que resulta na sensibilização a esse produto ou a estruturas moleculares semelhantes. São chamadas de hipersensibilidade, reação alérgica e/ou reação de sensibilização. Doses relativamente baixas desses produtos tendem a desencadear importantes reações orgânicas, uma vez que o organismo já se encontra sensibilizado; as reações alérgicas são dose-dependentes, podendo ser muito graves e até mesmo fatais.
- **Reações idiossincráticas:** a idiossincrasia química refere-se à reação geneticamente anormal a uma substância química. A resposta é geralmente semelhante em todos os indivíduos, entretanto com níveis de sensibilidade diferentes. Por exemplo, indivíduos anormalmente sensíveis a nitritos oxidam com facilidade o ferro da hemoglobina para produzir meta-hemoglobina, perdendo a capacidade de transportar oxigênio aos tecidos e causando hipóxia tecidual após exposição a substâncias químicas produtoras de meta-hemoglobina em doses que seriam inofensivas para indivíduos normais.
- **Toxicidade imediata *versus* retardada:** os efeitos tóxicos imediatos se desenvolvem rapidamente após uma única administração de uma substância; já os efeitos tóxicos retardados ocorrem após o decurso de algum tempo a partir da ingestão da mesma. A grande maioria das substâncias produzem efeitos tóxicos imediatos, entretanto os efeitos carcinogênicos de algumas substâncias normalmente têm período de latência longo (20–30 anos) após a exposição inicial, para que os tumores sejam observados.
- **Efeitos tóxicos reversíveis *versus* irreversíveis:** se determinada substância produz lesão patológica em um tecido, seu efeito reversível ou irreversível depende da capacidade de regeneração do tecido. Para o tecido hepático, que tem uma alta capacidade regenerativa, a maioria das lesões é reversível, enquanto lesões no sistema nervoso central (SNC) são, na maioria das vezes, irreversíveis. Os efeitos carcinogênicos e/ou teratogênicos são considerados efeitos tóxicos irreversíveis.
- **Toxicidade local *versus* sistêmica:** a distinção pode ser feita no sítio de ação. Efeitos tóxicos locais ocorrem primeiramente no sítio de ação de primeiro contato entre o agente tóxico e o sistema biológico, como é o caso, por exemplo, de distúrbios gastrointestinais após administração

de medicamentos pela via oral. Já os efeitos sistêmicos necessitam de etapas de absorção e distribuição da substância tóxica. A maioria das substâncias produz efeitos sistêmicos e algumas substâncias têm ambos os efeitos. A toxicidade sistêmica ocorre geralmente em um órgão-alvo, que muitas vezes não é o local de maior concentração do agente químico. Os órgãos-alvo frequentemente envolvidos nas reações tóxicas são o SNC, os sistemas circulatório e hematopoiético, os órgãos viscerais (fígado, rins e pulmão) e a pele. Em contrapartida, músculos e ossos raramente são tecidos-alvo para efeitos tóxicos sistêmicos.

- **Interações de substâncias químicas:** pode ocorrer por diversos mecanismos, como alteração na absorção, nas ligações a proteínas plasmáticas, na biotransformação e na excreção. Quando duas substâncias químicas são administradas simultaneamente, podem ocorrer estes efeitos:
    - **Efeito aditivo:** soma do efeito de cada agente isolado.
    - **Efeito sinérgico:** efeito combinado de dois produtos químicos. É maior do que o efeito aditivo, ou seja, efeito potencializado; por exemplo, o isopropanol não é hepatotóxico, mas, quando administrado com o tetracloreto de carbono, a hepatotoxicidade deste último é muito maior do que quando ele é administrado sozinho.
    - **Antagonismo:** quando duas substâncias administradas em conjunto interferem uma no efeito da outra. Existem quatro tipos de antagonismo: funcional, químico, deposicional e receptor.
- **Tolerância:** é um estado de resposta diminuída ao efeito tóxico de uma substância, devido à exposição prévia a ela ou a substância semelhante. Nesse caso dois mecanismos são responsáveis: redução da quantidade de substância tóxica ao atingir o local no qual o efeito tóxico é produzido (chamada de tolerância deposicional); e diminuição da resposta ao produto químico.

Saiba mais

Veja mais sobre os tipos de antagonismo:

Antagonismo funcional: quando duas substâncias químicas produzem efeitos opostos sobre a mesma função fisiológica (por exemplo, a queda da pressão arterial durante a intoxicação com barbitúricos pode ser antagonizada pela administração intravenosa de um agente vasopressor, como adrenalina ou metaraminol).

Antagonismo químico ou inativação: ocorre quando uma reação química entre dois compostos produz um constituinte menos tóxico (por exemplo, quelantes de metais diminuem a toxicidade de íons metálicos).

Antagonismo deposicional: ocorre quando as etapas farmacocinéticas são alteradas de modo que a concentração e/ou duração da permanência da substância no órgão-alvo é diminuída (por exemplo, ácido acetilsalicílico altera a ligação de fármacos à albumina por meio da acetilação do resíduo de lisina da molécula de albumina. Isso modifica a ligação de algumas substâncias ativas ácidas, como a fenilbutazona).

Antagonismo de receptores ou bloqueadores: quando duas substâncias se ligam ao mesmo receptor, produzindo um efeito menor quando administrados em conjunto do que quando são somados seus efeitos separadamente, ou ainda quando um antagoniza o efeito do outro (por exemplo, o antagonismo competitivo reversível da naloxona bloqueia os efeitos da morfina).

Intoxicações medicamentosas

A intoxicação medicamentosa é um dos eventos toxicológicos mais frequentes relacionados aos medicamentos e constitui em problema de saúde no Brasil. É caracterizada por manifestações clínicas indesejadas, quando um medicamento é administrado em doses acima da dose posológica. Pode ser de caráter agudo ou crônico, tendo, para cada fármaco ou classe farmacológica, sinais e sintomas característicos (RANGEL; FRANCELINO, 2018). A intoxicação medicamentosa ocorre por variados motivos, como, por exemplo, pela automedicação, ingestão acidental (crianças), tentativas de suicídio, aborto e abuso (principalmente entre adolescentes e adultos), erros de administração (principalmente em idosos), erros de prescrição, entre outros (GONÇALVES et al., 2017).

De acordo com os dados obtidos junto ao Sistema Nacional de Informações Tóxico-Farmacológicas (SINITOX) no período de 2013 a 2016 por Rangel e Francelino (2018), do total de casos registrados de intoxicação (92.875), 44,46% evoluem para cura, 0,09% deixam sequelas e 0,22% levam a óbito. Além disso, a faixa etária com maior ocorrência de intoxicações é de 1 a 4 anos de idade, com um número de 27.895 (30,03% os casos registrados); isso se deve, em grande parte, ao consumo acidental. A ocorrência seguinte se dá entre a faixa dos 20 aos 39 anos (em torno de 12%) com motivo sociocultural envolvido. A população idosa (acima de 60 anos), caracterizada pela prática da polifarmácia, apresentou uma ocorrência de intoxicação em torno de 5%, sendo esse dado comprovado por demais estudos na área (RANGEL; FRANCELINO, 2018).

As taxas de maior ocorrência de intoxicações por região foram Sudeste, 53,56%; Sul, 30,32%; Nordeste, 8,09%; Centro-Oeste, 7,12%; Norte, 0,91%. Mais de 50% do número de intoxicações está presente na região Sudeste devido ao fato de que mais da metade do total de farmácias oficialmente existentes está presente nessa região do país, além do maior número de Centro de Informações Toxicológicas (CITs), fazendo com que os registros tenham uma cobertura maior, em comparação às demais regiões, que podem ter cobertura de CITs insuficientes (RANGEL; FRANCELINO, 2018).

Entre as circunstâncias de registro de intoxicações mais prevalentes estão a tentativa de suicídio (35%); acidente individual (34,75%); uso terapêutico (16,49%); erros de administração (6,23%). O número de registros de intoxicação tem maior ocorrência em mulheres (61,93%) do que em homens (37,64%); esse número foi atribuído às tentativas de aborto, automedicação e tentativas de suicídio, mais prevalentes entre as mulheres (RANGEL; FRANCELINO, 2018).

As classes terapêuticas mais envolvidas nos casos de intoxicações medicamentosas são os benzodiazepínicos (14,8%); os anticonvulsivantes (9,6%); os antidepressivos (6,9%); e os analgésicos (6,5%). Na maioria dos casos não ocorre óbito (GONÇALVES et al., 2017).

Dessa maneira, as práticas de educação em saúde para conscientização sobre os riscos da automedicação se fazem importantes para promover o uso racional de medicamentos. Também é importante a implementação de maior número de CITs e de assistência toxicológica para notificação e para os pacientes, respectivamente.

Toxicologia: antidepressivos, ansiolíticos e antipsicóticos

Os medicamentos que atuam no sistema nervoso central (SNC) são utilizados com frequência pela população, devido ao aumento de diagnósticos de doenças que afetam esse sistema. Eles estão relacionados à ocorrência de vários efeitos adversos, principalmente, os medicamentos neurolépticos e antidepressivos (FONTELES et al., 2009). Entretanto, a falta de registros ou a subnotificação é um problema bem conhecido da farmacovigilância. Grande parte das notificações são provenientes do hospital, onde os pacientes têm um acompanhamento farmacoterapêutico e profissionais capacitados para identificação e notificação de reações adversas (FONTELES et al., 2009).

As reações adversas mais frequentemente identificadas em fármacos que atuam no SNC são prurido, vômito, *rash*, náusea, cefaleia e urticária. Já em menor frequência são relatadas dispneia, amenorreia, insônia, tontura, febre e outras dermatites (FONTELES *et al.*, 2009).

Antidepressivos

O uso de antidepressivos constitui uma das causas mais comumente associadas à intoxicação medicamentosa em todo o mundo. Isso, possivelmente, decorre do fato de que a depressão está associada a um risco significativo de suicídio — estima-se que cerca de 15% de pacientes deprimidos tentarão se suicidar (FONTELES *et al.*, 2009).

Os **antidepressivos tricíclicos (TCAs)** e **inibidores irreversíveis da monoaminoaxidase (IMAO)** foram as primeiras classes farmacológicas desenvolvidas para o tratamento da depressão, e representam a geração mais antiga de agentes. Os antidepressivos mais recentes têm um risco de menor de toxicidade em *overdose* (MORENO, R.; MORENO, D.; SOARES, 1999). Os antidepressivos são classificados de acordo com as propriedades farmacológicas ou de acordo com sua estrutura química. Observe, no Quadro 1, as classes de antidepressivos disponíveis atualmente e seus principais **efeitos adversos**.

Quadro 1. Efeitos adversos por classe de medicamentos antidepressivos

Classe farmacológica	Efeitos adversos mais comuns
Inibidores da monoaminoxidase (IMAO)	■ hipotensão ortostática grave (vertigens e tonturas, especialmente ao levantar, podendo ocorrer quedas); ■ diarreia; ■ edema nos pés e tornozelos (pode ceder espontaneamente em semanas); ■ estimulação simpática (taquicardia e palpitação); ■ nervosismo e excitação (menos frequentes); ■ efeito anticolinérgico; ■ síndrome da secreção inadequada do hormônio antidiurético (levando à diminuição na produção de urina); ■ visão turva; ■ disfunção sexual; ■ sonolência; ■ cefaleia leve; ■ aumento da sudorese; ■ cansaço ou fraqueza leve; ■ abalos musculares ou tremores.

(Continua)

(Continuação)

Classe farmacológica	Efeitos adversos mais comuns
Inibidores não seletivos da recaptação de monoaminas (ADTs)	■ efeito anticolinérgicos (boca seca, visão turva, obstipação, retenção urinária); ■ efeitos cardiovasculares (aumento da frequência cardíaca, hipotensão postural); ■ efeitos neurológicos (tremores de mãos, sedação, latência para lembrar, mioclonias, parestesias, dificuldade para encontrar palavras e gagueira, agitação e hiperestimulação paradoxal, movimentos coreoatetoides e acatisia (movimentos involuntários lentos, em torção, usualmente afetando os dedos da mão e extremidades e apenas raramente a fala e a respiração); ■ efeitos metabólicos e endócrinos (aumento da secreção de prolactina, mas galactorreia e amenorreia secundária são raras); ■ reações cutâneas (exantemas, urticária, eritema multiforme, dermatite esfoliativa e fotossensibilidade); ■ efeitos gastrointestinais.
Inibidores seletivos da recaptação de serotonina (ISRS)	Em função de sua ação seletiva, apresentam perfil mais tolerável de efeitos colaterais, existindo diferenças entre os principais efeitos colaterais dos diferentes ISRSs. Os efeitos colaterais mais frequentemente relatados são: ■ efeitos gastrintestinais (náuseas, vômitos, dor abdominal, diarreia); ■ efeitos psiquiátricos (agitação, ansiedade, insônia, ciclagem para mania, nervosismo); ■ alterações do sono; ■ fadiga; ■ efeitos neurológicos (tremores, efeitos extrapiramidais); ■ perda ou ganho de peso; ■ disfunções sexuais; ■ reações dermatológicas.
Inibidores seletivos da recaptação de serotonina/noradrenalina (ISRSN)	Os efeitos colaterais mais frequentemente relatados são: ■ náuseas; ■ tonturas; ■ sonolência. Podem aparecer sintomas como hipertensão, sudorese abundante, tremores. A hipertensão aparece como resultado da inibição da recaptação de noradrenalina. Podem ser relatados diminuição da libido, anorgasmia, retardo ejaculatório e impotência.

(Continua)

(Continuação)

Classe farmacológica	Efeitos adversos mais comuns
Inibidores da recaptação de serotonina e antagonistas α–2 (IRSA)	■ cefaleia; ■ boca seca; ■ sonolência; ■ náuseas; ■ obstipação intestinal; ■ ataxia. Também foram relatados turvação de visão, dispepsia, fraqueza e *rash* cutâneo. Os efeitos cardiovasculares da nefazodona descritos em estudos realizados na fase anterior à comercialização incluem redução da pressão arterial, hipotensão postural e bradicardia.
Estimulantes da recaptação de serotonina (ERS)	■ náusea; ■ constipação; ■ dor abdominal; ■ sonolência; ■ dores de cabeça; ■ boca seca; ■ tontura.
Inibidores seletivos da recaptação de noradrenalina (ISRN)	■ impotência; ■ hesitação ou retenção urinária; ■ insônia; ■ sudorese excessiva; ■ obstipação intestinal; ■ boca seca.
Inibidores seletivos de recaptura de dopamina (ISRD)	Entre os antidepressivos de nova geração, os ISRD são os que apresentam o menor potencial de indução de efeitos colaterais e a menor incidência de descontinuação do tratamento por intolerância. Os efeitos colaterais mais frequentemente observados são agitação, ansiedade, *rash* cutâneo, diminuição do apetite, boca seca e obstipação intestinal. Entretanto, o aumento do risco de indução de convulsões é maior do que o de outros antidepressivos, e mais frequente com doses elevadas.
Antagonistas α–2–adrenorreceptores	■ sedação excessiva; ■ ganho de peso (doses baixas); ■ boca seca; ■ edema; ■ obstipação intestinal; ■ dispneia.

Fonte: Adaptado de Moreno, R., Moreno, D. e Soares (1999).

Os pacientes que utilizam medicamentos antidepressivos devem ficar atentos aos **sintomas de intoxicação**. De maneira geral, esses sintomas são caracterizados por alucinações, confusão, diminuição do nível de consciência, náuseas, vômitos, febre, convulsões e taquicardia, que pode evoluir para bradicardia e assistolia, respiração curta ou difícil. Vejamos mais sobre alguns desses sintomas (DE JONGHE; SWINKELS, 1992):

- **Hipotensão ortostática:** caracterizada pela queda abrupta na pressão arterial, principalmente quando o indivíduo se põe rapidamente de pé ou está realizando alongamento. O alerta sobre possível hipotensão ortostática não se aplica a fluoxetina, fluvoxamina, maprotilina, mianserina, nortriptilina, paroxetina ou trazodona, embora sua ocorrência não possa ser excluída no uso desses medicamentos.
- **Cardiotoxicidade:** uma diminuição na contratilidade miocárdica e/ou a condução do impulso pode aumentar o risco de insuficiência cardíaca congestiva e o bloqueio atrioventricular (AV), especialmente em pacientes idosos, em pacientes com insuficiência cardíaca ou quando o tratamento requer uma dosagem mais alta do que o normal. Esse cuidado não se aplica a *dothiepin (dosulepin)*, fluoxetina, fluvoxamina, mianserina, paroxetina ou trazodona.
- **Psicose tóxica:** muitas vezes acompanhada de confusão e delírio, pode levar a situações de risco de vida. Ocorre, principalmente, em pacientes jovens que fazem o uso de antidepressivos tricíclicos. Esse efeito não se aplica, comumente, aos seguintes antidepressivos: fluoxetina, fluvoxamina, mianserina, paroxetina e trazodona.
- **Convulsões:** a segurança de um paciente recebendo antidepressivos pode ser comprometida por convulsões. Convulsões podem ocorrer em qualquer paciente, mas pacientes epilépticos ou com histórico familiar de epilepsia estão em maior risco.
- **Hipnossedação:** aumenta a propensão a acidentes, por exemplo, ao prejudicar a capacidade de direção. Embora esse cuidado não se aplique a desipramina, fluoxetina, fluvoxamina, imipramina, nortriptilina ou paroxetina, isso não sugere que esses antidepressivos nunca induzirão hipnossedação ou influenciarão na propensão a acidentes.

O tratamento da intoxicação abrange medidas para a diminuição da absorção do fármaco, como lavagem gástrica, administração de carvão ativado e tratamento específico das intercorrências cardiopulmonares, além de medidas de suporte e tratamento sintomático, e monitorização das funções vitais (DE JONGHE; SWINKELS, 1992).

Ansiolíticos

A ansiedade é uma reação adaptativa e defensiva às ameaças entre as espécies. No entanto, quando ocorre de maneira excessiva, pode interferir na qualidade de vida. Os transtornos de ansiedade são os transtornos psiquiátricos mais prevalentes, e a ansiedade excessiva está implicada na maioria dos transtornos psiquiátricos, bem como em uma série de outras condições médicas e neurológicas.

As classes de medicamentos ansiolíticos mais utilizadas para o tratamento da ansiedade são os benzodiazepínicos e os barbitúricos. Entretanto, na terapia de suporte, outros agentes ansiolíticos também são utilizados, como antagonistas do receptor α-2 (clonidina), antagonistas dos receptores β–adrenérgicos (propranolol e labetalol) e fitoterápicos (*Passiflora*) (ROBINSON *et al.*, 2019).

Os **benzodiazepínicos** (clordiazepóxido, diazepam, lorazepam, alprazolam, triazolam, midazolam, entre outros) são muito utilizados como ansiolíticos, anticonvulsivantes, relaxantes musculares e hipnóticos. Integram uma classe de fármacos muito segura, que não costuma causar intoxicações graves por seu uso isolado. Geralmente as intoxicações ocorrem quando associadas com outros tipos de depressores do SNC, como etanol e barbitúricos. A associação com antidepressivos é comum na prática clínica (SANTOS; GARCIA, [2017?]).

Os benzodiazepínicos podem causar **efeitos indesejados** leves, como sonolência, e efeitos graves, como perda da memória. A sedação é o efeito adverso mais comum, apresentando variações de intensidade de acordo com a idade e fatores farmacodinâmicos e farmacocinéticos. O paciente pode apresentar cansaço, confusão, descoordenação motora, redução das funções físicas e mentais, diminuição da velocidade de raciocínio, disartria (dificuldade durante a fala), boca seca e outros sintomas mais incomuns (diarreia, cefaleia, náusea, vômito, fraqueza, visão turva) (SANTOS; GARCIA, [2017?]).

Os **efeitos adversos** dependem da dose ou do tempo de uso; são categorizados em efeitos adversos em doses terapêuticas, como os citados acima, efeitos do uso prolongado e superdosagem/intoxicação. No uso **prolongado** os benzodiazepínicos podem causar tolerância devido ao tratamento extensivo, e os pacientes podem apresentar sintomas de dependência, além de diminuição dos reflexos superficiais, nistagmo, redução discreta do estado de alerta com nistagmo grosseiro ou rápido, ataxia, fala arrastada e instabilidade postural. Em casos de **intoxicação**, provocam sono prolongado e, conforme a toxicidade aumenta, pode resultar em nistagmo, miose, sonolência, ataxia acentuada com quedas, confusão, estupor, depressão respiratória e, por fim, morte (SANTOS; GARCIA, [2017?]).

Para tratar uma intoxicação aguda é necessária a administração de flumazenil (antídoto), que é um antagonista seletivo dos receptores de GABA e, por isso, bloqueia a ação dos benzodiazepínicos. Entretanto, esse antídoto deve ser usado somente se a intoxicação for causada unicamente por benzodiazepínicos, e deve ser administrado lentamente, pois doses altas de flumazenil podem causar agitação e sintomas de abstinência (ANDREATINI; BOERNGEN-LACERDA; ZORZETTO FILHO, 2001).

Saiba mais

Para aumentar a excreção do fármaco, a alcalinização da urina pode ser adotada, com uso do bicarbonato de sódio (ANDREATINI; BOERNGEN-LACERDA; ZORZETTO FILHO, 2001).

Os **barbitúricos** (fenobarbital, pentobarbital, tiopental, tionembutal, entre outros) são utilizados para o tratamento da insônia e ansiedade e em crises epilépticas. Atuam deprimindo o SNC e potencializam a ação do ácido γ-aminobutírico (GABA), provocando desde uma leve sedação e hipnose até o coma profundo. Os **efeitos adversos** incluem depressão cardiorrespiratória, comprometimento das funções das células brancas, hipocalcemia (baixo nível de cálcio no sangue), disfunção hepática e renal (ANDREATINI; BOERNGEN-LACERDA; ZORZETTO FILHO, 2001).

Os sintomas de **intoxicação** por barbitúricos de ação longa, como fenobarbital, começam 2 horas após a ingestão. Se for uma intoxicação leve a moderada, o indivíduo apresentará um quadro semelhante ao de embriaguez por álcool. Mesmo se ocorrer uma intoxicação severa, o indivíduo irá se recuperar sem sequelas neurológicas. Cerca de 6,5% dos pacientes com intoxicação aguda por barbitúricos apresentam lesões na pele (bolhas grandes). Caso o indivíduo apresente inconsciência e eritema (rubor) com bolhas, deve-se avaliar se esses sintomas surgiram devido ao uso abusivo de barbitúricos (SOUZA et al., 2019).

O fenobarbital é um anticonvulsivante de ação prolongada (6 a 12 horas) muito utilizado, bem como o pentobarbital e o tiobarbital, ambos administrados via intravenosa e restritos ao uso hospitalar. No entanto, os barbitúricos são um dos grupos de fármacos com maior número de casos de intoxicação, devido à sua falta de especificidade no SNC, ao seu baixo índice terapêutico (IT) e à grande ocorrência de interações medicamentosas (SOUZA *et al.*, 2019).

As estratégias para tratar as intoxicações causadas por barbitúricos são as seguintes (SOUZA *et al.*, 2019):

- **Terapia de suporte:** estabilizar e manter os sinais vitais do paciente.
- **Descontaminação do trato gastrointestinal:** lavagem gástrica em pacientes conscientes (com, por exemplo, carvão ativado).
- **Aumento da eliminação:** doses repetidas de carvão ativado podem ser utilizadas para reduzir a meia-vida sérica do fenobarbital. Alcalinizar a urina também é uma medida eficiente para aumentar a eliminação (com, por exemplo, bicarbonato de sódio).

A utilização abusiva dos barbitúricos desencadeia dependência e tolerância fisiológica: sua administração em um longo período ativa enzimas e o citocromo P450, acelerando o metabolismo dos barbitúricos e reforçando o desenvolvimento de tolerância a eles, além de tolerância cruzada com os benzodiazepínicos, outros sedativos hipnóticos e etanol. A dependência resulta em uma síndrome de abstinência farmacológica, que se apresenta caracteristicamente como tremores, ansiedade, insônia e excitabilidade do SNC. Se não forem devidamente tratados, os sintomas podem evoluir para convulsão e parada cardíaca, ocasionando dependência e aumento da necessidade do medicamento, o que pode resultar em acúmulo do fármaco, com possível toxicidade (SOUZA *et al.*, 2019).

Antipsicóticos

Devido aos seus efeitos adversos, os medicamentos antipsicóticos são responsáveis pela não adesão ao tratamento, pela redução da qualidade de vida, da interação e da adaptação social do paciente. Os antipsicóticos de nova geração (clozapina, risperidona, olanzapina e quetiapina) apresentaram grandes avanços no tratamento das psicoses. Entre os efeitos adversos mais citados estão neurotoxicidade, acatisia, síndrome neuroléptica maligna (SNM), *delirium*, hipotermia, hiperprolactinemia, discinesia tardia (DT), alterações endócrinas (amenorreia, aumento de peso, disfunção sexual), sialorreia, hipotensão postural e blefarospasmo (RASIMAS; LIEBELT, 2012)

Os **efeitos adversos** associados ao uso de antipsicóticos são listados a seguir (ABREU; BOLOGNESI; ROCHA, 2000; RASIMAS; LIEBELT, 2012):

- **Efeitos neurológicos:** neurotoxicidade com tremor, descoordenação motora e síndrome cerebelar, *delirium* e discinesia, DT, SNM, distonia tardia, tremor tardio, convulsões, sedação, hipotermia, acatisia, blefarospasmo, parkinsonismo.
- **Efeitos hematológicos:** eosinofilia, neutropenia, agranulocitose.
- **Efeitos endócrinos:** aumento de peso, hiperglicemia, hiperprolactinemia, amenorreia, ginecomastia.
- **Efeitos cardiovasculares:** hipotensão postural, alterações eletrocardiográficas.
- **Síndromes psiquiátricas secundárias:** mania, catatonia, sintomas obsessivo-compulsivos.
- **Miscelânea:** sialorreia, síndrome serotoninérgica fatal.

Toxicologia: fitoterápicos, analgésicos e anestésicos

Anestésicos

Os anestésicos são medicamentos que inibem a sensação de dor durante algum procedimento cirúrgico. Os anestésicos locais (ALs), além de realizarem o bloqueio da condução nervosa, também interferem na função de todos os órgãos nos quais ocorre condução ou transmissão de impulsos nervosos. Assim sendo, exercem ação sobre SNC, gânglios autonômicos, função neuromuscular e em todos os tipos de fibras musculares. No SNC, o estímulo é seguido de depressão idêntica à causada pelos anestésicos gerais, nos quais doses extremamente altas prejudicam a função respiratória, podendo levar a óbito por asfixia (SANTOS, 2012).

Exemplo

São exemplos de anestésicos locais a lidocaína, a prilocaína, a mepivacaína, o cloridrato de bupivacaína e a articaína.

As complicações que resultam de intoxicação por anestésicos podem ser divididas em psicogênicas e não psicogênicas. As complicações **psicogênicas** independem do anestésico e estão relacionadas com os fatores do paciente (idade, peso, uso de medicamentos, presença de doenças, genética, temperamento e ambiente social). As **não psicogênicas** estão relacionadas à técnica de administração inadequada ou superdosagem (PAIVA; CAVALCANTI, 2005).

A **intoxicação anestésica** pode atingir o sistema cardiovascular; há inibição da condução dos nódulos sinoatrial e atrioventricular, gerando arritmias cardíacas (tanto bradicardias quanto taquicardia) ou fibrilação cardíaca. A intoxicação anestésica com doses elevadas de ALs pode ser caracterizada por sinais clínicos como formigamento de lábios e língua, distúrbios visuais, zumbidos, abalos musculares, convulsões, inconsciência, coma, parada respiratória e depressão cardiovascular (BARBOSA; BONI; ANDRADE, 2010).

A **toxicidade sistêmica** dos ALs é uma complicação rara, mas potencialmente fatal. A rápida elevação da concentração plasmática dos ALs é um dos principais fatores envolvidos na intoxicação e está diretamente ligada a dose administrada, alterações da absorção anestésica local e sistêmica, local de aplicação, distribuição tecidual e eliminação da droga. A composição farmacológica da droga pode estar associada ou não a agentes vasoativos. Outros sinais clínicos incluem taquicardia, hipertensão, sonolência, confusão, tinido e gosto metálico. Os sinais progressivos incluem tremores, alucinações, hipotensão e bradicardia. Os sinais tardios incluem inconsciência, convulsões, disritmias, parada respiratória e circulatória (PEREIRA; FONSECA, 2019).

Analgésicos

Os analgésicos são medicamentos cujo objetivo é aliviar ou minimizar a dor. Os **analgésicos opioides** são indicados para alívio de dores moderadas a intensas, particularmente de origem visceral. Em doses terapêuticas são razoavelmente seletivos, não havendo comprometimento de tato, visão, audição ou função intelectual. Comumente não eliminam a sensação dolorosa e, sim, reduzem o sofrimento que a acompanha, gerando conforto ao paciente (que relata tolerância à dor). Com o uso de maiores doses, no entanto, os opioides alteram a resposta nociceptiva. Em quantidades suficientes, é possível aliviar até mesmo dores intensas causadas por cólicas biliares ou renais (opioides e anti-inflamatórios não esteroides [AINE] são recomendados) (KRAYCHETE; GARCIA; SIQUEIRA, 2014).

Além de analgesia, agentes opioides têm outras propriedades farmacológicas terapeuticamente (antitussígena, antidiarreica, sedativa e vasodilatadora), e algumas que levam ao emprego não médico (euforia, sensação de bem-estar) (KRAYCHETE; GARCIA; SIQUEIRA, 2014).

Exemplo

São exemplos de analgésicos opioides o citrato de fentanila, o cloridrato de naloxona, o fosfato de codeína, o sulfato de morfina. Já um exemplo de analgésico não opioide é o paracetamol.

A *overdose* de analgésico opioide é uma condição evitável e potencialmente letal, que resulta de práticas de prescrição, inadequada compreensão do paciente acerca dos riscos do uso indevido de medicamentos, erros na administração e abuso de produtos farmacêuticos. Três características são essenciais para a compreensão dos opioides (BOYER, 2012):

1. A overdose de analgésicos opioides pode ter efeitos tóxicos com risco de vida em vários sistemas orgânicos.
2. As propriedades farmacocinéticas normais são frequentemente interrompidas durante uma sobredosagem, e podem prolongar drasticamente a intoxicação.
3. A duração da ação varia entre as formulações de opioides, e a falha em reconhecer tais variações pode levar a decisões de tratamento inadequadas, às vezes com resultados letais.

A naloxona, o antídoto para a sobredosagem de opioides, é antagonista do receptor opioide μ, que reverte os sinais de intoxicação por opioides. É ativo quando a via de administração parenteral, intranasal ou pulmonar é usada, mas tem biodisponibilidade insignificante após a administração oral, devido ao extenso metabolismo de primeira passagem. Hipoxemia persistente após a administração de naloxona pode significar a presença de edema pulmonar por pressão negativa. Os casos leves de hipoxemia são resolvidos com cuidados de suporte, mas os graves geralmente necessitam de intubação orotraqueal e ventilação com pressão positiva. O edema pulmonar está presente em quase todos os casos fatais de sobredosagem de opioides, e estudos mostraram que o edema pulmonar não se desenvolve em pacientes que recebem grandes doses de naloxona (BOYER, 2012).

A procura pelos medicamentos de venda livre ou medicamentos isentos de prescrição (MIPs) é a primeira opção da população para resolver os problemas de saúde. Eles podem ser comercializados sem prescrição médica, mas, se usados de forma irracional, podem acarretar sérios agravos à saúde, resultando em possíveis intoxicações, hospitalizações e óbitos (MELO; TEIXEIRA; MANICA, 2007).

O **paracetamol** (acetamilnofeno; N–acetil–p–aminofenol) é uma alternativa eficaz como analgésico (não opioide) e antipirético, mas fraco em efeito anti-inflamatório. Embora indicado para alivio da dor, não é um substituto adequado para o ácido acetilsalicílico ou outros AINEs em condições inflamatórias crônicas (como artrite reumatoide). É bem tolerado e tem baixa incidência de efeitos colaterais gastrintestinais, estando disponível sem prescrição médica. Entretanto, a *overdose* aguda pode causar lesão hepática grave, e o número de envenenamentos acidentais ou deliberados com paracetamol continua crescendo (CAMPOS, G. C.; CAMPOS, G. S.; FERREIRA, 2018).

Em adultos, a hepatotoxicidade ocorre após a ingestão de uma única dose de 10–15g (150–250mg/kg) de paracetamol; doses de 20–25g ou mais são potencialmente fatais. Os sintomas que surgem durante os primeiros dois dias de envenenamento agudo por paracetamol refletem a agressão gástrica (náuseas, dor abdominal e anorexia) e denunciam a intensidade da intoxicação (CAMPOS, G. C.; CAMPOS, G. S.; FERREIRA, 2018).

Os sinais clínicos de lesão hepática manifestam-se em 2–4 dias após a ingestão de doses tóxicas, como dor subcostal, hepatomegalia dolorosa, icterícia e coagulopatia. Pode ocorrer lesão renal. As anormalidades das enzimas hepáticas alcançam níveis máximos decorridas 72–96 horas da ingestão. Em casos não fatais, as lesões hepáticas são reversíveis após semanas ou meses (CAMPOS, G. C.; CAMPOS, G. S.; FERREIRA, 2018).

O quadro clínico da intoxicação pelo paracetamol apresenta três etapas, podendo chegar a uma quarta, resolutiva. Nas primeiras 24 horas, o paciente pode manifestar sintomas como leve mal-estar, náuseas, vômitos, palidez e epigastralgia, ou permanecer assintomático. Após 24 a 72 horas, o paciente pode continuar assintomático ou apresentar sintomas semelhantes à primeira etapa, ou ainda manifestar dor no hipocôndrio direito. Nas 72 horas a 5 dias, a manifestação da hepatotoxicidade se apresenta ao nível máximo, podendo se agravar para falência hepática aguda (CAMPOS, G. C.; CAMPOS, G. S.; FERREIRA, 2018).

O diagnóstico e o tratamento precoces da *overdose* de paracetamol são essenciais para otimizar o desfecho. Dos pacientes envenenados que não recebem tratamento específico, 10% desenvolvem lesão hepática grave, dos quais 10 a 20% posteriormente morrem de insuficiência hepática. O carvão ativado, quando ofertado até 4 horas após a ingestão, diminui a absorção de paracetamol em 50 a 90%, e é o método preferido de descontaminação gástrica (CAMPOS, G. C.; CAMPOS, G. S.; FERREIRA, 2018).

A N-acetil-cisteína (NAC) é indicada para quando ocorre risco de lesão hepática. O tratamento com NAC deve ser instituído em casos suspeitos de envenenamento por paracetamol, antes mesmo que a concentração sanguínea esteja disponível, sendo interrompido caso os resultados dos ensaios indiquem que o risco de hepatotoxicidade é baixo (CAMPOS, G. C.; CAMPOS, G. S.; FERREIRA, 2018).

Fitoterápicos

No início do século XX, os medicamentos eram obtidos de fontes naturais, e as fórmulas eram preparadas com prescrição médica, em farmácias, de modo artesanal, e disponibilizadas de forma controlada à população. Com o avanço da produção farmacêutica, os medicamentos começaram a ser produzidos em escala industrial. O ritmo na fabricação e na comercialização dos produtos farmacêuticos aumentou em decorrência do desenvolvimento econômico global (GONÇALVES *et al.*, 2017).

Muitas plantas medicinais apresentam substâncias que podem desencadear reações adversas, por seus próprios componentes ou pela presença de contaminantes ou adulterantes nas preparações fitoterápicas. Isso exige um rigoroso controle de qualidade desde o cultivo, colheita da planta e extração de seus constituintes até a elaboração do medicamento final (GONÇALVES *et al.*, 2017).

Em função disso, a hipersensibilidade é um dos efeitos colaterais mais comuns causado pelo uso de plantas medicinais. Ela pode variar de uma dermatite temporária (comum, por exemplo, entre os fitoquímicos) até um choque anafilático. São muito comuns as dermatites provocadas pelo contato com a planta. Esse efeito tem sido provocado, em grande parte, por cosméticos que apresentam, na sua formulação, extratos de plantas ou substâncias isoladas de fonte vegetal (COSTA; ALMEIDA, 2014).

A principal causa das intoxicações é a presença de alcaloides, cardiotônicos, glicosídeos cianogênicos, proteínas tóxicas, glicosídeos e furanocumarinas, oriundos de algumas espécies de plantas ornamentais. Para evitar acidentes, é necessário manter as crianças afastadas das plantas ornamentais, manipular os alimentos corretamente e não utilizar plantas medicinais sem o acompanhamento de profissionais habilitados (COSTA; ALMEIDA, 2014). Observe, no Quadro 2, alguns fitoterápicos utilizados no Brasil e suas informações toxicológicas.

Quadro 2. Informações toxicológicas de alguns fitoterápicos utilizados no Brasil

Fitoterápicos	Informações toxicológicas
Passiflora incarnata	Eventos adversos cardiovasculares e gastrintestinais após seu uso em doses terapêuticas por uma mulher jovem, os quais poderiam estar relacionados aos alcaloides e flavonoides presentes na formulação.
Ginkgo biloba	Pode agir como um potente inibidor do fator ativador de plaquetas, e seu uso crônico pode estar associado com o aumento no tempo de sangramento e com o risco de hemorragia espontânea.
Panax ginseng	Ocorrência de sangramento vaginal, mastalgia, alteração do estado mental. Também foi relatada síndrome de abuso por ingestão crônica, podendo ocorrer hipertensão, nervosismo, insônia, erupções cutâneas e diarreia matinal.
Hypericum perforatum	Fotossensibilidade.
Piper methysticum	Sensação adstringente e sedativa, seguida por relaxamento, com diminuição da fadiga e ansiedade. O consumo excessivo em doses elevadas leva a má nutrição, perda de peso, disfunções hepáticas e renais, entre outros.
Aloe vera L.	Ação nefrotóxica em doses altas. Não deve ser usada por via oral, pois o teor de seu princípio predominante é aumentado e pode causar severa crise de nefrite aguda.

(Continua)

(Continuação)

Fitoterápicos	Informações toxicológicas
Cynara scolymus L.	Seu efeito diurético poderá ser prejudicial quando utilizada com diuréticos, porque o volume sanguíneo poderá diminuir drasticamente, gerando quedas de pressão arterial por hipovolemia. Como a alcachofra atua na diurese, incluindo a excreção de potássio, existe a possibilidade de desencadeamento de níveis baixos de potássio na corrente sanguínea, gerando a hipocalemia.
Peumus boldo Molina	Inibição da agregação plaquetária decorrente da não formação do tromboxano A2

Fonte: Adaptado de Turolla e Nascimento (2006) e Bonil e Bueno ([2014?]).

Referências

ABREU, P. B.; BOLOGNESI, G.; ROCHA, N. Prevenção e tratamento de efeitos adversos de antipsicóticos. Revista Brasileira de Psiquiatria, v. 22, supl. 1, p. 41–44, 2000. Disponível em: https://doi.org/10.1590/S1516-44462000000500014. Acesso em: 17 out. 2020.

ANDREATINI, R.; BOERNGEN-LACERDA, R.; ZORZETTO FILHO, D. Tratamento farmacológico do transtorno de ansiedade generalizada: perspectivas futuras. Revista Brasileira de Psiquiatria, v. 23, n. 4, p. 233–242, 2001. Disponível em: https://doi.org/10.1590/S1516-44462001000400011. Acesso em: 17 out. 2020.

BARBOSA, M. P. L.; BONI, C. L. A.; ANDRADE, F. C. J. Conduta na intoxicação por anestésicos locais. Revista Médica Minas Gerais, v. 20, n. 4, supl. 1, p. S24–S30, 2010. Disponível em: http://rmmg.org/artigo/detalhes/1022. Acesso em: 17 out. 2020.

BONIL, L. N.; BUENO, S. M. Plantas medicinais: benefícios e malefícios. [S. l.: s. n., 2014?]. Disponível em: http://unilago.edu.br/revista-medicina/artigo/2017/10-plantas--medicinais-beneficios-e-maleficios.pdf. Acesso em: 17 out. 2020.

BOYER, E. W. Management of opioid analgesic overdose. The New England Journal of Medicine, v. 367, n. 2, p. 146–155, 2012. doi:10.1056/NEJMra1202561

BRASIL. Agência Nacional de Vigilância Sanitária. Resolução-RDC nº 96, de 17 de dezembro de 2008. Dispõe sobre a propaganda, publicidade, informação e outras práticas cujo objetivo seja a divulgação ou promoção comercial de medicamentos. Brasília: ANVISA, 2008. Disponível em: https://www.camara.leg.br/proposicoesWeb/prop_mostrarintegra?codteor=666066&filename=LegislacaoCitada+-PDC+1650/2009. Acesso em: 17 out. 2020.

CAMPOS, G. C. C. G.; CAMPOS, G. S.; FERREIRA, L. P. O uso da toxicologia clínica para diagnostico de intoxicações medicamentosas, ênfase no paracetamol. Revista Saúde em Foco, n. 10, p. 224–235, 2018. Disponível em: https://portal.unisepe.com.br/unifia/wp-content/uploads/sites/10001/2018/06/031_uso_da_toxicologia_clinica_para_diagnostico.pdf. Acesso em: 17 out. 2020.

COSTA, T. de O.; ALMEIDA, O. da S. O conhecimento popular e o risco de intoxicação por ervas medicinais. EFDeportes.com: Revista Digital, ano 19, n. 194, jul. 2014. Disponível em: https://www.efdeportes.com/efd194/o-risco-de-intoxicacao-por-ervas-medicinais.htm. Acesso em: 17 out. 2020.

DE JONGHE, F.; SWINKELS, J. A. The safety of antidepressants. Drugs, v. 43, n. 2, p. 40-47, 1992. doi:10.2165/00003495-199200432-00007

FONTELES, M. M. de F. et al. Reações adversas causadas por fármacos que atuam no sistema nervoso: análise de registros de um centro de farmacovigilância do Brasil. Archives of Clinical Psychiatry (São Paulo), v. 36, n. 4, p. 137–144, 2009. Disponível em: https://doi.org/10.1590/S0101-60832009000400003. Acesso em: 17 out. 2020.

GONÇALVES, C. A. et al. Intoxicação medicamentosa: relacionada ao uso indiscriminado de medicamentos. Revista Científica da Faculdade de Educação e Meio Ambiente, v. 8, n. 1, 135–143, 2017. Disponível em: http://www.faema.edu.br/revistas/index.php/Revista-FAEMA/article/view/449. Acesso em: 17 out. 2020.

GUIDONI, C. M. Estudo de utilização da varfarina em pacientes hospitalizados: análise do risco de interações medicamentosas e reações adversas. 2012. Tese (Doutorado em Ciências Farmacêuticas)- Universidade de São Paulo, Ribeirão Preto, 2012. Disponível em: https://teses.usp.br/teses/disponiveis/60/60137/tde-09012013-160634/publico/Tese_Simplificada.pdf. Acesso em: 17 out. 2020.

KLAASSEN, C. D.; WATKINS, J. B. Fundamentos em toxicologia de Casarett e Doull. 2. ed. Porto Alegre: AMGH, 2012. (Lange).

KRAYCHETE, D. C.; GARCIA, J. B. S.; SIQUEIRA, J. T. T. de. Recomendações para uso de opioides no Brasil: Parte IV. Efeitos adversos de opioides. Revista Dor, v. 15, n. 3, p. 215–223, 2014. Disponível em: https://doi.org/10.5935/1806-0013.20140047. Acesso em: 17 out. 2020.

LUIZ, G. H. R.; MEZZAROBA, L. Efeitos tóxicos de medicamentos decorrentes de erros de medicação. Ifarma, v. 20, nº 7/8, p. 18–27, 2008. Disponível em: http://revistas.cff.org.br/?journal=infarma&page=article&op=view&path%5B%5D=196&path%5B%5D=185. Acesso em: 17 out. 2020.

MELO, E. B. de; TEIXEIRA, J. J. V.; MANICA, G. C. M. Histórico das tentativas de liberação da venda de medicamentos em estabelecimentos leigos no Brasil a partir da implantação do Plano Real. Ciência & Saúde Coletiva, v. 12, n. 5, p. 1333–1339, 2007. Disponível em: https://doi.org/10.1590/S1413-81232007000500031. Acesso em: 17 out. 2020.

MORENO, R. A.; MORENO, D. H.; SOARES, M. B. de M. Psicofarmacologia de antidepressivos. Revista Brasileira de Psiquiatria, v. 21, supl. 1, p. 24–40, 1999. Disponível em: http://dx.doi.org/10.1590/S1516-44461999000500006. Acesso em: 17 out. 2020.

PAIVA, L. C. A.; CAVALCANTI, A. L. Anestésicos locais em odontologia: uma Revisão de Literatura. Publicatio UEPG: Ciências Biológicas e da Saúde, v. 11, n. 2, p. 35–42, 2005. Disponível em: https://www.revistas2.uepg.br/index.php/biologica/article/download/414/417/. Acesso em: 17 out. 2020.

PEREIRA, B. M.; FONSECA, M. O. Intoxicação anestésica: sinais, prevenção e tratamento. 2019. Trabalho de Conclusão de Curso (Graduação em Odontologia)- Universidade de Uberaba, Uberaba, 2019. Disponível em: https://repositorio.uniube.br/bitstream/123456789/999/1/INTOXICA%C3%87%C3%83O%20ANEST%C3%89SICA%20-%20SINAIS%2C%20PREVEN%C3%87%C3%83O%20E%20TRATAMENTO..pdf. Acesso em: 17 out. 2020.

RANG, H. et al. Rang & Dale: farmacologia. 8. ed. Rio de Janeiro: Elsevier, 2016.

RANGEL, N. L.; FRANCELINO, E. V. Caracterização do perfil das intoxicações medicamentosas no Brasil, durante 2013 a 2016. Id on Line: Revista Multidisciplinar e de Psicologia, v. 12, n. 42, p. 121–135, 2018. Disponível em: https://idonline.emnuvens.com.br/id/article/view/1302/0. Acesso em: 17 out. 2020.

RASIMAS, J. J.; LIEBELT, E. L. Adverse effects and toxicity of the atypical antipsychotics: what is important for the pediatric emergency medicine practitioner. Clinical Pediatric Emergency Medicine, v. 13, n. 4, p. 300–310, 2012. doi:10.1016/j.cpem.2012.09.005

ROBINSON, O. J. et al. The translational neural circuitry of anxiety. Journal of Neurology, Neurosurgery & Psychiatry, v. 90, p. 1353–1360, 2019. doi:10.1136/jnnp-2019-321400. Disponível em: https://jnnp.bmj.com/content/90/12/1353. Acesso em: 17 out. 2020.

SANTOS, D. T. dos; GARCIA, P. da C. Intoxicações medicamentosas por benzodiazepínicos. [S. l.: s. n., 2017?]. Disponível em: http://www.atenas.edu.br/uniatenas/assets/files/magazines/INTOXICACOES_MEDICAMENTOSAS_POR_BENZODIAZEPINICOS.pdf. Acesso em: 17 out. 2020.

SANTOS, F. C. Intoxicação anestésica: causa, efeito e tratamento. 2012. Trabalho de Conclusão de Curso (Graduação em Odontologia)- Universidade Estadual de Londrina, Londrina, 2012. Disponível em: http://www.uel.br/graduacao/odontologia/portal/pages/arquivos/TCC2012/FRANCIELLE%20CASTRO%20DOS%20SANTOS.pdf. Acesso em: 17 out. 2020.

SOUZA, W. G. de et al. Uma abordagem sobre casos de intoxicação por medicamentos anticonvulsivantes barbitúricos: fenorbabital. Revista da Faculdade de Educação e Meio Ambiente, v. 10, n. 1, p. 131–138, 2019. Disponível em: http://www.faema.edu.br/revistas/index.php/Revista-FAEMA/article/view/749. Acesso em: 17 out. 2020.

TUROLLA, M. S. dos R.; NASCIMENTO, E. de S. Informações toxicológicas de alguns fitoterápicos utilizados no Brasil. Revista Brasileira de Ciências Farmacêuticas, v. 42, n. 2, p. 289–306, 2006. Disponível em: https://doi.org/10.1590/S1516-93322006000200015. Acesso em: 17 out. 2020.

Fique atento

Os *links* para *sites* da *web* fornecidos neste capítulo foram todos testados, e seu funcionamento foi comprovado no momento da publicação do material. No entanto, a rede é extremamente dinâmica; suas páginas estão constantemente mudando de local e conteúdo. Assim, os editores declaram não ter qualquer responsabilidade sobre qualidade, precisão ou integralidade das informações referidas em tais *links*.

Toxicologia social

Ana Paula Toniazzo

OBJETIVOS DE APRENDIZAGEM

> Conceituar os aspectos associados à homeostase da drogadição.
> Descrever critérios para o diagnóstico de dependência.
> Relacionar dependência e síndrome de abstinência.

Introdução

Neste capítulo, você vai estudar aspectos da toxicologia social, incluindo a homeostase da drogadição, que envolve os processos encefálicos de adaptação como consequência do uso prolongado de drogas. O tema da dependência será bastante discutido, desde seu conceito até fatores que podem influenciar no seu desenvolvimento. Você vai ver como é realizado o diagnóstico correto dos pacientes como dependentes, a partir dos critérios internacionais utilizados para essa classificação, e quais são os fatores que podem influenciar no desenvolvimento da dependência, entre eles fatores genéticos e traços de personalidade. Também vai ver os mecanismos encefálicos e moleculares envolvidos; a compreensão desses mecanismos permite entender como acontecem os estágios da dependência. Por fim, você vai ler sobre a relação entre dependência e síndrome de abstinência, duas consequências bastante importantes para os usuários de drogas e fármacos.

Drogadição

Dentro da toxicologia social, a origem da palavra **drogadição** está na tradução da palavra em inglês ***drug addiction***, que também pode ser traduzida como **adição às drogas**. A palavra **adição** significa "submissão a um dono", que, nesse caso, é a droga. A adição é uma espécie de relação de escravidão, de exclusividade entre o indivíduo e outro objeto qualquer. Por exemplo, se alguém consome demasiadamente comida, pode ser classificado como adicto a ela. A drogadição é um tipo de adição que está associada com uma relação de submissão, de escravidão do indivíduo exclusivamente com a droga (SCHIMITH; MURTA; QUEIROZ, 2019).

A drogadição é considerada um transtorno crônico, sujeito a recaídas, caracterizado pela compulsão de buscar e receber drogas, pela incapacidade de controlar a ingestão de drogas e pelo surgimento de um estado emocional negativo de irritabilidade, ansiedade e disforia (inquietude), quando seu acesso é impedido (KOOB; VOLKOW, 2016).

O uso de drogas geralmente inicia por uma escolha voluntária do indivíduo, e o uso prolongado dessas substâncias causa modificações anatômicas e fisiológicas no cérebro. Existem dois modelos neurobiológicos que tentam explicar a fisiologia da dependência: o sistema de recompensa e as neuroadaptações.

O **sistema de recompensa** também é conhecido como **sistema mesolímbico-mesocortical**. Esse sistema tem origem na área tegmentar ventral (ATV) e se projeta para o núcleo *accumbens* (NAc), o córtex pré-frontal e o sistema límbico. O sistema límbico envolve questões emocionais e, portanto, está mais relacionado à recompensa (WORLD HEALTH ORGANIZATION, 2004, tradução nossa). O sistema de recompensa tem como função principal manter a sobrevivência do indivíduo. Dessa forma, algumas recompensas naturais, como alimento, água, sexo e maternidade, são associadas à sensação de felicidade no encéfalo. Esse estado de felicidade, por sua vez, funciona como um reforçador, induzindo o indivíduo a repetir o comportamento de busca desses mesmos fatores. A maioria das drogas e fármacos pode ativar esse mesmo sistema (OGA, 2008).

As **neuroadaptações** são modificações no sistema nervoso que acontecem por consequência do uso prolongado de qualquer substância. Tais modificações acabam repercutindo no surgimento dos comportamentos de busca, assim como nos sintomas de abstinência. A neuroadaptação é um mecanismo fisiológico que busca o equilíbrio ou homeostase, e tem como objetivo retomar o funcionamento original do sistema nervoso, tornando-o mais resistente à presença constante da droga ou fármaco. Como consequência das neuroadaptações estão o desenvolvimento da tolerância e da síndrome de abstinência associada à substância que é utilizada frequentemente.

O processo de modificação neuroadaptativa pode ser de prejuízo ou de oposição, acompanhe (RIBEIRO, LARANJEIRA, MESSAS, 2006):

- **Neuroadaptação de prejuízo:** envolve mecanismos que dificultam a ação da droga/fármaco nas células, repercutindo em uma redução dos seus efeitos. Esse processo acontece partir da redução do número ou da sensibilidade dos receptores (*downregulation*), ou então devido ao aumento da metabolização e eliminação da substância. Com essas alterações, a quantidade habitual de droga/fármaco consumida não causará mais os efeitos positivos esperados pelo usuário, que necessitará de doses maiores que ultrapassem as barreiras neurobiológicas impostas pelo organismo. O aumento da dose induzirá uma nova neuroadaptação, resultando em outro aumento de dose, e assim sucessivamente.
- **Neuroadaptação de oposição:** embora também possa causar tolerância, a neuroadaptação de oposição está associada à síndrome de abstinência nos dependentes de drogas/fármacos de abuso. Ela é baseada em um mecanismo que tenta derrotar os efeitos da droga/fármaco por meio de forças de oposição celulares. Essa modificação leva a um desequilíbrio no sistema nervoso central (SNC) com a retirada da droga/fármaco, que causa um tipo de desconforto oposto ao efeito da droga utilizada. Esses sintomas permanecem até que o organismo consiga recuperar o equilíbrio original, sem a presença da droga (RIBEIRO, LARANJEIRA, MESSAS, 2006).

Exemplo

Os efeitos originais dos sedativos incluem a redução da ansiedade e agressividade, sedação e indução do sono, redução do tônus muscular e da coordenação; no entanto, usuários com síndrome de abstinência para esses fármacos apresentam inquietação, insônia, aceleração do pensamento e confusão mental. Já os efeitos originais dos estimulantes são dilatação da pupila, aceleração dos batimentos cardíacos, aumento da pressão arterial e perda do sono; usuários com síndrome de abstinência para esses fármacos apresentam quadros depressivos, lentidão psicomotora e aumento do sono.

Os principais fármacos ou drogas que estão associados à dependência são classificados da seguinte maneira (OGA, 2008):

- **Opiáceos:** heroína, morfina e codeína.
- **Estimulantes:** cocaína, anfetamina, cafeína.
- **Depressores do SNC:** barbitúricos, benzodiazepínicos, etanol e inalantes.
- **Tabaco:** nicotina.
- **Cannabis:** delta-9-tetrahidrocanabinol (Δ9-THC).
- **Psicodélicos (alucinógenos):** dietilamida do ácido lisérgico (LSD), psilocibina, mescalina.

Fique atento

Essa classificação considera apenas a capacidade de a droga/fármaco induzir dependência, então as substâncias no mesmo grupo apresentam características comuns de mecanismos e efeitos. Geralmente, é usada a expressão **drogas de abuso** para designar essas substâncias, mas essa é uma expressão equivocada, pois nessa classificação também estão incluídas drogas e fármacos lícitos (etanol, cafeína e nicotina) (OGA, 2008).

O uso abusivo de drogas lícitas e ilícitas é um grande problema mundial, sendo classificado pela Organização Mundial da Saúde (OMS) como uma patologia crônica e recorrente, com consequências pessoais e sociais devastadoras (ABREU, 2006). Contrário à finalidade de transcendência nos rituais da antiguidade, atualmente o consumo de drogas/fármacos, envolve a busca do prazer, o alívio imediato do desconforto físico, psíquico ou de pressão social.

As drogas e fármacos estão presentes em todas as camadas da sociedade, ameaçando valores políticos, econômicos e sociais. Elas contribuem para o aumento dos gastos em saúde, elevam os acidentes de trânsito e aumentam os índices de violência urbana e de mortes prematuras com repercussão na economia e na sociedade (BARROS *et al.*, 2008).

O uso abusivo de substâncias, sejam lícitas, sejam ilícitas, causa alterações que podem causar prejuízos à saúde assim como causar dependência e destruição física, psicológica e social na vida do usuário e de seus familiares. Os familiares de usuários sofrem por dois motivos: devido à questão afetiva com o usuário e também à culpa por serem responsáveis pela formação dos filhos, estando ligados ao seu desenvolvimento saudável ou doentio (MEDEIROS et al., 2013). No caso familiar, o adoecimento dos filhos pode gerar um desequilíbrio em toda estrutura familiar, tornando comuns os conflitos emocionais, depressão, sentimento de medo e preocupações financeiras (MARUITI; GALDEANO; FARAH, 2008).

Dependência de drogas

A dependência de drogas e/ou de fármacos é considerada uma síndrome comportamental que acontece quando o indivíduo perde a capacidade de controlar, de forma voluntária, o consumo dessas substâncias. O indivíduo perde a capacidade de consumir apenas ocasionalmente e de forma controlada o fármaco/droga e passa a usar essas substâncias compulsivamente. A dependência acontece por consequência de modificações cerebrais causadas por essas substâncias. No entanto, a dependência varia entre os indivíduos, por isso nem todo usuário de fármacos ou drogas de abuso necessariamente irá se tornar dependente (OGA, 2008).

Fique atento

A dependência não depende da escolha, da vontade ou da moral, ela é uma doença crônica, incurável, sujeita à recaída e que induz o indivíduo ao uso compulsivo e sem controle da droga de abuso. A compulsão e a falta de controle podem levar o dependente a não ter medo de contrair outras patologias, como HIV. O objetivo de vida do dependente passa a ser obter e consumir o fármaco/droga. Como consequência, o dependente se afasta da família e amigos, tem prejuízos no trabalho ou na escola, podendo se envolver em situações que levem a problemas com a justiça (OGA, 2008).

Critérios para o diagnóstico de dependência

O diagnóstico de dependência acontece baseado em alguns critérios estabelecidos pela *Classificação Internacional de Doenças* (CID-10), elaborada pela OMS, e pelo *Manual Diagnóstico e Estatístico de Transtornos Mentais* (DSM-5, *Diagnostic and Statistical Manual of Mental Desorders*), elaborado pela Associação Americana de Psiquiatria (APA). Esses critérios foram criados para auxiliar os profissionais da saúde a classificar os problemas relacionados ao uso de substâncias. No Brasil, o critério adotado pelo Sistema Único de Saúde (SUS) é a CID-10, que contempla todas as doenças, incluindo os transtornos mentais.

Segundo a CID-10, um indivíduo somente pode ser diagnosticado definitivamente como dependente quando apresentar três ou mais dos seguintes critérios, ocorrendo em qualquer momento no período de 12 meses (AMERICAN PSYCHIATRIC ASSOCIATION , 2013):

- Forte desejo ou compulsão para consumir a substância.
- Dificuldades em controlar o comportamento de consumir a substância, em termos de início, término e níveis de consumo.
- Estado de abstinência fisiológica quando o uso da substância cessou ou foi reduzido, evidenciado pela síndrome de abstinência de uma substância específica, ou quando se faz o uso da mesma substância com a intenção de aliviar ou evitar sintomas de abstinência.
- Evidência de tolerância, quando o uso de doses crescentes da substância psicoativa é requerido para alcançar efeitos originalmente produzidos por doses mais baixas.
- Abandono progressivo de prazeres e interesses alternativos em favor do uso da substância psicoativa. Aumento, também, da quantidade de tempo necessário para obter ou ingerir a substância, assim como para se recuperar de seus efeitos.
- Persistência no uso da substância, a despeito de evidência clara de consequências nocivas, como danos ao fígado por consumo excessivo de bebidas alcoólicas; estados de humor depressivos; períodos de consumo excessivo da substância; comprometimento do funcionamento cognitivo etc. Nesse caso, deve-se fazer esforço para determinar se o usuário estava realmente (ou se poderia esperar que estivesse) consciente da natureza e extensão do dano.

O DSM-5 contempla apenas os transtornos mentais e é mais utilizado em centros de pesquisa. Segundo o DSM-5, o indivíduo pode ser classificado como dependente se manifestar pelo menos dois dos seguintes critérios no período de 12 meses (AMERICAN PSYCHIATRIC ASSOCIATION, 2014):

- Tolerância causada pela necessidade de quantidades progressivamente maiores da substância para atingir a intoxicação ou o efeito desejado, ou pela acentuada redução do efeito com o uso continuado da mesma quantidade de substância.

- Síndrome de abstinência manifestada pela síndrome de abstinência característica para a substância, ou a mesma substância (ou uma substância estreitamente relacionada) é consumida para aliviar ou evitar sintomas de abstinência.
- Desejo persistente ou esforços malsucedidos no sentido de reduzir ou controlar o uso da substância.
- A substância é frequentemente consumida em maiores quantidades ou por um período mais longo do que o pretendido.
- Muito tempo é gasto em atividades necessárias para a obtenção da substância, na utilização ou na recuperação de seus efeitos.
- Problemas legais recorrentes relacionados ao uso de substâncias.
- Uso recorrente da substância, resultando no fracasso em desempenhar papéis importantes no trabalho, na escola ou em casa.
- Uso continuado da substância, apesar de problemas sociais e interpessoais persistentes ou recorrentes, causados ou exacerbados por seus efeitos.
- Importantes atividades sociais, profissionais ou recreacionais são abandonadas ou reduzidas em virtude do uso da substância.
- Uso recorrente da substância em situações nas quais representa perigo para a integridade física.
- O uso da substância é mantido apesar da consciência de ter um problema físico ou psicológico persistente ou recorrente, que tende a ser causado ou exacerbado por esse uso.

Acompanhe no Quadro 1 um resumo dos critérios diagnósticos da CID-10 e do DSM-5.

Quadro 1. Comparação entre os critérios de diagnóstico da CID-10 e do DSM-5

CID-10	DSM-5
A tolerância acontece quando doses crescentes da substância são requeridas para alcançar efeitos originalmente produzidos por doses mais baixas (**tolerância**).	A tolerância é definida como: - Necessidade de quantidades progressivamente maiores da substância para atingir intoxicação ou o efeito desejado. - Grande redução do efeito com o uso continuado da mesma dose da substância.

(Continua)

(Continuação)

CID-10	DSM-5
Forte desejo ou compulsão para consumir a substância (**compulsão**).	Fissura, forte desejo ou necessidade de usar a substância.
Dificuldade em controlar o comportamento de consumir a substância, no início e no término, e os níveis de consumo (**perda de controle**).	A substância é frequentemente consumida em grandes quantidades ou por um período mais longo do que o pretendido. Existe um esforço persistente ou esforços malsucedidos no sentido de controlar o uso da substância (**perda de controle**).
Estado de abstinência fisiológico quando o uso da substância cessou ou foi reduzido, como evidenciado por síndrome de abstinência para a substância ou uso da mesma substância (ou de uma semelhante) com a intenção de aliviar ou evitar os sintomas de abstinência (**síndrome de abstinência**).	A síndrome de abstinência é manifestada por: ■ Síndrome de abstinência exclusiva para a substância. ■ A mesma substância (ou substância semelhante) é consumida para aliviar ou evitar sintomas de abstinência (**síndrome de abstinência**).
Abandono progressivo de prazeres e interesses alternativos em favor do uso da substância psicotrópica, aumento da quantidade de tempo necessário para se recuperar dos efeitos (**negligência de atividades e tempo gasto**).	Importantes atividades sociais, ocupacionais ou recreacionais são abandonadas ou reduzidas devido ao uso da substância (**negligência de atividades**). Muito tempo gasto em atividades necessárias para a obtenção da substância, na utilização da substância ou na recuperação de seus efeitos (**tempo gasto**).
Persistência no uso da substância, a despeito de evidência clara de consequências claramente nocivas. Deve-se fazer esforços para determinar se o usuário estava realmente consciente da natureza e extensão do dano (**uso apesar de prejuízo**).	O uso da substância continua apesar da consciência de ter um problema físico ou psicológico persistente ou recorrente que tende a ser causado ou exacerbado por ela (por exemplo, consumo continuado de bebidas alcoólicas, embora o indivíduo reconheça que uma úlcera piorou pelo consumo de álcool (**uso apesar de prejuízo**).

Fonte: Adaptado de Neurobiologia... (c2016).

Fatores que influenciam no desenvolvimento da dependência de drogas e fármacos

A dependência de drogas/fármacos acontece por alterações cerebrais provocadas por essas substâncias. Tais alterações podem ser influenciadas por questões multifatoriais, ambientais, sociais, culturais, educacionais, comportamentais e genéticas (OGA, 2008), como você pode ver na Figura 1. Evidências têm mostrado que esse transtorno tem forte influência do **fator genético**: cerca de 40 a 60% da propensão à dependência está associada a ele. Estudos ressaltam que a chance de um indivíduo que tem familiares dependentes se tornar dependente pode ser quatro vezes maior quando comparado à população geral.

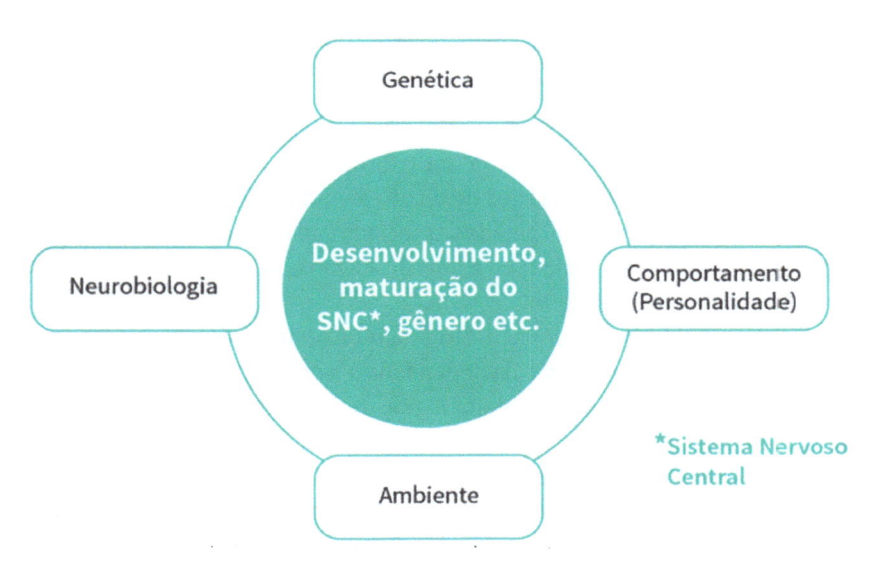

Figura 1. Fatores associados ao desenvolvimento da dependência de drogas.
Fonte: Adaptada de Neurobiologia... (c2016).

Exemplo

Filhos de pais alcoólicos têm maior probabilidade de desenvolver alcoolismo, mesmo quando adotados ao nascer por pais não alcoólicos (OGA, 2008). Estudos envolvendo a adoção mostram que a prevalência de alcoolismo é maior em filhos cujos pais biológicos apresentam o mesmo problema (RIBEIRO, LARANJEIRA, MESSAS, 2006).

Outro fator que pode definir o grau de propensão à dependência são os **traços de personalidade**. Existe uma grande correlação entre traços de personalidade de "busca de novidade" e "busca de sensação impulsiva" com a dependência. Esses traços são reconhecidos em indivíduos que constantemente buscam novidade, sensações intensas e que estão dispostos a correr riscos físicos, sociais, legais e financeiros associados à impulsividade (OGA, 2008).

A "busca de novidade" é um traço de personalidade bastante observado em adolescentes, por isso, nessa fase, existe uma maior propensão à dependência. Evidências mostram que a neuroadaptação ocorrida devido à exposição a nicotina e canabinoides durante a adolescência é diferente da que acontece durante a idade adulta (OGA, 2008). Além disso, indivíduos que sofrem de transtornos como depressão, ansiedade e esquizofrenia têm maior propensão ao uso de fármacos e drogas de abuso e, por consequência, à dependência.

O inverso também é verdadeiro: usuários de drogas/fármacos e dependentes têm maior probabilidade de desenvolver patologias mentais comparados ao resto da população. Adicionalmente, algumas comorbidades podem surgir em indivíduos que têm algum transtorno mental, como depressão ou esquizofrenia, e que são usuários de nicotina e etanol (OGA, 2008). Ou seja, o desenvolvimento de comorbidades associadas ao uso de drogas/fármacos e à dependência está relacionado a uma interação entre fatores ambientais, genéticos e neurobiológicos.

A **disponibilidade** do fármaco/droga é o fator ambiental que mais tem influência no desenvolvimento da dependência, então, quanto maior a disponibilidade dessas substâncias, maior o grau de dependência. Nesse sentido, as classes econômicas menos favorecidas e o menor suporte familiar também são considerados fatores que influenciam no uso de drogas/fármacos. Outro fator ambiental associado ao uso de drogas de abuso é o **estresse**. Fisiologicamente, o estresse agudo e crônico induz a uma liberação aumentada de glicocorticoides, que, por sua vez, induzem a maior liberação de dopamina pelo núcleo *accumbens* (OGA, 2008).

Potencial de reforço de drogas e fármacos

O potencial de reforço de uma droga ou fármaco pode influenciar no desenvolvimento da dependência. A autoadministração de um fármaco/droga de forma repetida, sem que existam mecanismos externos (personalidade, psicopatologia preexistente, situação socioeconômica e pressão de companheiros de grupo) que induzam ao uso, é chamada de **potencial de reforço**.

Cada fármaco/droga apresenta um potencial diferente de produzir prazer. Aqueles que produzem de forma mais rápida e intensa têm maior potencial de reforço e de causar dependência, por estimularem a autoadministração repetida (OGA, 2008). Experimentos com a administração de drogas em animais observaram que, entre os fármacos classificados com grande potencial de reforço, estão nicotina, cocaína, heroína e morfina, seguidos de anfetamina, etanol, solventes e barbitúricos. Os benzodiazepínicos, a metaqualona e a glutetimida têm resposta moderada. Os canabinoides (Δ9-THC) têm potencial de reforço menor. O LSD e a mescalina são considerados aversivos e não causam autoadministração. Quanto mais rápido o fármaco fornecer efeito reforçador, maior a chance de se desenvolver consumo repetido (OGA, 2008).

A via de administração também influencia na velocidade do reforço. Fármacos administrados por via intravenosa (IV) atingem rapidamente o encéfalo, enquanto os administrados por via pulmonar (nicotina e Δ9-THC), após inalados, atingem rapidamente a circulação e o cérebro. Fármacos e drogas inalados têm uma intensidade de reforço menor do que os administrados por via IV, pois parte é exalada junto à fumaça. Quando a droga/fármaco é administrada por via intranasal (cocaína) o efeito é menos intenso do que a administração intravenosa ou pulmonar, por apresentar absorção nas mucosas nasais antes de atingir a circulação. A via oral é a mais lenta, por demorar para atingir a circulação e também porque o fármaco passa por processos de biotransformação pelas enzimas estomacais, intestinais e hepáticas (OGA, 2008).

Relação entre dependência e síndrome de abstinência

A dependência e a síndrome de abstinência são manifestações diferentes e, portanto, não podem ser confundidas. Na **dependência**, o indivíduo perde a capacidade de controlar voluntariamente o consumo de drogas e fármacos, passando a usar esses compostos de forma compulsiva, voltada ao alívio ou para evitar sintomas de abstinência. Por outro lado, a **síndrome de abstinência** é caracterizada por manifestações físicas causadas pela falta da droga ou fármaco. Nesse contexto, é possível que o indivíduo seja dependente sem que tenha síndrome de abstinência, assim como é possível que tenha a síndrome sem ter a dependência.

> **Exemplo**
>
> É possível ser dependente de cocaína ou etanol e não apresentar sintomas de abstinência entre as ocasiões de uso. Pacientes dependentes que passaram por tratamentos em clínicas de reabilitação e que estão há muito tempo sem usar drogas ou fármacos podem ter episódios de recaída mesmo sem ter nenhum sintoma de abstinência (OGA, 2008).
>
> De forma inversa, o uso em longo prazo da morfina ou de benzodiazepínicos pode causar sintomas de abstinência quando seu uso é interrompido; no entanto, os pacientes não podem ser classificados como dependentes a esses fármacos, por não apresentarem comportamento compulsivo para consumi-los.
>
> Interessantemente, alguns fármacos que não induzem à dependência podem causar síndrome de abstinência. O propranolol, por exemplo, é um medicamento bastante eficaz, usado para tratar a hipertensão; entretanto, sabe-se que, quando sua administração é interrompida bruscamente, ocorre uma elevação na pressão arterial maior do que a do início do tratamento (OGA, 2008).

A administração de drogas e fármacos de forma prolongada induz a adaptações no cérebro e em outros tecidos. Essas adaptações são moduladas pelo estimulo de processos fisiológicos que contrapõem os efeitos causados por esses compostos, processo conhecido como **contra adaptação**. Sabe-se que o etanol, os barbitúricos e os benzodiazepínicos, por exemplo, são caracterizados por serem depressores da excitabilidade neuronal, por provocarem mudanças no fluxo de íons e causarem prejuízos na liberação de neurotransmissores.

No caso de um processo de adaptação, para contrabalançar os efeitos desses fármacos, podem ocorrer alterações na membrana celular, que causam um aumento da excitabilidade neuronal e, por consequência, um maior fluxo de íons e uma maior facilidade na liberação de neurotransmissores (OGA, 2008). No entanto, com a retirada desses fármacos, essas alterações podem persistir e dar origem a uma hiperexcitabilidade de rebote, que consiste em uma síndrome de abstinência. Essas manifestações físicas podem incluir desde tremores, sonolência, irritabilidade e alucinações até convulsões.

A intensidade da síndrome de abstinência é diretamente proporcional às mudanças adaptativas que foram induzidas pelo uso de determinada droga ou fármaco. A morfina, por exemplo, normalmente induz à diminuição na motilidade gastrointestinal e provoca miose (constrição da pupila). Em uma situação de abstinência de morfina, ocorre hipermotilidade intestinal, diarreia e midríase (dilatação da pupila).

Outro fator que influencia na intensidade da síndrome de abstinência é o tempo de ação de determinada droga ou fármaco. Ou seja, se a substância possuir ação lenta e agir por tempo prolongado, os sintomas de abstinência são menos intensos, se comparados à uma droga ou fármaco com ação rápida e intensa. A ação lenta de um composto permite uma readaptação fisiológica do organismo, reduzindo assim os sintomas de abstinência (OGA, 2008).

Fique atento

Tanto a tolerância quanto a síndrome de abstinência são causadas por alterações adaptativas reversíveis como consequência do uso de drogas e fármacos, e não determinam o desenvolvimento de dependência (OGA, 2008).

Tolerância de drogas e fármacos

O consumo em longo prazo de diversas drogas e fármacos pode desencadear o fenômeno da tolerância. Esse fenômeno acontece quando o fármaco/droga consumido não apresenta mais o mesmo efeito, apesar da dose usada ser a mesma, ou então, quando é necessário o aumento da dose para alcançar o mesmo efeito. A tolerância pode ser classificada nos seguintes tipos (OGA, 2008):

- **Tolerância natural:** está relacionada com a determinação genética da sensibilidade ou falta de sensibilidade a uma droga/fármaco. Esse tipo de tolerância é observado na primeira vez em que a substância é consumida, ou seja, cada organismo nasce com um grau de tolerância já determinado.
- **Tolerância farmacodinâmica:** está associada à necessidade de doses maiores de drogas/fármacos nos sítios de ação para que se tenha efeitos de mesma intensidade e duração, comparados aos obtidos normalmente. Essa tolerância ocorre como consequência da ação das substâncias sobre o sistema de recompensa, as quais podem causar mudanças adaptativas importantes, como alterações na densidade e sensibilidade dos receptores de neurotransmissores.

- **Tolerância farmacodinâmica aguda ou taquifilaxia:** é uma forma de tolerância farmacodinâmica que se desenvolve rapidamente, por meio de doses repetidas em uma única vez. Acontece quando o indivíduo faz uso de uma grande quantidade da droga/fármaco em pouco tempo, algo também conhecido como *binge*. Como exemplo, o uso de cocaína acontece de forma repetida em intervalos de 1 hora ou mais, e a resposta à droga diminui nas doses subsequentes.
- **Tolerância metabólica, farmacocinética ou disposicional:** esta tolerância acontece quando, após o uso repetido, uma substância sofre modificações em suas propriedades farmacocinéticas no organismo. Como resultado da ativação de sistemas encontrados no fígado, como o citocromo P-450 (CYP), essas substâncias passam a ser encontradas em pequenas concentrações no sangue e em sítios de ação. Por consequência, é necessário que uma dose maior da droga/fármaco seja administrada para se obter as mesmas concentrações desta no sangue e no cérebro, pelo mesmo espaço de tempo. Por exemplo, o uso de barbitúricos induz a maior síntese de enzimas do fígado; essas enzimas, por sua vez, causam transformações farmacocinéticas nos barbitúricos, que acabam apresentando menores concentrações no sangue e menor efeito.
- **Sensibilização ou tolerância reversa:** está relacionada ao aumento do efeito ou da resposta de uma droga/fármaco após o uso repetido. Existem evidências provindas de estudos mostrando que a administração repetida de fármacos ou drogas estimulantes psicomotoras podem tornar o sistema mesolímbico dopaminérgico mais sensível. Os estudos demonstram que a administração intermitente e repetida de substâncias estimulantes psicomotoras, como anfetamina, cocaína, metilfenidato, morfina, fenciclidina, fencanfamina, *ecstasy*, nicotina e etanol podem causar uma sensibilização persistente em animais de laboratório. Ou seja, esses animais podem permanecer hipersensíveis aos efeitos dessas substâncias por meses ou anos.
- **Tolerância cruzada:** acontece quando um indivíduo tolerante a um fármaco ou droga específica desenvolve tolerância a outra substância.
- **Tolerância cruzada farmacodinâmica:** acontece quando os dois fármacos ou drogas fazem efeitos por mecanismos farmacológicos semelhantes. Dessa forma, quando um dos fármacos sofre alterações adaptativas, possivelmente vai induzir a tolerância do outro fármaco. Nesse sentido, quem desenvolve tolerância ao etanol também desenvolve tolerância

aos barbitúricos e benzodiazepínicos, pois ambos são depressores do SNC.
- **Tolerância cruzada metabólica:** as enzimas do fígado citocromo P-450 (CYP) agem sobre vários compostos, então, a biotransformação de um fármaco induzida por essas enzimas pode induzir à biotransformação de vários outros compostos. Esse processo acontece especialmente com compostos cujos efeitos são causados por mecanismos semelhantes. Portanto, indivíduos que são mais tolerantes ao etanol podem biotransformar mais rapidamente os barbitúricos e ser mais tolerantes a eles. Os indivíduos mais tolerantes ao etanol também são mais tolerantes aos anestésicos gerais inalatórios (éter, clorofórmio e halotano).
- **Tolerância condicionada:** considerada ambiente-específica, ou seja, é uma tolerância que se desenvolve quando o fármaco ou droga é administrado após determinado estímulo ambiental, como, por exemplo, o odor durante o preparo da droga ou a visão dos objetos usados para administração da droga. Tais estímulos induzem às adaptações fisiológicas do organismo do usuário mesmo antes de a droga ou fármaco chegar ao sítio de ação. O mecanismo de tolerância acontece porque, nessa situação, a droga é esperada, não é uma novidade. Se a mesma for recebida de forma inesperada, a tolerância acaba sendo reduzida e os efeitos são aumentados.

Exemplo

A dietilamida do LSD (extraída de um fungo do centeio), a psilocibina (extraída de cogumelos alucinógenos) e a mescalina (extraída de um cato) são substâncias alucinógenas que foram muito usadas durante o movimento *hippie* na década de 1960. O LSD apresenta tolerância cruzada farmacodinâmica tanto com a mescalina quanto com a psilocibina. Outro exemplo de tolerância cruzada farmacodinâmica é a da morfina com o opiáceo sintético meperidina (analgésico) e com o opiáceo semissintético heroína.

Sistema de recompensa

As drogas de abuso atuam ativando o mesmo sistema de recompensa que os estímulos naturais (consumo de alimentos, relação sexual). Embora cada droga de abuso tenha mecanismos de ação particulares, todas elas atuam na mesma região do encéfalo: o sistema de recompensa encefálico (OGA, 2008).

O **sistema mesolímbico dopaminérgico** é formado por circuitos neuronais responsáveis por reforçar tanto ações positivas quanto negativas (FORMIGONI et al., 2017). Esse sistema é composto por neurônios dopaminérgicos da área tegmentar ventral (ATV), que projetam seus axônios para núcleo *accumbens* (NAc), amígdala, hipocampo, córtex frontal e *pallidum* ventral. Especialmente os neurônios que se projetam para o NAc formam o centro do sistema de recompensa (OGA, 2008), como ilustrado na Figura 2.

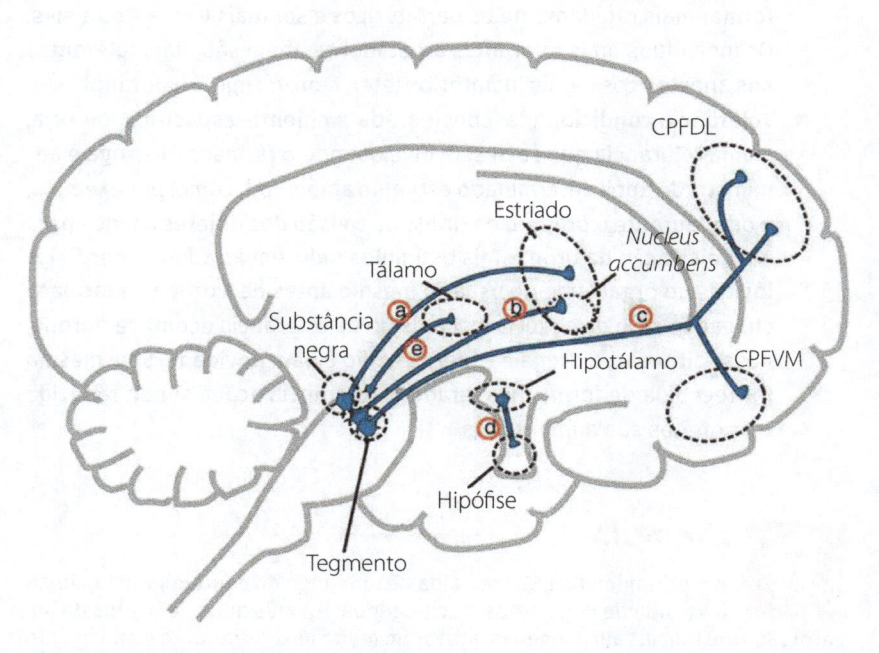

Figura 2. Sistema mesolímbico dopaminérgico.
Fonte: Adaptada de Stahl ([2015], tradução nossa).

Quando o indivíduo experimenta um estímulo prazeroso, seja pelo consumo de um alimento, seja pela atividade sexual, por olhar uma paisagem bonita ou escutar uma música, acontece um aumento de dopamina, um importante neurotransmissor do SNC, no NAc (OGA, 2008). No caso do uso de drogas/fármacos, a ação dessas substâncias sobre neurônios dopaminérgicos induz à elevação da liberação de dopamina no NAc, de forma brusca e exacerbada. Esse aumento exacerbado de dopamina no NAc funciona como um sinal reforçador, que causa sensações de prazer e recompensa, fazendo com que a busca pela droga/fármaco seja mais provável (FORMIGONI et al., 2017).

Algumas drogas também produzem seus efeitos recompensadores por mecanismos independentes da dopamina. Os opiáceos, por exemplo, ativam a transmissão dopaminérgica para o NAc por meio do ATV, mas também através de receptores opioides em neurônios localizados no NAc. O uso repetido de drogas/fármacos causa um processo de reorganização na via ATV–NAc, induzindo estados patológicos relacionados com a dependência (KALIVAS, 2005).

Mecanismos moleculares da dependência

As alterações comportamentais observadas nos quadros de dependência, como perda de controle e compulsão, desenvolvem-se de forma progressiva durante os episódios repetidos de administração das drogas ou fármacos. Esses comportamentos são duradouros, podendo permanecer por meses e até anos após a retirada da substância (OGA, 2008).

Essa estabilidade das anormalidades comportamentais, que caracterizam a dependência, está relacionada com alterações na expressão gênica: o uso repetido de drogas e fármacos de abuso pode causar alterações tanto na quantidade quanto no tipo de genes expressos em regiões específicas do encéfalo. Consequentemente, pode levar a mudanças na síntese de proteínas nesses locais. Como essas proteínas podem afetar a função neuronal, acabam repercutindo em alterações no comportamento do indivíduo (OGA, 2008).

A administração repetida de drogas/fármacos pode modificar a expressão gênica no encéfalo, principalmente, por meio da regulação da transcrição gênica. A transcrição e a expressão dos genes neurais são controladas por diversos fatores de transcrição, sendo que o CREB — elemento ligado à proteína responsiva ao monofosfato de adenosina cíclico (AMPc) — e ΔFosB estão diretamente ligados com a dependência.

O CREB é um fator de transcrição que se liga ao DNA, promovendo aumento ou diminuição na velocidade da transcrição gênica de algumas proteínas. A sinalização envolvendo o CREB acontece da seguinte maneira: um sinal que chega à superfície da célula ativa seu receptor correspondente, que ativa a produção de um segundo mensageiro, como o AMPc, que, por sua vez, ativa uma proteína cinase. Essa proteína se mobiliza até o núcleo da célula e ativa a proteína CREB por fosforilação. O CREB fosforilado se liga a sítios específicos no DNA e ativa a transcrição de genes (OGA, 2008). Veja esse processo ilustrado na Figura 3.

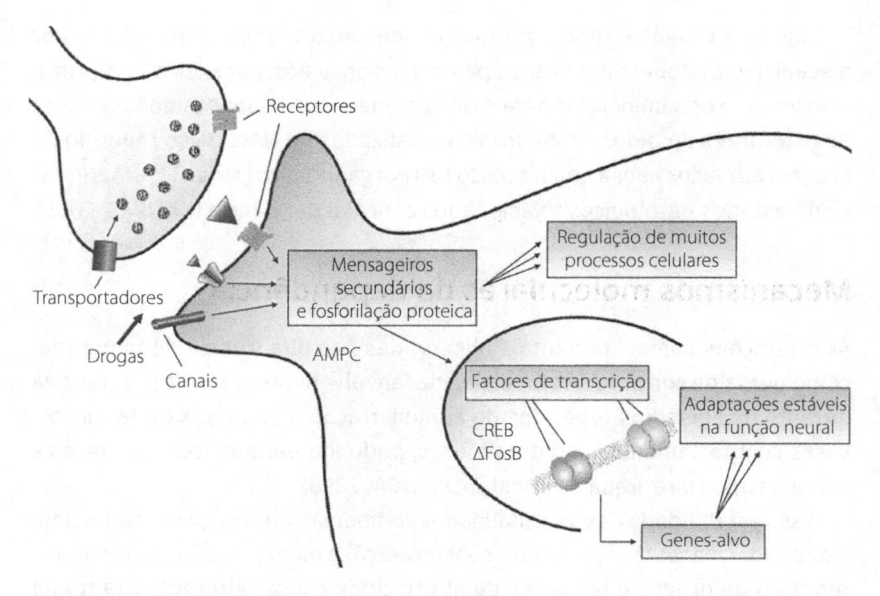

Figura 3. Mecanismo molecular da dependência.
Fonte: Adaptada de Nestler (2012, tradução nossa).

O uso de diversas drogas e fármacos de abuso estimulam a via do AMPc, que ativa o CREB no NAc. Essa ativação do CREB, causada pela administração dessas substâncias no NAc, é reconhecida como uma adaptação negativa, por diminuir a sensibilidade a uma próxima exposição à droga ou fármaco. Ou seja, a ativação do CREB pode levar a uma forma de tolerância aos efeitos prazerosos das drogas e fármacos. Essas alterações podem levar a um comportamento negativo durante a primeira fase de abstinência, mas não têm influência em alterações comportamentais mais duradouras, associadas ao fato de dependentes apresentarem recaídas mesmo após anos ou décadas de abstinência (OGA, 2008).

Outro fator de transcrição relacionado com a dependência é o ΔFosB. Sabe-se que a administração aguda de vários tipos de drogas/fármacos causa a ativação leve desse fator no NAc. No entanto, quando acontecem repetidas exposições, a proteína ΔFosB começa a se acumular, permanecendo por longo prazo no encéfalo, como observado no estágio de transição do uso recreativo de drogas para o estágio de dependência. Por exemplo, a administração crônica, mas não aguda, de cocaína, anfetamina, opiáceos, nicotina e etanol induz o ΔFosB no NAc, permanecendo por longos períodos mesmo após o fim do uso das drogas/fármacos (OGA, 2008).

Estágios da dependência

Estudos mostram que o início da dependência é caracterizado pela liberação de dopamina no NAc. O uso repetido de drogas ou fármacos causa o recrutamento gradual do córtex pré-frontal e de seus eferentes glutamatérgicos para o *accumbens*. Essa transição da dopamina para o glutamato mostra que o desenvolvimento da drogadição ocorre por meio de uma sequência cronológica, em que diferentes partes do circuito se tornam proeminentes, assim como as adaptações celulares também acontecem em uma sequência cronológica.

Existem três estágios da dependência, listados a seguir (KALIVAS, 2005):

1. **Efeito agudo das drogas:** os efeitos agudos de recompensa da droga estão relacionados com a liberação exacerbada da dopamina através do circuito ATV-NAc, causando modificações na sinalização celular. Ao se ligar ao seu receptor D1, a dopamina ativa o AMPc (segundo mensageiro), que ativa a proteína cinase A (PKA). A PKA se mobiliza para o núcleo da célula e fosforila o CREB, que induz a transcrição de genes como o cFos. Essa indução do cFos promove alterações neuroplásticas que persistem por horas ou dias, não mediando alterações comportamentais mais duradouras associadas à dependência.

2. **Transição do uso recreativo para padrões de dependência (vício):** essa transição está relacionada com o efeito cumulativo de mudanças na função neuronal, em resposta à exposição repetida a drogas/fármacos, e diminuem após dias ou semanas sem o uso dessas substâncias. Essa adaptação acontece quando a ação da dopamina em seu receptor (D1) sinaliza para a estimulação de proteínas de meia-vida longas, como a ΔFosB. A proteína ΔFosB regula a síntese de subunidades dos receptores ácido α-amino-3-hidróxi-5-metil-4-isoxazolpropiônico (AMPA) de glutamato e de enzimas na ATV após poucos dias da descontinuação no uso de cocaína, o que está relacionado ao desenvolvimento da dependência. Evidências têm mostrado que a expressão gênica induzida pelo fator de transcrição ΔFosB tem grande relação com as mudanças causadas pelo uso crônico de cocaína no NAc, sendo esse fator altamente relacionado com a mudança de padrão de uso de drogas/fármacos, do uso recreativo para o uso abusivo.

3. **Estágio final da dependência, caracterizado pela vontade excessiva de obter a droga, diminuída capacidade de controlar a busca e reduzido prazer ou recompensa:** a maior vulnerabilidade a recaídas observada no estágio final da dependência perdura por anos, como consequência das alterações celulares causadas pelo uso repetido de drogas. Interessantemente, as alterações no conteúdo e na função de proteínas nesse estágio se tornam maiores com o passar do tempo; quanto maior o período de abstinência, mais intensos os comportamentos de busca pelas drogas. Essa característica possivelmente está associada às mudanças de expressão de proteínas que medeiam o estágio anterior (transição para dependência), pois essas proteínas podem converter a vulnerabilidade a recaídas da forma reversível para irreversível. Por isso, esse comportamento perdura por anos e décadas.

Acompanhe na Figura 4 um gráfico que demonstra os três estágios da dependência.

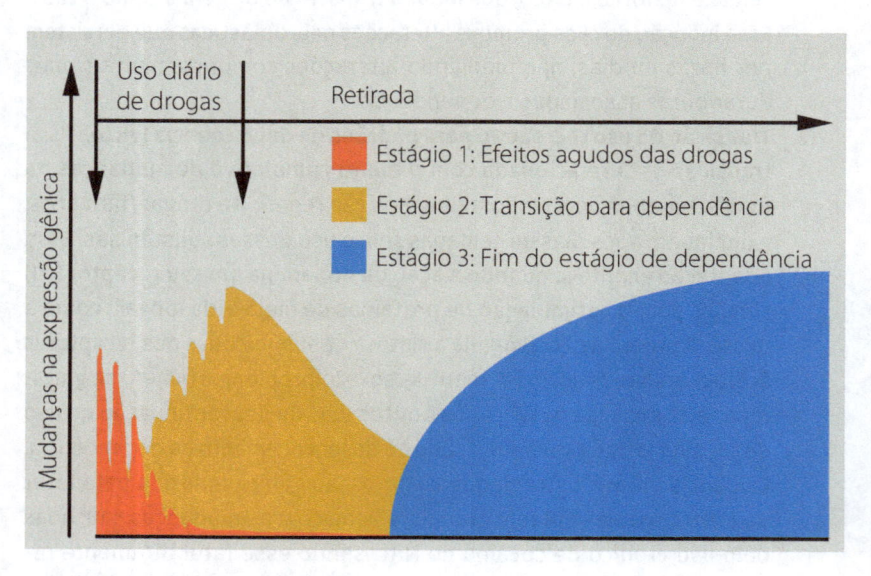

Figura 4. Os três estágios da dependência.
Fonte: Adaptada de Kalivas (2005, documento *on-line*).

Referências

ABREU, C. N. *et al*. *Síndromes Psiquiátricas*: Diagnóstico e Entrevista para Profissionais de Saúde Mental. Porto Alegre: Artmed. 2006.

AMERICAN PSYCHIATRIC ASSOCIATION. *Código Internacional de Doenças*. Washington, DC: APA, 2013.

AMERICAN PSYCHIATRIC ASSOCIATION. *Manual Diagnóstico e Estatístico de Transtornos Mentais DSM- 5*. 5. ed. Porto Alegre: Artmed, 2014.

BARROS, D. R. *et al*. O Despertar do Toxicômano: uma experiência em grupo. *In*: BARROS, D. R. *et al*. (org.). *Toxicomanias*: Prevenção e Intervenção. João Pessoa: Editora Universitária UFPB, 2008. p. 153-163.

FORMIGONI, M. L. O. S. *et al*. *Efeitos das substâncias psicoativas*: módulo 2. 11. ed. Brasília: Secretaria Nacional de Políticas sobre Drogas, 2017. Disponível em: https://www.supera.org.br/@/material/mtd/pdf/SUP/SUP_Mod2.pdf. Acesso em: 27 de set. 2020.

KALIVAS, O.W.; VOLKOW, N. D. The Neural Basis of Addiction: A Pathology of Motivation and Choice. *American Journal of Psychiatry*, v. 162, n. 8, p. 162-168, 2005. Disponível em: https://ajp.psychiatryonline.org/doi/10.1176/appi.ajp.162.8.1403?url_ver=Z39.88-2003&rfr_id=ori%3Arid%3Acrossref.org&rfr_dat=cr_pub++0pubmed&. Acesso em: 23 out. 2020.

KOOB, G. F.; VOLKOW, N. D. Neurobiology of addiction: a neurocircuitry analysis. *Lancet Psychiatry*, v. 3, n. 8, p. 760-773, 2016. Disponível em: https://www.ncbi.nlm.nih.gov/pmc/articles/PMC6135092/pdf/nihms-985499.pdf. Acesso em: Acesso em 23 out. 2020.

MARUITI, M. R.; GALDEANO, L. E.; FARAH, O. G. D. Ansiedade e Depressão em familiares de pacientes internados em unidade de cuidados intensivos. *Acta. Paul. Enferm.*, v. 21, n. 4, p. 636-642, 2008. Disponível em: https://www.scielo.br/scielo.php?script=sci_abstract&pid=S0103-21002008000400016&lng=en&nrm=iso&tlng=pt. Acesso em: 23 out. 2020.

MEDEIROS, K. T. *et al*. Representações sociais do uso e abuso de drogas entre familiares de usuários. *Psicol. estud.*, v. 18, n. 2, p. 269-279, 2013. Disponível em: https://www.scielo.br/pdf/pe/v18n2/a08v18n2.pdf. Acesso em: 23 out. 2020.

NEUROBIOLOGIA: Mecanismos de Reforço e Recompensa e os Efeitos Biológicos Comuns as Drogas de Abuso. Portal Aberta, c2016. Disponível em: http://www.aberta.senad.gov.br/medias/original/201612/20161212-174315-002/pagina-02.html. Acesso em: 27 out. 2020.

OGA, S. *Fundamentos de Toxicologia*. 3. ed. São Paulo: Atheneu, 2008.

NESTLER, E. J. Transcriptional Mechanisms of Drug Addiction. *Clinical Psychopharmacology and Neuroscience*. v. 10, n. 3, p. 136-143, 2012. Disponível em: http://www.cpn.or.kr/journal/view.html?uid=231&vmd=Full. Acesso em: 23 out. 2020.

RIBEIRO, M.; LARANJEIRA, R.; MESSAS, G. Transtornos relacionados ao consumo de álcool e outras drogas. *In*: LOPES, A. C. (org.). *Tratado de Clínica Médica*. 1. ed. São Paulo: Roca, 2006. v. 2. p. 2491-2500.

SCHIMITH, P. B.; MURTA, G. A. V.; QUEIROZ, S. S. A abordagem dos termos dependência química, toxicomania e drogadição no campo da Psicologia brasileira. *Psicologia USP*, v. 30, p. 1-9, 2019. Disponível em: https://www.scielo.br/pdf/pusp/v30/1678-5177-pusp-30-e180085.pdf. Acesso em: 23 out. 2020.

STAHL, S. M. Stahl's Essential Psychopharmacology: Neuroscientific Basis and Practical Applications. Chapter 4. Psychosis and schizophrenia. In: *Doctor*, [2015]. Disponível em: https://doctorlib.info/pharmacology/stahls-essential-psychopharmacology-4/4.html. Acesso em: 23 out. 2020.

WORLD HEALTH ORGANIZATION. Biobehavioural processes underlying dependence. *In*: WHO. *Neuroscience of psychoactive substance use and dependence*. Geneve: WHO, 2004. p. 43-58.

Leituras recomendadas

AMARAL, R.A.; MALBERGIER, A.; ANDRADE, A. G. Manejo do paciente com transtornos relacionados ao uso de substância psicoativa na emergência psiquiátrica. *Revista Brasileira de Psiquiatria*, v. 32, sup. 2, p. 104-111, 2010. Disponível em: https://www.scielo.br/scielo.php?script=sci_arttext&pid=S1516-44462010000600007. Acesso em: 24 out. 2020.

CAJAZEIRO, J. M. D. *et al*. Toxicologia e profissionais de saúde: uso abusivo e dependência. Rev Med Minas Gerais, v. 22, n. 2, p. 153-157, 2012. Disponível em: http://www.rmmg.org/artigo/detalhes/96. Acesso em: 24 out. 2020.

Fique atento

Os *links* para *sites* da *web* fornecidos neste capítulo foram todos testados, e seu funcionamento foi comprovado no momento da publicação do material. No entanto, a rede é extremamente dinâmica; suas páginas estão constantemente mudando de local e conteúdo. Assim, os editores declaram não ter qualquer responsabilidade sobre qualidade, precisão ou integralidade das informações referidas em tais *links*.

Toxicologia de drogas de abuso

Roberto Marques Damiani

OBJETIVOS DE APRENDIZAGEM

> - Identificar os principais fármacos e drogas de abuso lícitas.
> - Descrever os efeitos tóxicos produzidos pelas drogas de abuso ilícitas.
> - Comparar os métodos laboratoriais de identificação de drogas de abuso.

Introdução

Segundo o último relatório do Escritório das Nações Unidas contra Drogas e Crimes (UNODC), de 25 de junho de 2020, aproximadamente 269 milhões de pessoas no mundo usaram drogas no ano de 2018. Isso representa 5,4% do total da população mundial com idade entre 15 e 64 anos. Esse grande número se torna mais alarmante quando percebemos que houve um aumento de 28% em relação ao final da década anterior (2009). Ainda de acordo com esse relatório, a maconha ocupa o primeiro lugar entre as drogas ilícitas mais consumidas, enquanto a classe dos opioides segue sendo a que mais causa mortes.

Quando esse já elevado número de pessoas que abusam de drogas ilícitas é somado ao número de pessoas que consomem substâncias lícitas, como álcool e tabaco, o resultado pode chegar a bilhões de seres humanos usuários ou dependentes de alguma droga de abuso. Concluímos assim que o uso de drogas de abuso é um enorme problema global, envolvendo tanto a saúde pública quanto a economia.

Neste capítulo, você vai estudar as questões epidemiológicas e toxicológicas que envolvem as principais drogas de abuso, tanto as lícitas quanto as ilícitas.

Além disso, vai ler sobre os métodos de triagem e confirmação de maior aplicabilidade nas análises de drogas de abuso.

Drogas lícitas

Álcool

A dependência de bebidas alcoólicas é um dos principais problemas relacionados à saúde pública no mundo inteiro. Segundo a Organização Mundial de Saúde (OMS), o consumo total *per capita* de álcool na população acima de 15 anos de idade era, em 2005, de 5,5 litros. Em 2010, o consumo subiu para 6,4 litros, valor que se manteve em 2016. No mundo, a região com maior consumo *per capita* de bebidas alcoólicas é representada pelo continente Europeu. Ao redor do globo, mais de um quarto (26,5%) dos adolescentes com idade entre 15 e 19 anos consomem com frequência alguma bebida alcoólica.

O abuso de bebidas alcoólicas causou, em 2016, cerca de 3 milhões de mortes (5,3% do total mortes) no mundo inteiro. O álcool causa, globalmente, mais mortes do que doenças como tuberculose, HIV/aids e diabetes (WORLD HEALTH ORGANIZATION, 2018). No Brasil, as estimativas apontam que em torno de 10% da população seja dependente dessa substância. Nos Estados Unidos, casos de intoxicações agudas causadas pela ingestão de bebidas alcoólicas causam 600 mil atendimentos de emergência, gerando um custo aproximado de 100 bilhões de dólares por ano (ANDRADE FILHO; CAMPOLINA; DIAS *et al.*, 2013).

Para fins de classificação, as bebidas alcoólicas são divididas de acordo com o seu processo de produção em três tipos: destiladas, fermentadas e adicionadas (ANDRADE FILHO; CAMPOLINA; DIAS *et al.*, 2013).

- **Bebidas destiladas:** como o nome diz, são produzidas pelo processo de destilação e, por esse motivo, apresentam uma grande concentração alcoólica. Como exemplo de destilados temos o uísque, a cachaça, a vodca, o conhaque, a tequila, etc.
- **Bebidas fermentadas:** são obtidas quando matérias-primas como cereais, raízes, caules e frutas passam pelo processo de fermentação natural. Cervejas e vinho, bebidas que apresentam teor alcoólico mais baixo, são produzidas dessa forma.
- **Bebidas adicionadas:** têm esse nome devido à adição de etanol em produtos, fermentados ou não.

Saiba mais

Em relação ao percentual de consumo mundial das diferentes classes de bebidas alcoólicas, as estatísticas apontam que 44,8% das pessoas bebem destilados, 33,4% consomem cerveja, 11,7% vinho e 9,2% consomem outros tipos de bebidas (vinhos fortificados, fermentados de banana, etc.) (WORLD HEALTH ORGANIZATION, 2018).

O **álcool etílico**, ou **etanol** (CH_3CH_2OH), é uma molécula alifática, hidrossolúvel, que tem baixo peso molecular. Por ser miscível tanto em água quanto em gordura é rapidamente absorvido no estômago (20%) e no intestino delgado (80%), e tem uma ampla distribuição sistêmica. Por ser volátil, há também a possibilidade de o álcool ser absorvido por via pulmonar.

Após o organismo absorver o etanol, o pico de concentração máxima plasmática é atingido no período entre 30 e 90 minutos (quando com o estômago vazio) (OGA; CAMARGO; BATISTUZZO, 2008). A absorção é influenciada por alguns fatores, como o esvaziamento gástrico (pela presença de alimentos) e as diferenças de concentração de etanol nas bebidas. Os locais com maior distribuição do etanol no corpo fora do compartimento sanguíneo, em ordem decrescente de concentração, são cérebro, rins, pulmões, coração, intestino, músculo estriado esquelético e fígado. O tecido adiposo e os ossos apresentam baixas concentrações, e o volume de distribuição em um indivíduo de 70kg é de 50L (OGA; CAMARGO; BATISTUZZO, 2008; ANDRADE FILHO; CAMPOLINA; DIAS *et al.*, 2013).

A principal via de biotransformação do álcool etílico é a hepática (de 90 a 98%), sendo que a enzima álcool desidrogenase (AD) tem o maior envolvimento nesse processo. A AD converte o etanol em acetaldeído (CH_3CHO), utilizando adenina nicotinamida dinucleotídeo (NAD^+) como cofator aceptor de hidrogênio, formando NADH, como mostra a reação a seguir:

$$CH_3CH_2OH + NAD^+ \rightarrow CH_3CHO + NADH + H^+$$

A AD apresenta variações de ordem genética em sua estrutura, chamadas de polimorfismos. Dessa forma, as taxas de biotransformação do etanol podem ser diferentes nas diversas etnias. O aldeído acético gerado pela ação da AD é posteriormente oxidado a acetato pela enzima aldeído desidrogenase

(AlD), a qual é encontrada em organelas como mitocôndrias e retículo endoplasmático, bem como no citoplasma dos hepatócitos. De 1 a 10% do etanol absorvido não sofre ação enzimática e é excretado pelos rins, pulmões e, em menor proporção, no suor e na saliva (OGA; CAMARGO; BATISTUZZO, 2008).

As evidências apontam que o mecanismo toxicodinâmico do etanol envolve ações nas membranas dos neurônios, agindo tanto no componente lipídico quanto em proteínas. Como consequência, há um maior influxo de cloretos (mediado pelo ácido γ-aminobutírico-GABA), hiperpolarizando a célula nervosa de forma semelhante ao que ocorre com os barbitúricos e benzodiazepínicos. Por essa razão o álcool é considerado um depressor do sistema nervoso central (SNC) (OGA; CAMARGO; BATISTUZZO, 2008; ANDRADE FILHO; CAMPOLINA; DIAS et al., 2013).

Também há envolvimento do sistema adrenérgico, uma vez que o uso crônico do álcool leva a uma elevação na síntese e liberação de noradrenalina. É relatado na literatura ainda o envolvimento do álcool com o seguinte (OGA; CAMARGO; BATISTUZZO, 2008):

- sistema opioide — a naltrexona é utilizada no tratamento do alcoolismo);
- sistema serotoninérgico — ondansetrona demonstrou eficácia no tratamento do alcoolismo;
- vias dopaminérgicas — as vias serotoninérgicas e opioides modulam o consumo do álcool por meio de alterações na liberação de dopamina;
- vias colinérgicas — menor número de receptores muscarínicos no hipocampo de alcoolistas idosos;
- vias glutamatérgicas — o uso agudo reduz níveis, o uso crônico aumenta níveis de glutamato em regiões do SNC.

A intoxicação por álcool acarreta diferentes graus de alterações da consciência e do comportamento, que são correlacionadas com as concentrações sanguíneas, que também têm relação com os níveis no SNC. Nesse contexto existem cinco fases: subclínica, de excitação, de confusão, de sono (ou comatosa) e, por fim, morte. O Quadro 1 apresenta essas interações entre níveis plasmáticos de álcool e alguns dos seus sintomas (ANDRADE FILHO; CAMPOLINA; DIAS et al., 2013).

Quadro 1. Relação entre alcoolemia e efeitos observados

Alcoolemia (dg/L)	Sintomas
01-05	Alterações subclínicas, depressão do SNC.
05-10	Desinibição, euforia, depressão do SNC.
10-20	Falhas na memória e coordenação. Perda de juízo crítico, depressão do SNC.
20-30	Déficit cognitivo, sensibilidade emocional, marcha cambaleante, inconsciência.
30-40	Vômitos, sonolência profunda, inconsciência, queda, relaxamento de esfíncteres.
40-50	Dispneia, hiporreflexia, hipotermia, choque, coma e até morte.
> 50	Dose letal.

Fonte: Adaptado de Andrade Filho, Campolina e Dias (2013).

Tabaco

Aproximadamente 1,3 bilhões de pessoas no mundo consomem tabaco, o que faz com que o tabagismo siga sendo, nos dias atuais, uma das maiores questões envolvendo a saúde pública mundial. Mais de 8 milhões de pessoas morrem anualmente em consequência do uso do tabaco. A nicotina presente no tabaco é altamente viciante e muito danosa para a saúde, por causar problemas cardiovasculares, respiratórios, além de estar envolvida na etiologia de mais de 20 tipos de cânceres.

Além dos fumantes ativos, as pessoas próximas de quem faz uso regular também são afetadas indiretamente pelos efeitos deletérios dessa droga. As estatísticas apontam que ocorrem 1,2 milhões de mortes anuais em consequência do fumo passivo e, dessas, 65 mil são de crianças que vivem no mesmo ambiente que adultos fumantes. O uso do tabaco causa, além de danos diretos na saúde, enormes impactos econômicos. Os custos, somando gastos com sistemas de saúde e perda de produtividade, chegam a 1,4 trilhões de dólares por ano no mundo inteiro. Isso representa aproximadamente 1,8% do produto interno bruto (PIB) mundial (WORLD HEALTH ORGANIZATION, 2020).

É possível encontrar, dependendo de onde é cultivada, aproximadamente 500 constituintes na folha de tabaco. Após a sua queima, foi possível isolar cerca de 4.700 compostos. Quando um cigarro está aceso, há **combustão completa** (próxima da brasa) e **combustão incompleta**, responsável por gerar, entre outras substâncias, o monóxido de carbono (CO). Ainda, durante a queima podem ocorrer reações de destilação, pirólise e pirossíntese. A **pirólise**, que ocorre na região de maior temperatura, causa a destilação da nicotina e resulta na quebra das substâncias presentes no tabaco em moléculas menores. Já na **pirossíntese**, essas moléculas geradas na reação anterior combinam-se entre si, formando novos compostos não encontrados originalmente na folha do tabaco.

A fumaça do cigarro pode ser dividida, para fins de classificação, em duas fases. A primeira é chamada de **fase gasosa** e sua composição majoritária é apresentada no Quadro 2. A segunda é chamada de **fase particulada** e é apresentada no Quadro 3 (OGA; CAMARGO; BATISTUZZO, 2008).

Quadro 2. Fase gasosa da fumaça do cigarro

Constituinte	Concentração/cigarro
Monóxido de carbono	17mg
Amônia	60μg
Acroleína	70μg
Acetaldeído	800μg
Dimetilnitrosamina	13ng
Acetonitrila	123μg
Ácido cianídrico	110μg

Fonte: Adaptado de Oga (2008).

Quadro 3. Fase particulada da fumaça do cigarro

Constituinte	Concentração/cigarro
Nicotina	1,5mg
Fenol	85µg
Cresóis	70µg
Benzo(a)pireno	20ng
Benzo(a)antraceno	40ng
Nitrosonornicotina	250ng
Nitrosoanatabina	1,5µg
Cádmio	0,1µg

Fonte: Adaptado de Oga (2008).

Para fins de **toxicocinética**, vamos considerar a principal substância ativa presente no tabaco: a nicotina. A DL50 (dose letal para 50% dos indivíduos) por via oral, em ratos, varia entre 50 e 60mg/kg, e é semelhante à DL50 em humanos (40 a 60mg/kg). Isso significa que a nicotina é um dos mais potentes agentes tóxicos existentes, sendo, também, utilizada como substância inseticida. Sua absorção pulmonar é considerada muito rápida, e o pico de concentração no sangue é atingido após apenas 10 minutos (OGA; CAMARGO; BATISTUZZO, 2008; KLAASSEN; WATKINS III, 2012). Por ter pouca ligação com as proteínas plasmáticas, a nicotina é amplamente distribuída por todo o organismo, além de atravessar a barreira placentária e ser secretada pelo leite materno. De 80 a 90% da nicotina absorvida é biotransformada no fígado, formando majoritariamente o metabólito cotinina, o qual serve como biomarcador de exposição a essa substância. A excreção é renal e dependente do pH, sendo que, quanto mais ácida a urina, maior será o *clearance* (OGA; CAMARGO; BATISTUZZO, 2008).

Os efeitos tóxicos do hábito tabágico são muitos e divididos em diversos desfechos observados. Cigarros e assemelhados causam neoplasias como câncer de bexiga, câncer de orofaringe, câncer de estômago, câncer de esôfago, câncer de laringe, câncer de pâncreas, câncer renal, leucemia mieloide aguda, além de câncer de pulmão. Também existem evidências científicas acerca do papel do tabagismo em doenças cardiovasculares como aneurisma aórtico abdominal, aterosclerose, acidente vascular encefálico e infarto do miocárdio. Entre os efeitos tóxicos ao sistema respiratório estão a doença pulmonar obstrutiva crônica, a pneumonia e os efeitos pulmonares intrauterinos (mãe fumante durante a gestação), que levam a um amadurecimento pulmonar deficiente no recém-nascido (OGA; CAMARGO; BATISTUZZO, 2008).

Drogas ilícitas

No universo das substâncias que alteram o estado de consciência existem aquelas que têm o seu consumo regulamentado (na maioria dos países) por lei e aquelas que têm o seu uso proibido (na maioria dos países). As razões para essa divisão entre o que é, ou não, permitido por lei envolve diversas variáveis, como saúde, segurança pública, economia, entre outras.

Por sua complexidade, esse é um assunto que merece uma análise mais ampla, com toda certeza. No entanto, não é a intenção deste capítulo realizar uma abordagem ao tema dos psicotrópicos no contexto de um debate sobre o que deve, ou não deve, ser legalizado ou proibido. Iremos, sim, abordar os aspectos toxicológicos de algumas das principais substâncias consideradas ilícitas utilizadas como drogas de abuso. Nas linhas a seguir são elencadas características epidemiológicas, formas de uso, toxicocinética e manifestações clínicas dos estimulantes do SNC (cocaína, *crack*, anfetaminas), da maconha, do LSD e da heroína.

Maconha

A maconha (*Cannabis sativa*) é, de longe, a droga ilícita mais cultivada, traficada e usada mundialmente. Aproximadamente 192 milhões de pessoas ao redor do globo consomem essa droga. Segundo o UNODC, cerca de 3,8% da população mundial com idade entre 15 e 64 anos usou maconha ao menos uma vez durante o ano de 2017. Nos últimos 10 anos o uso da maconha subiu mais do que o de cocaína e o de opioides. Ao contrário do que ocorre com outras drogas que são à base de vegetais, cuja produção é restrita a alguns poucos locais no mundo, a maconha é produzida em quase todos os países (UNODC, 2019).

A *Cannabis sativa* apresenta, aproximadamente, 400 compostos químicos, sendo que o grupo de substâncias mais importantes são os chamados **canabinoides**, com propriedades psicoativas. Entre esses, os de maior relevância são o delta-9-tetraidrocanabinol (Δ^9-THC), o canabidiol (CBD), o canabinol (CBN), o canabigerol (CBG), o canabicromeno (CBC), o canabiciclol (CBL), o canabinodiol (CBDL) e o canabitriol (CBTL). Os dois primeiros são os de maior importância. Além dos canabinoides, podemos encontrar outros compostos em um cigarro de maconha, como o monóxido de carbono, alguns esteroides, tolueno, acetaldeído, nitrosamina, naftaleno, etc. Tais substâncias são também encontradas em um cigarro comum preparado com tabaco. Dessa forma, a exemplo do que ocorre com o tabaco, a maconha tem propriedades neoplásicas (OGA; CAMARGO; BATISTUZZO, 2008; ANDRADE FILHO; CAMPOLINA; DIAS, 2013).

Existem diferentes apresentações em que a maconha pode ser encontrada, que variam no teor de Δ^9-THC que possuem. As mais conhecidas são as seguintes (OGA; CAMARGO; BATISTUZZO, 2008; ANDRADE FILHO; CAMPOLINA; DIAS, 2013):

- cigarro ("baseado"), com concentrações de aproximadamente 5%;
- haxixe, preparado com as inflorescências da planta, com cerca de 15% de concentração;
- óleo de haxixe, que pode chegar até 60% de concentração;
- *skunk*, também chamada de "supermaconha", com concentrações de até 35%.

Em relação ao estudo das reações toxicocinéticas da maconha, vamos considerar o principal composto com propriedades psicoativas, o Δ^9-THC. Existem duas vias de entrada: a pulmonar (pelo ato de fumar ou inalar vapor) e a oral (ingestão de alimentos preparados com maconha, por exemplo, bolos e doces). Pela via pulmonar, o Δ^9-THC é absorvido pelos alvéolos de forma rápida, sendo detectável no plasma em questão de segundos após o indivíduo iniciar o consumo. O pico de concentração plasmática após a pessoa fumar um baseado ocorre entre 3 e 10 minutos. Ao contrário do que ocorre no pulmão, a absorção pelo trato gastrintestinal é lenta, e o tempo para alcançar o pico de concentração plasmática é de 1 a 2 horas. Já o tempo até começarem a surgir os efeitos esperados é de 2,5 a 3,5 horas após a ingestão.

Há uma grande porcentagem de ligação a proteínas plasmáticas (aproximadamente 98%) após a absorção pelas duas vias, e o Δ^9-THC é amplamente distribuído para o SNC, fígado, coração, rins e para os pulmões. O tecido adiposo serve como depósito em virtude da elevada lipossolubilidade dessa molécula. O Δ^9-THC é praticamente todo biotransformado pelo sistema citocromo P-450 (CYP), principalmente no fígado, sendo o THC-COOH o principal metabólito encontrado na urina (sendo utilizado como biomarcador) (OGA; CAMARGO; BATISTUZZO, 2008; ANDRADE FILHO; CAMPOLINA; DIAS, 2013).

O mecanismo de ação dessa droga envolve o sistema endocanabinoide, o qual já teve os receptores CB_1 e CB_2 identificados. Eles pertencem à família de receptores acoplados à proteína G e compartilham 44% de similaridade entre si (MATSUDA et al., 1990; MORO et al., 1993; MUNRO; THOMAS; ABU-SHAAR, 1993). O sistema endocanabinoide se tornou, nos últimos anos, uma promissora área de pesquisa, devido ao potencial terapêutico para o tratamento da dor, obesidade, inflamação e uma variedade de distúrbios psiquiátricos (LINGYAN et al., 2019). Tais receptores têm pelo menos dois ligantes endógenos: o N-araquidonil-etanolamida, também chamado de anandamida, e o 2-araquidonil-glicerol (2-AG) (OGA; CAMARGO; BATISTUZZO, 2008).

Fique atento

A localização dos receptores canabinoides diferem em relação ao tipo. Os CB_1 são encontrados no SNC, em regiões motoras, de função cognitiva, prazer, aprendizagem e memória, além de regiões sensoriais. Já os CB_2 são expressos em locais relacionados com a modulação de respostas do sistema imune e hematopoiese (OGA; CAMARGO; BATISTUZZO, 2008).

Os efeitos causados pelo uso da maconha são divididos em de curto (agudos) e de longo prazo (crônicos). Os principais efeitos de **curto prazo** são euforia, hilaridade espontânea, sedação, letargia, intensificação de experiências sensoriais comuns, distorção da percepção, retraimento social, hiperemia da conjuntiva, aumento do apetite, boca seca, aumento da pressão arterial, taquicardia, despersonalização, desorientação, delírios, alucinações, ideias paranoides, perda de memória recente, redução da capacidade de atenção, agitação psicomotora, pânico irracional e labilidade emocional. Os efeitos em **longo prazo** do uso de *Cannabis* incluem transtornos do humor, exacerbação de transtornos psicóticos em pessoas com predisposição, déficit cognitivo e distúrbios somáticos (pulmonares e cardiovasculares) (KARILA et al., 2014).

Estimulantes

Depois da maconha, os estimulantes são as drogas psicoativas mais utilizadas no mundo, contabilizando 68 milhões de usuários em 2018 (UNODC). Esta classe inclui substâncias que são extraídas de vegetais, como a cocaína e o *crack*, mas também inclui compostos sintéticos, como anfetamina, metanfetamina e as drogas conhecidas como *ecstasy*: MDMA (3,4-metileno-dioximetanfetamina),

MDA (3,4-metilenodioxianfetamina e MDEA (3,4-metilenodioxietilanfetamina) (UNODC, 2019).

A **cocaína** (benzoilmetilecgonina) é extraída das folhas da planta *Erythroxylon coca*. A planta é mais intensamente cultivada na América do Sul, em países como Bolívia, Peru e Colômbia (UNODC, 2019). O processo de produção envolve a exposição das folhas a solventes orgânicos, formando um sedimento pastoso (denominado de pasta base). Após, é adicionado ácido clorídrico, resultando na precipitação do cloridrato de cocaína (pó). Essa apresentação em forma de cloridrato permite o uso via intranasal e oral, e também sua diluição e posterior injeção endovenosa. Esse sal (cloridrato de cocaína) pode ser convertido, pela adição de bicarbonato de sódio, em uma forma cristalizada (pedras) com o nome de ***crack***, que pode ser fumada (ZIMMERMAN, 2012).

Saiba mais

O nome *crack* deve-se ao som característico que as pedras fazem quando aquecidas em altas temperaturas para consumo pelos usuários (ZIMMERMAN, 2012).

Dependendo da via de administração, o início da ação pode variar de 3 segundos (endovenosa e fumada) a 5 minutos (aspirada). Os efeitos podem durar de 5 a 90 minutos, de acordo com as diferentes formas de uso. As vias endovenosa e pulmonar (por meio da inalação da fumaça do *crack*) são as mais perigosas no sentido de causar dependência, pelo início dos sintomas ser mais rápido e também pelas sensações terminarem de forma mais rápida, levando ao desejo de uma nova dose.

A cocaína, uma vez absorvida, apresenta ligação de alta afinidade com a α-1-glicoproteína ácida plasmática, e a porcentagem livre da droga no plasma é de cerca de 68%. Por ter caráter lipofílico, ultrapassa a barreira placentária, além de passar para o leite materno. O tempo de meia-vida da cocaína é considerado curto, variando entre 30 minutos e 1,5 hora. A biotransformação ocorre via colinesterases plasmáticas e hepáticas, gerando dois principais metabólitos: benzoilecgonina (utilizada como biomarcador) e éster metilecgonina. Além desses, quando há interação com bebidas alcoólicas (o que é comum em usuários dessa droga), ocorre a formação de um terceiro metabólito, chamado de cocaetileno, que tem um tempo de meia-vida maior (2,5 horas) e é um dos responsáveis pelo aumento dos efeitos eufóricos e cardiovasculares causados pela cocaína (OGA; CAMARGO; BATISTUZZO, 2008; ZIMMERMAN, 2012; ANDRADE FILHO; CAMPOLINA; DIAS, 2013).

Efeitos simpaticomiméticos são as principais consequências do uso de cocaína, pelo fato de ela inibir a recaptação de catecolaminas (dopamina, norepinefrina e serotonina), tanto no SNC quanto no resto do organismo. No SNC os sintomas mais comumente observados são aumento da atividade motora, autoconfiança, euforia e delírio. Sistemicamente, os efeitos são um aumento da frequência cardíaca e da pressão arterial com vasoconstrição difusa. Na intoxicação aguda, as manifestações clínicas mais frequentes são taquicardia, hipertensão, agitação, midríase, diaforese, hipertermia e taquipneia (ZIMMERMAN, 2012).

Em relação aos **anfetamínicos**, embora exista um representante desta classe de origem natural, a efedrina, muitos outros compostos são sintéticos. Os relatos apontam para o início da síntese nos anos de 1880; porém, em 1914, o laboratório farmacêutico Merk assumiu sua patente no intuito de comercializá-los como fármaco para tratamento da obesidade, narcolepsia e transtorno de déficit de atenção e hiperatividade (TDAH), até então chamado de disfunção cerebral mínima (RASMUSSEN, 2015).

Os anfetamínicos são geralmente utilizados por via oral (embora usuários fumem ou injetem alguns compostos). Uma vez na corrente sanguínea, são amplamente distribuídos, levando a altas concentrações no SNC. A biotransformação ocorre por hidroxilação aromática, β-hidroxilação na cadeia lateral, desaminação oxidativa, N-desalquilação, N-oxidação, além de conjugação com nitrogênio. Os produtos das reações anteriores (fase 1) são posteriormente sulfatados (fase 2) para serem excretados. O tempo de meia-vida depende do pH urinário, sendo de 8 horas em meio ácido e de até 33 horas em meio alcalino (OGA; CAMARGO; BATISTUZZO, 2008; ANDRADE FILHO; CAMPOLINA; DIAS, 2013).

Os anfetamínicos, em geral, atuam aumentando a liberação e diminuindo a recaptação de noradrenalina e dopamina. Além disso, são inibidores da enzima monoamina oxidase (MAO), tendo envolvimento, também, com aumento nas concentrações de serotonina nas fendas sinápticas, o que explica os efeitos sensoriais e alucinógenos observados em usuários de metanfetamina e *ecstasy*. Os efeitos da intoxicação por anfetamínicos são agitação, irritabilidade, insônia, tremor, hiperreflexia, sudorese, midríase, rubor, hiperatividade, confusão, hipertensão, taquipneia, taquicardia, extrassístoles, arritmia, delírio e mania. Em casos de intoxicação severa, os sinais clínicos, além dos citados anteriormente, são acidemia, falência renal, convulsão, coma, colapso circulatório e morte (OGA; CAMARGO; BATISTUZZO, 2008).

LSD

A **dietilamida do ácido lisérgico**, ou LSD, é o alucinógeno mais potente e, também, o mais conhecido mundialmente. Foi sintetizado pela primeira vez em 1938 na cidade de Basel, na Suíça, pelo químico Albert Hoffmann. É derivada do ácido lisérgico, um dos alcaloides do *ergot* produzido pela cepa fúngica (*Caviceps purpurea*) (OGA; CAMARGO; BATISTUZZO, 2008; ANDRADE FILHO; CAMPOLINA; DIAS, 2013). Nos anos 1950, o LSD chegou a ser aplicado em psiquiatria e, na década de 1960, iniciou-se o seu uso recreativo, o qual foi proibido em 1967.

Após sua ingestão por via oral, o LSD é rapidamente absorvido pelo trato gastrointestinal; sua biodisponibilidade por essa via é de cerca de 71%. O processo de absorção dessa substância (em torno de 1 hora) depende do pH estomacal e do duodeno, além da presença, ou não, de alimentos. Dependendo da quantidade absorvida, o tempo previsto de meia-vida é de 2,6 horas, e os efeitos podem ter duração de 6—12 horas — esta é uma das explicações para a baixa capacidade do LSD em causar dependência química (DOLDER *et al.*, 2017). A distribuição do LSD é ampla, sendo encontrado em quase todos os órgãos e tecidos, e a maior concentração observada é no fígado, seguido dos rins, baço, SNC, músculos e tecido adiposo (MARTA, 2019). O LSD é biotransformado, quase que em sua totalidade, no fígado, em metabólitos inativos, e apenas 1% é excretado de forma inalterada (ANDRADE FILHO; CAMPOLINA; DIAS, 2013; MARTA, 2019).

O mecanismo de ação envolve as vias serotoninérgicas. Há uma afinidade do LSD com receptores de serotonina (5-HT), principalmente com o 5-HT-2. As manifestações clínicas mais frequentes são taquicardia, taquipneia, midríase, hipertermia, diaforese, percepção mais aguçada, distorção da percepção do espaço–tempo, sensação de bem-estar, despersonalização, reações de pânico, psicose e agitação psicomotora. Alguns usuários relatam sensação de *flashback* meses e até anos após terem ingerido LSD.

Opioides

São compostos extraídos da semente da papoula (*Papaver somniferum*), podendo ser moléculas sintéticas ou semissintéticas, que têm a propriedade de interagir com receptores opioides no organismo. No ano de 2018, mais de 57 milhões de pessoas no mundo inteiro fizeram uso de algum tipo de opioide. Isso representa 1,2% do total da população mundial com idade entre 15 e 64 anos. O uso dessas substâncias é ainda maior do que a média global para essa faixa etária na América do Norte (3,6%), Austrália e Nova Zelândia (3,3%), no Oriente Médio e Sudeste Asiático (2,6%) e no Sul da Ásia (2,0%). Em todo o mundo, cerca de meio milhão de mortes por ano são atribuíveis ao uso de drogas de abuso. Dessas, mais de 70% estão relacionadas aos opioides, sendo que mais de 30% das mortes são causadas por *overdose* (UNODC, 2019).

> ### Fique atento
> O termo **opiáceo** se refere aos alcaloides naturais (morfina e codeína), derivados diretamente do ópio. Já o termo **opioide** (heroína, fentanil, pentazocina, metadona, tramadol, hodromorfona, naloxona, etc.) é mais amplo, abrangendo todas as substâncias que produzam efeitos parecidos com os que a morfina produz, uma vez que se considera a morfina como protótipo desse grupo de moléculas (ANDRADE FILHO; CAMPOLINA; DIAS, 2013).

A maioria das pessoas dependentes de opioides faz uso da heroína, cultivada ou manufaturada ilicitamente. A heroína é considerada a droga mais perigosa do mundo no quesito capacidade de levar o usuário a morte (UNODC, 2019). Ela pode ser usada por diferentes vias, como intravenosa, intranasal e inalatória (fumada). Independentemente da via de administração, a heroína tem uma elevada absorção em virtude de sua elevada lipossolubilidade. O pico de concentração plasmática ocorre entre 2 e 5 minutos após seu uso. O tempo de meia-vida é de cerca de 3 minutos (curtíssimo). Uma vez na corrente sanguínea, a heroína prontamente chega ao local onde agirá no SNC. A biotransformação ocorre principalmente no fígado por reações de desacetilação, metilação, desmetilação e glucoronidação. A excreção é renal, sendo que apenas 0,1% é de heroína inalterada, o restante é na forma de morfina (42%), morfina conjugada (38,3%), 6-monoacetilmorfina (1,3%) (OGA; CAMARGO; BATISTUZZO, 2008).

A ligação dos opioides aos seus receptores específicos causa a gama de manifestações clínicas observadas nos usuários. Existem quatro receptores opioides bem caracterizados: *mu* (μ), *kappa* (κ), *sigma* (σ) e *delta* (Δ). O Quadro 4 apresenta os receptores, seus principais ligantes e os efeitos gerados pela sua ativação (OGA; CAMARGO; BATISTUZZO, 2008).

O quadro clínico da intoxicação se apresenta com manifestações no SNC (analgesia, sedação, euforia, convulsões, vômitos), no sistema respiratório (pela depressão do centro respiratório, no SNC), sistema cardiovascular (alterações no débito, frequência e ritmo cardíaco), sistema digestório (diminuição da motilidade, constipação intestinal). A *overdose* por heroína (e opioides em geral) é caracterizada pela tríade clássica de sintomas: miose (pupilas puntiformes), depressão respiratória e coma. Para pacientes com esse quadro existe um antídoto que é a naloxona, um opioide com ação antagonista (DOLINAK, 2017).

Quadro 4. Receptores opioides, ligantes e efeitos gerados

Receptor	Drogas	Efeitos
μ	Morfina, codeína, heroína	Analgesia supraespinal, depressão respiratória, euforia, miose, dependência química
κ	Pentazocina, nalorfina, ciclazocina	Analgesia supraespinal, sedação, sono, miose, dependência química
σ	Levalorfano, nalorfina, ciclazocina	Disforia, desilusão, alucinação, estimulação respiratória
Δ	Naloxona	Alteração do comportamento afetivo

Fonte: Adaptado de Oga (2008).

Métodos de identificação e quantificação

Em uma realidade em que a parcela da população mundial que utiliza alguma substância com finalidade recreativa gira na casa de milhões até bilhões de pessoas, é imperativo que exista uma rigorosa forma de identificar e quantificar esses compostos. A química analítica fornece ferramentas que vão desde os testes rápidos, utilizados para rastreio, até as mais robustas metodologias, que apresentam elevadíssimos valores de sensibilidade e especificidade.

A aplicação desses métodos analíticos é realizada em duas etapas: a triagem e a confirmação para todas as amostras coletadas, não importa o tipo de matriz utilizada. Para as análises toxicológicas aplicadas a drogas de abuso, podem ser coletadas diferentes matrizes, dependendo da sua finalidade. As matrizes podem ser as próprias substâncias (de apreensões feitas pela polícia), podem ser coletadas em suspeitos de terem feito uso ou, até mesmo, podem ser vestígios de uma cena de crime.

As matrizes mais empregadas para avaliar a exposição de usuários a substâncias psicoativas são a urina (principal), o sangue (mais para análises forenses e em emergências, quando é necessário traçar um paralelo entre a concentração plasmática de uma substância e o efeito no SNC no momento do atendimento), ar exalado (voláteis, como o álcool), saliva e o cabelo (avaliação cronológica de exposição). Além dessas, existem matrizes não convencionais, como mecônio (para avaliar exposição intrauterina durante uma gestação), suor, unhas, conteúdo estomacal e fígado (*post mortem*). Na sequência, são elencados os principais métodos de triagem e de confirmação utilizados para análise de drogas de abuso (MOREAU; SIQUEIRA, 2017).

Fique atento

O termo **matriz** se refere às amostras (biológicas ou não) que são alvo da análise toxicológica. Já o a palavra **analito** se relaciona com a substância que em análise.

Métodos de triagem

É importante que os métodos de triagem sejam rápidos, de fácil execução e que não demandem uma etapa de preparo da amostra. Nesse contexto, os imunoensaios ganham grande destaque, em virtude de atenderem aos requisitos básicos para um método de triagem: prescindem de altos investimentos, apresentam rapidez satisfatória, podem ser automatizados e têm uma sensibilidade na ordem de nanomoles (muito elevada). Esses testes baseiam-se nas reações de antígeno–anticorpo, desde que a droga a ser analisada tenha um grupamento que permita a ligação com anticorpos específicos (ANDRADE FILHO; CAMPOLINA; DIAS, 2013).

Existem diferentes técnicas que funcionam dessa forma, listadas a seguir:

- radioimunoensaio (RIA, *radioimmunoassay*);
- enzimaimunoensaio (EMIT, *enzyme multiplied immuno technique*);
- ensaio de imunoabsorção ligado à enzima (ELISA, *enzyme-linked immunosorbent assay*);
- imunoensaio por fluorescência polarizada (FPIA, *fluorescence polarization immunoassay*).

> **Fique atento**
>
> Os testes mais empregados nas análises de triagem para drogas de abuso são o EMIT e o FPIA.

O ensaio **EMIT** é baseado na seguinte metodologia: há uma droga marcada com uma enzima (fornecida no *kit*) que compete com a droga livre de marcação (presente ou não na amostra) pela ligação com o anticorpo (também fornecido pelo *kit*). A enzima conjugada com a droga reage com um substrato cromogênico, produzindo cor, e essa reação é inibida pela ligação com o anticorpo. Como consequência, quanto mais droga livre (amostra do paciente) houver no ensaio, menos ligação da droga conjugada com o anticorpo haverá e mais cor será formada. Esta alteração de cor é detectada por espectrofotometria e é diretamente proporcional à concentração da droga na amostra (MOREAU; SIQUEIRA, 2017).

No **FPIA**, como sugere o nome, é usada a fluorescência para a detecção das drogas. O traçador (que é a droga marcada com fluoresceína, fornecida no *kit*) e a droga (amostra do paciente) são expostos em uma incubação com o anticorpo específico, em um ensaio competitivo. Ao final, uma excitação com luz polarizada verifica o sinal de fluorescência: quanto menor o sinal, maior é a concentração de droga na amostra do paciente. Dessa forma, nesse caso há uma relação inversamente proporcional entre quantidade de analito na amostra e a luz detectada pelo receptor ótico do aparelho (MOREAU; SIQUEIRA, 2017).

Além desses métodos de imunoensaios, **metodologias cromatográficas** podem ser utilizadas com a finalidade de realizar análises em drogas de abuso. Mais especificamente, a **cromatografia em camada delgada (CCD)** é empregada nessas situações. A desvantagem em relação aos imunoensaios é a necessidade de uma etapa de preparação (extração, concentração por evaporação) e por precisar de um volume maior de amostra, o que pode algumas vezes inviabilizar a análise por esse método.

O método de cromatografia baseia-se em diferenças de afinidades entre as drogas em análise e uma fase estacionária (por exemplo, sílica, alumina). As substâncias são levadas, por solventes orgânicos, através da placa cromatográfica, interagindo mais ou menos com a fase estacionária, sendo retidas em diferentes distâncias em relação ao pondo inicial de aplicação da amostra. Essa distância é relacionada com um padrão, para que se possa realizar a identificação da substância em questão.

Há também uma mescla das técnicas imunológicas com as cromatográficas, os chamados **testes rápidos (imunocromatográficos)**. Nesse tipo de teste as amostras são aplicadas e migram através de uma membrana do teste, interagindo com os anticorpos e reagentes presentes. A vantagem desse teste é a resposta quase imediata, porém, a principal desvantagem é a possibilidade de aparecimento de resultados falso-positivos em decorrência da elevada sensibilidade e da baixa especificidade apresentadas (MOREAU; SIQUEIRA, 2017). No mercado estão disponíveis diversos desses testes, sendo específicos para um único tipo de droga ou para um conjunto maior de substâncias.

Em situações de apreensões de drogas, em que os oficiais precisam ter um resultado imediato a respeito da substância com se deparam nessas ocasiões, existem os **testes colorimétricos** para serem aplicados de forma rápida e diretamente nas drogas. Tais métodos são pouco onerosos e não exigem equipamentos robustos, porém demandam treinamento e elevada acurácia do analista responsável por sua realização.

Para a cocaína existe o **teste de Scott**, que se baseia na reação com o tiocianato de cobalto em meio ácido, formando um complexo de coloração azul. Já em relação à identificação da maconha, existem dois testes colorimétricos, o **Duquenois-Levine** e o **Fast blue**. O primeiro usa vanilina, etanol, ácido clorídrico concentrado e clorofórmio; a presença de maconha é evidenciada por uma coloração violeta no tubo de análise. O Fast blue b salt (cloreto de di-o-anisidina tetrazolio) utiliza, além do reagente principal, éter de petróleo, sulfato de sódio anidro e solução aquosa de bicarbonato de sódio; a presença de maconha apresenta-se com uma mancha vermelha (COSTA; BRITO, 2020).

Após aplicar as metodologias empregadas para triagem nas amostras suspeitas para presença de drogas de abuso, é necessário realizar um segundo teste, utilizando a mesma amostra, com uma metodologia de elevada especificidade para a confirmação do resultado.

Métodos de confirmação

Como as metodologias da etapa confirmatória são muito robustas e altamente sofisticadas, torna-se necessária a realização de passos adicionais para a preparação da amostra a ser analisada. É preciso, antes de tudo, extrair o analito (e/ou um grupo de substâncias relacionadas a ele) das mais variadas matrizes (biológicas, não biológicas, convencionais e não convencionais). Para isso são realizadas as técnicas de extração líquido–líquido, extração em fase sólida, microextração em fase sólida e *headspace* (muito relacionado com cromatografia em fase gasosa [CG]) (ANDRADE FILHO; CAMPOLINA; DIAS, 2013; MOREAU; SIQUEIRA, 2017).

Metodologias com base em cromatografia são tipicamente de separação, e envolvem uma fase móvel (um solvente ou um gás que "leva" o analito), uma fase estacionária (que separa as substâncias pela diferença de afinidade que elas têm para com ela) e um detector, que emite um sinal toda vez que uma molécula ou um composto passa por ele, no final do percurso na fase estacionária. Quanto maior a afinidade, mais tempo a substância leva para percorrer esse caminho e chegar ao detector (tempo de retenção). São utilizados padrões (moléculas com elevado teor de pureza) para fins de conhecimento dos tempos de retenção das drogas a serem analisadas. As cromatografias empregadas nas análises das drogas de abuso são a CG e a cromatografia líquida de alta eficiência (CLAE) (COLLINS; BRAGA; BONATO, 2006, DIAS *et al.*, 2016).

Muitas análises são realizadas por **CG**, desde que a substância preencha os seguintes critérios: ser volátil e termoestável. O conjunto contido em um equipamento de CG envolve injetor, fase estacionária (uma coluna cromatográfica), detector e analisador. Anexo a esse conjunto, deve haver um cilindro com o gás de arraste (a fase móvel), que deve ser um gás inerte (por exemplo, hélio [He]). Existem três principais tipos de detectores para cromatógrafos a gás: o de ionização em chama (DIC), o de nitrogênio–fósforo (DNP) e o de captura de elétrons (DCE). A CG é o método de escolha para avaliação de alcoolemia e quantificação de álcool em bebidas e amostras suspeitas. Acoplada à espectrometria de massas (EM), a CG pode ser aplicada para análise de drogas de abuso nas mais variadas matrizes (MOREAU; SIQUEIRA, 2017).

Exemplo

A análise de etanol em amostras de sangue é feita por CG com extração por *headspace* — em português, chama-se "espaço confinante", e esse nome se deve à característica da técnica que consiste em deixar um espaço, para volatilização, com ar entre a amostra e a tampa do frasco, que é hermeticamente fechado — e por detector de ionização em chama. Procede-se a coleta de sangue em tubo com fluoreto de sódio a 1% (com o cuidado de fazer a assepsia com água e sabão, e não álcool 70%, para não interferir na análise). São adicionados 1,0mL de amostra e 1,0mL de padrão interno em um frasco de vidro com tampa de borracha e com capacidade de 10mL, contendo 2,0g de sulfato de sódio anidro. O frasco é, então, aquecido por 30 minutos em estufa à 70°C ou em um *headspace sampler* de um cromatógrafo a gás. A amostra extraída é injetada no equipamento de CG para realizar a corrida analítica. Após, calcula-se a concentração de etanol com a ajuda de uma curva padrão de calibração, feita a partir de uma solução padrão de etanol (MOREAU; SIQUEIRA, 2017).

Para uma análise não restrita às amostras voláteis e termoestáveis, pode se lançar mão da **CLAE** (ou, no inglês, HPLC, *high performance liquid cromatography*). A principal diferença entre a CLAE e a CG está na fase estacionária. Na CLAE é uma mistura de solventes orgânicos. Um equipamento de CLAE conta com reservatório para fase móvel, bomba para propulsão da fase móvel e da amostra, injetor, coluna de separação, forno do equipamento, detector e analisador (computador). Quando os solventes são mais polares (em comparação com a fase estacionária), chama-se **cromatografia normal**; quando são mais apolares, denomina-se **cromatografia de fase reversa**. Ao final da corrida cromatográfica, na CLAE, são utilizados para a identificação dos compostos que passam pela coluna os seguintes tipos de detectores: o detector de ultravioleta, o de fluorescência, o eletroquímico e o de arranjo de diodos (DIAS *et al.*, 2016).

Com o intuito de elevar ainda mais a seletividade das análises toxicológicas confirmatórias em drogas de abuso, os métodos de CG e CLAE são acoplados a equipamentos de **espectrometria de massas (EM)**. Os compostos que são separados nos cromatógrafos são ionizados, e esses têm a medida da razão entre suas massas e cargas (m/z) determinadas.

Um equipamento de EM é composto por um sistema para a introdução da amostra, uma fonte de ionização, um analisador um detector. No caso de o equipamento de EM estar acoplado a um CG, podem ser utilizadas, nos espectrômetros de massas, a ionização por impacto de elétrons (EI) e a ionização química (IQ). Já nos equipamentos de EM que são acoplados à CLAE, a ionização pode ser por *electrospray* (ESI), química à pressão atmosférica (APCI), fotoionização à pressão atmosférica (APPI) e dessorção da matriz assistida por lazer (MALDI).

Independentemente da fonte de ionização aplicada, os íons são separados para serem analisados em diferentes tipos de analisadores, que podem ser de captura iônica, tempo de voo ou quadrupolo, por exemplo. Ao final da análise, compara-se o espectro de massas da substância analisada com um banco de dados, que contém milhares de espectrogramas para confirmação, de forma definitiva, da sua identificação. Pode-se obter uma seletividade ainda maior quando existe acoplamento de mais de um espectrômetro de massas em tandem (MS/MS) (ANDRADE FILHO; CAMPOLINA; DIAS, 2013; MOREAU; SIQUEIRA, 2017).

Referências

ANDRADE FILHO, A.; CAMPOLINA, D.; DIAS, M. B. *Toxicologia na prática clínica*. 2. ed. Belo Horizonte: Folium, 2013.

COLLINS, C. H.; BRAGA, G. L.; BONATO, P. S. *Fundamentos de cromatografia*. Campinas: Editora da UNICAMP, 2006.

COSTA, M. A. F.; BRITO, N. M. Requisições de rotina e testes colorimétricos empregados em Química Forense: do preparo das soluções à descrição dos fenômenos químicos. *Revista Brasileira de Criminalística*, v. 9, n. 2, p. 105, 2020. DOI: 10.15260/rbc.v9i2.336. Disponível em: http://rbc.org.br/ojs/index.php/rbc/article/view/336. Acesso em: 17 out. 2020.

DIAS, S. L. P. *et al*. *Química analítica*: teoria e prática essenciais. Porto Alegre: Bookman, 2016.

DOLDER, P. C. *et al*. Pharmacokinetics and pharmacodynamics of lysergic acid diethylamide in healthy subjects. *Clinical Pharmacokinetics*, v. 56, p. 1219–1230, 2017.

DOLINAK, D. Opioid toxicity. *Academic Forensic Pathology*, v. 7, n. 1, p. 19–35, 2017. doi:10.23907/2017.003

KARILA, L. *et al*. Acute and long-term effects of cannabis use: a review. *Current Pharmaceutical Design*, v. 20, n. 25, p. 4112–4118, 2014. doi: 10.2174/13816128113199990620.

KLAASSEN, C. D.; WATKINS III, J. B. *Fundamentos em toxicologia de Casarett e Doull*. 2. ed. Porto Alegre: AMGH, 2012. (Lange).

LINGYAN, Y. *et al*. New insights in cannabinoid receptor structure and signaling. *Current Molecular Pharmacology*, v. 12, n. 3, p. 239–248, 2019. doi: 10.2174/1874467212666190215112036.

MARTA, R. F. L. O. Metabolism of lysergic acid diethylamide (LSD): an update. *Drug Metabolism Reviews*, v. 51, n. 3, p. 378–387, 2019. doi: 10.1080/03602532.2019.1638931.

MATSUDA, L. A. *et al*. Structure of a cannabinoid receptor and functional expression of the cloned cDNA. *Nature*, n. 346, p. 561–564, 1990.

MOREAU, R. L. M.; SIQUEIRA, M. E. P. B. *Ciências farmacêuticas*: toxicologia analítica. 2. ed. Rio de Janeiro: Guanabara Koogan, 2017.

MORO, O. *et al*. Hydrophobic amino acid in the i2 loop plays a key role in receptor-G protein coupling. *Journal of Biological Chemistry*, v. 268, n. 30, p. 22273–22276, 1993.

MUNRO, S.; THOMAS, K. L.; ABU-SHAAR, M. Molecular characterization of a peripheral receptor for cannabinoids. *Nature*, n. 365, p. 61–65, 1993.

OGA, S.; CAMARGO, M. M. de A.; BATISTUZZO, J. A.de O. *Fundamentos de toxicologia*. 3. ed. São Paulo: Atheneu, 2008.

RASMUSSEN, N. Amphetamine-type stimulants: the early history of their medical and non-medical uses. *International Review of Neurobiology*, v. 120, p. 9–25, 2015. doi: 10.1016/bs.irn.2015.02.001.

UNODC. *World Drug Report 2019*. Geneva: United Nations Publication, 2019.

WORLD HEALTH ORGANIZATION. *Global status report on alcohol and health*. Geneva: WHO, 2018. Disponível em: https://apps.who.int/iris/bitstream/handle/10665/274603/9789241565639-eng.pdf?ua=1. Acesso em: 17 out. 2020.

WORLD HEALTH ORGANIZATION. *Tobacco*. Geneva: WHO, 2020. Disponível em: https://www.who.int/health-topics/tobacco#tab=tab_1. Acesso em: 17 out. 2020.

ZIMMERMAN, J. L. Cocaine intoxication. *Critical Care Clinics*, v. 28, n. 4, p. 517–526, 2012. doi: 10.1016/j.ccc.2012.07.003.

Leituras recomendadas

DIEHL, A.; CORDEIRO, D. C.; LARANJEIRA, R. *Dependência química*: prevenção, tratamento e políticas públicas. 2. ed. Porto Alegre: Artmed, 2019.

ROSA, G.; GAUTO, M.; GONÇALVES, F. Química analítica: práticas de laboratório. Porto Alegre: Bookman, 2013. (Série Tekne).

Fique atento

Os *links* para *sites* da *web* fornecidos neste capítulo foram todos testados, e seu funcionamento foi comprovado no momento da publicação do material. No entanto, a rede é extremamente dinâmica; suas páginas estão constantemente mudando de local e conteúdo. Assim, os editores declaram não ter qualquer responsabilidade sobre qualidade, precisão ou integralidade das informações referidas em tais *links*.

Toxicologia ambiental: poluição do ar

Roberto Marques Damiani

OBJETIVOS DE APRENDIZAGEM

> Descrever os efeitos tóxicos da poluição ambiental.
> Reconhecer características associadas a evidências epidemiológicas de efeitos tóxicos sobre a saúde.
> Identificar a síndrome dos edifícios doentes e doenças relacionadas.

Introdução

Se existe um tipo de exposição que é quase impossível evitar é a poluição do ar. Não passamos mais do que poucos minutos sem respirar durante toda a vida e, por isso, todas as substâncias que estão presentes no ar terão contato com nosso aparelho respiratório e causarão danos, não somente locais, mas também sistêmicos. Há um enorme apanhado de evidências mostrando a problemática que envolve saúde ambiental no contexto da poluição atmosférica. É importante conhecer as questões toxicológicas e epidemiológicas que identificam e evidenciam as consequências terríveis para a saúde pública dessa questão ambiental.

Neste capítulo, você vai estudar os principais contaminantes da atmosfera e como eles contribuem para elevar as taxas de mortalidade. Também vai ver as diferenças entre os efeitos de exposições agudas e crônicas aos poluentes. Por fim, você vai ler sobre exposições a poluentes do ar em ambientes internos.

Características toxicológicas dos poluentes atmosféricos

A importância da toxicologia ambiental é evidenciada pelo fato de, diariamente, estarmos expostos às mais variadas substâncias químicas, seja pela água — praguicidas, hormônios, medicamentos, ciano toxinas, etc. —, seja pelo alimento — fungicidas, inseticidas, herbicidas, conservantes, edulcorantes, aromatizantes, estabilizantes, etc. — ou pelo ar — em ambientes externos e internos com diferentes composições de elementos. Ao considerarmos somente as exposições em ambientes externos, a poluição atmosférica causou, mundialmente, no ano de 2016, cerca de 4,2 milhões de mortes prematuras: 58% desses óbitos foram por doença cardíaca isquêmica ou por acidente vascular encefálico, 18% foram por doença pulmonar obstrutiva crônica (DPOC) e infecções pulmonares, e 6% por câncer de pulmão (WHO, 2018).

Desde 2013 a poluição atmosférica é classificada como carcinogênica pela Agência Internacional de Pesquisa para o Câncer (IARC, International Agency for Research on Cancer) (STRAIF; COHEN; SAMET, 2013). A grande maioria da população do nosso planeta, especificamente 91% dos seres humanos vivos na Terra, vive em áreas com níveis de poluentes do ar acima do que é recomendado pela Organização Mundial de Saúde (OMS). Embora países com menores níveis de desenvolvimento sofram mais com esse contexto, a poluição atmosférica é um enorme problema de ordem global. As principais fontes de emissão de contaminantes do ar são as antropogênicas, representadas por veículos automotores, emissões residenciais (cozinhar ou aquecer a casa), agricultura, incineração de lixo, processos industriais e geração de energia. Ou seja, essas fontes estão presentes em tudo que fazemos para manter nosso modo contemporâneo de vida (WHO, 2020).

Entre todos os compostos que são lançados na atmosfera, os principais poluentes são o material particulado, dióxido de enxofre, dióxido de nitrogênio e ozônio, o qual é considerado um poluente secundário.

O **material particulado (MP)**, uma mistura heterogênea de materiais sólidos e líquidos suspensos no ar, divide-se de acordo com o diâmetro aerodinâmico em MP_{10} (partículas inaláveis menores que 10μm), $MP_{2,5}$ (partículas finas com diâmetro menor que 2,5μm) e $MP_{0,1}$ (partículas ultrafinas com diâmetro menor que 0,1μm). As fontes de emissão são as mais variadas, podendo ser, por exemplo, emissões por tráfego veicular, processos industriais a base de combustão, geração de energia por uso de combustíveis fósseis, poeiras do solo, aerossóis marinhos, pulverização de pesticidas, queimadas, vulcões, além dos chamados bioaerossóis (OGA; CAMARGO; BATISTUZZO, 2008).

Quanto menor for a partícula, maior é a capacidade de penetrar nas vias aéreas inferiores e causar danos. Com tamanhos inferiores a 2,5µm, o MP tem a capacidade de penetrar na corrente sanguínea e induzir o desenvolvimento de lesões em diferentes órgãos. A exposição crônica ao MP aumenta o risco de desenvolvimento de doenças cardiovasculares e de câncer de pulmão (OGA; CAMARGO; BATISTUZZO, 2008; WHO, 2018). Como mecanismo de ação tóxica do MP, há a geração de espécies reativas de oxigênio (EROs) por reações bioquímicas envolvendo os metais (principalmente o ferro), que ficam adsorvidos em sua superfície. As EROs reagem com as biomoléculas, levando à morte celular e inflamação tecidual.

A composição dos diferentes tipos de MP (poeiras, fumos, fumaça, névoas e neblinas) é mais bem detalhada no Quadro 1.

Quadro 1. Tipos de material particulado

Poeiras	Dispersoides sólidos gerados por desagregação mecânica. Têm a mesma constituição química do material que os originou, por exemplo, amianto, talco, óxido de ferro. Variam de diâmetro aerodinâmico entre 0,01 e 100µm.
Fumos	Dispersoides sólidos gerados por combustão, sublimação, fundição. Resultam em partículas de composições diferentes do material originário. Têm maior potencial de causar intoxicação, por terem diâmetro muito reduzido, 0,1µm no caso de fumos metálicos.
Fumaça	Aerodispersoides formados pela combustão de matéria orgânica, com diâmetro inferior a 0,5µm. Entram facilmente em contato com os alvéolos e podem chegar à circulação sanguínea.
Névoas	Partículas líquidas oriundas de processos mecânicos, com diâmetro variável, dependendo do sistema.
Neblina	Partículas líquidas originadas do processo de condensação de vapores. Por exemplo, a neblina de ácido sulfúrico, formada em virtude do aquecimento de cubas eletrolíticas que contenham esse ácido.

Fonte: Adaptado de Oga, Camargo e Batistuzzo (2008).

O **dióxido de enxofre (SO_2)** se apresenta como um gás de coloração amarelada ou incolor e se caracteriza pelo cheiro característico de enxofre. É emitido por fontes naturais, como vulcões, e também por atividades humanas que utilizam combustíveis fósseis, como o petróleo e o carvão. Após a inalação, o SO_2 reage com a camada de muco que reveste o epitélio respiratório das vias superiores para formar outros compostos, como sulfitos, bissulfitos e sulfatos. A entrada de SO_2 pela respiração oral é maior do que pelo nariz; como consequência disso, a prática de exercício físico próxima a uma fonte emissora faz com que se inale mais gás. Altas concentrações de SO_2 atmosférico acarretam desde irritação ocular na nasofaringe e orofaringe, até inflamação, necrose e hemorragia, no trato superior até nos alvéolos. Asmáticos, pessoas com bronquite crônica e cardiopatas são os que apresentam maior susceptibilidade aos efeitos desse gás. Além disso, a inalação crônica de SO_2 aumenta o risco de infecções no trato respiratório, por causar redução na atividade de macrófagos (OGA; CAMARGO; BATISTUZZO, 2008; KLAASSEN; WATKINS III, 2012; WHO, 2018).

O **dióxido de nitrogênio (NO_2)**, assim como outros óxidos de nitrogênio (NO_x), tem a coloração marrom e um forte odor característico, além de ser irritante. Esses gases estão ligados diretamente aos processos de combustão e a reações com elementos da atmosfera. Além disso, contribuem para a formação de MP e ozônio (O_3) na atmosfera. A toxicidade do NO_2 envolve efeitos agudos, como edema pulmonar, exacerbação de crises em asmáticos e aumento na susceptibilidade às infecções respiratórias virais. (O NO_2 leva à diminuição de batimento ciliar no epitélio respiratório, além de afetar o funcionamento de linfócitos T CD8⁺ e células *natural killer* [NK].) Em longo prazo, a inalação de NO_2 pode levar a quadros de enfisema pulmonar (OGA; CAMARGO; BATISTUZZO, 2008; KLAASSEN; WATKINS III, 2012; WHO, 2018).

O **ozônio (O_3)** é considerado um poluente secundário, por ser formado a partir de reações químicas entre o oxigênio atmosférico, a radiação solar e os poluentes primários (por exemplo, o NO_2). É um gás sem odor e cor, encontrado na estratosfera (onde forma uma barreira para a passagem da radiação ultravioleta) e na troposfera (consequência de atividades antropogênicas). É extremamente tóxico para as células, devido ao seu elevado poder oxidante, que leva a alterações morfológicas, bioquímicas, imunológicas e funcionais. Esse gás é um dos elementos principais da chamada **poluição atmosférica fotoquímica**, também chamada de *smog* **fotoquímico**. Nos humanos, é capaz de induzir crises em asmáticos, aumentar a propensão ao desenvolvimento de infecções respiratórias, além de levar à perda de função pulmonar no longo prazo (OGA; CAMARGO; BATISTUZZO, 2008; KLAASSEN; WATKINS III, 2012; WHO, 2018).

Aspectos epidemiológicos da poluição do ar

Estar exposto diretamente a algum xenobiótico pode trazer efeitos para a saúde do indivíduo ou de uma população, dependendo da magnitude da exposição. Avaliar os efeitos da exposição ambiental aos poluentes atmosféricos em uma comunidade ou em maior escala não é tarefa simples e demanda estudos epidemiológicos e análises estatísticas muito robustas. Além disso, é necessário separar o que são efeitos de curto e de longo prazo que estão associados com episódios de aumento de concentrações de poluentes do ar.

Quando são avaliadas as **exposições agudas e ocasionais**, são separados grupos de pessoas, por exemplo, crianças com idade escolar, idosos em lares de repouso e jovens universitários, nos lugares em que são expostos. Essas pessoas passam por métodos avaliativos minimamente invasivos ou não invasivos, como provas de função pulmonar ou cardíaca, sintomas clínicos e exames de ar exalado e de sangue. Para avaliações de exposições crônicas, são utilizados estudos retrospectivos e transversais, embora haja, nesses delineamentos, uma chance de obtenção de dados incertos sobre as variáveis estudadas e os dados históricos relacionados à exposição dos indivíduos (KLAASSEN; WATKINS III, 2012).

Já foi demonstrado que aumentos, mesmo que de curto período, nos níveis de poluição do ar são capazes de desencadear síndromes coronarianas agudas (PETERS et al., 2001). Em uma metanálise que revisou os fatores que influenciam na incidência de infarto do miocárdio em uma população, o tráfego rodoviário e a poluição do ar foram as variáveis mais importantes na indução desse evento (NAWROT et al., 2011). Evidências apontam que pequenos aumentos, em 24 horas, nas concentrações de $MP_{2,5}$, NO_2 e O_3 são suficientes para causar alterações eletrocardiográficas. Esses estudos sugerem que mudanças em níveis de $MP_{2,5}$ estão mais relacionadas às alterações em idosos, de NO_2 em crianças e de O_3 em adultos de meia idade (BOURDREL et al., 2017).

Outro estudo de metanálise encontrou uma associação entre aumentos de curto período nos níveis de NO_2, SO_2 e de MP e um aumento no risco de hospitalização ou morte por insuficiência cardíaca congestiva. As associações mais fortes eram observadas no dia da exposição, e os efeitos mais persistentes eram para o $MP_{2,5}$ (SHAH et al., 2013). Um aumento de 10µg/m³ na média diária de $MP_{2,5}$ já é capaz de elevar a mortalidade por eventos cardiovasculares em 0,84% (ATKINSON et al., 2014).

Um grande estudo que avaliou a exposição ao MP e a mortalidade por eventos cardiovasculares e respiratórios em 652 cidades no mundo corroborou o achado de que um aumento de 10µg/m³ na média diária é suficiente para elevar a taxa de óbitos por esses eventos (LIU *et al.*, 2019). O mesmo aumento de 10µg/m³ na média diária, mas dessa vez de NO_2, incrementa em até 0,88% a mortalidade por problemas cardiovasculares (MILLS *et al.*, 2015). A associação entre aumento nas concentrações de MP e gases poluentes atmosféricos e o incremento em hospitalizações e mortes por acidente vascular encefálico (AVE) também já foi revisada e referendada por Shah *et al.* (2015).

No Brasil, diversos estudos são conduzidos em diferentes estados para avaliar a epidemiologia das consequências da exposição à poluição atmosférica ambiental. Rodrigues *et al.* (2017) verificaram, em Cuiabá e Várzea Grande, no estado do Mato Grosso, que a exposição ao $MP_{2,5}$ aumenta a mortalidade, e que esse efeito é potencializado pelo calor e pela baixa umidade do período de estação seca. Ferreira *et al.* (2016) observaram, em São José dos Campos, estado de São Paulo, que tanto o MP_{10} quanto o $MP_{2,5}$ estão associados com o aumento de admissões hospitalares por problemas respiratórios ou cardiovasculares. Costa *et al.* (2017) concluíram que, na cidade de São Paulo, a exposição ao MP_{10} e NO_2 está associada a mortes por patologias do sistema circulatório em idosos.

Embora os efeitos agudos tóxicos para o sistema cardiovascular sejam os que se evidenciam com maior importância, as manifestações respiratórias podem também levar ao aumento na procura por atendimento em unidades de saúde. Já foi demonstrado que existe relação entre aumento de internações hospitalares de crianças com pneumonia com elevações nas concentrações de MP_{10}, $MP_{2,5}$, NO_2, SO_2 e O_3 (NHUNG *et al.*, 2017). Outro estudo apontou que um aumento de 10µg/m³ na média diária de MP_{10} pode causar redução na capacidade funcional dos pulmões em pacientes com DPOC (BLOEMSMA; HOEK; SMIT, 2016).

Recentemente, Gao *et al.* (2020) demonstraram, em um estudo prospectivo realizado entre os anos de 2015 e 2017 em Pequim, na China, que há correlação entre elevações diárias em concentrações de $MP_{2,5}$, NO_2, SO_2 na atmosfera e redução de função nos pulmões e aumento de inflamação sistêmica em indivíduos com DPOC (GAO *et al.*, 2020). Aqui no nosso continente, os resultados de uma revisão com metanálise, avaliando trabalhos realizados em cidades do Brasil, Chile e México, mostraram associações significativas entre a exposição de curto prazo ao $PM_{2,5}$ e o aumento do risco de mortalidade respiratória e cardiovascular em todas as faixas etárias (FAJERSZTAJN *et al.*, 2017).

No que se refere a **exposições crônicas** aos poluentes do ar, as pesquisas apontam para uma maior mortalidade por doenças cardíacas e do sistema circulatório do que por problemas pulmonares, exceto câncer de pulmão. Em uma metanálise avaliando grandes estudos de coorte, os quais objetivaram traçar uma correlação entre exposições de longo período aos poluentes atmosféricos e mortalidade, os autores concluem que há aumento em número de mortes, principalmente por doença cardíaca isquêmica, quando são observadas elevações de 10µg/m³ nas concentrações de $MP_{2,5}$ ou NO_2 (HOEK, 2013). Um artigo de revisão sistemática com metanálise analisou a influência da exposição à poluição atmosférica, de curto ou longo período, nos índices de hipertensão arterial na população. Os resultados apontam para uma correlação entre exposição crônica ao $MP_{2,5}$ e hipertensão. Além disso, há ênfase da relação entre exposição de curto período a MP_{10}, $MP_{2,5}$, SO_2 e NO_2 (YANG et al., 2018).

A literatura mais recente vem apresentando evidências sobre os processos de carcinogênese envolvidos com os poluentes atmosféricos, mais especificamente o MP. Li e colaboradores (2018) apontam para o envolvimento direto do estresse oxidativo e do processo inflamatório na patogênese do câncer de pulmão associado à exposição crônica ao $MP_{2,5}$. Santibáñez-Andrade et al. (2019) foram além — revisaram os mecanismos de toxicidade do MP e traçaram um paralelo com as assinaturas para o câncer (os hallmarks of cancer, descritos por Hanahan e Weinberg em 2000 e 2011). A conclusão é de que a exposição crônica ao MP contribui ativamente com o processo de tumorigênese no câncer de pulmão. A associação de exposição crônica ao $MP_{2,5}$ e câncer de pulmão já foi verificada, também, em estudo de revisão sistemática com metanálise, o qual apontou que há correlação entre a variável e o desfecho, corroborando a inclusão desse poluente na classificação da IARC em 2013 (HAMRA et al., 2014).

De acordo com um estudo desenvolvido em São Paulo, o MP_{10} pode aumentar a incidência de alguns tipos de câncer (pele, pulmão, tireoide, laringe e bexiga) e, também, pode contribuir para o aumento da mortalidade por câncer. Segundo os autores, os resultados evidenciam que é preciso adotar medidas para reduzir os níveis atmosféricos de MP e que é muito importante realizar seu monitoramento contínuo (YANAGI; ASSUNÇÃO; BARROZO, 2012).

Saiba mais

São muitas as evidências epidemiológicas que colocam a poluição atmosférica como um elemento causador de muitos danos à saúde pública mundialmente. Exposições agudas ou crônicas, efeitos a curto ou longo prazo, todas essas variantes já foram abordadas em estudos e, em todos os casos, há correlação entre morbimortalidade e concentrações de poluentes. Mais especificamente, o $MP_{2,5}$ aparenta ser o elemento mais danoso nessa mistura complexa que compõe o ar atmosférico, seguido por MP_{10}, NO_2 e SO_2.

Os estudos de revisão sistemática com metanálise analisados para este capítulo não foram capazes de confirmar a participação do O_3 nos desfechos avaliados, não importando as condições (exposições de curto ou longo prazo). Porém, é preciso ter cautela ao interpretar esse tipo de trabalho, pois apresenta algumas limitações e elevada heterogeneidade entre os dados analisados. No entanto, mesmo com esses fatores limitantes, podemos concluir que a questão da poluição atmosférica ambiental gera transtornos e continuará a gerar, a menos que se diminuam as emissões de gases e partículas nos grandes aglomerados urbanos. Para isso é necessária uma mudança enorme na maneira como vivemos e, principalmente, nos movimentamos nas grandes cidades.

Ao observar a epidemiologia relacionada ao tema dos poluentes atmosféricos em associação com eventos cardiovasculares e respiratórios severos, chegamos à conclusão de que medidas de prevenção devem ser planejadas e adotadas em nível local e global. Refletindo sobre esse problema, percebemos que é necessário alterar as matrizes energéticas que são utilizadas, desde a revolução industrial, para manter a forma como a sociedade vive. Já é passada a hora de mudar e adotar formas de geração de energia limpa, sustentável e não poluente, ou estaremos fadados a perecer cada vez mais por problemas associados a poluição do ar.

Síndrome dos edifícios doentes

A OMS aponta que, em 2016, a exposição à poluição atmosférica em ambiente interno (*indoor*) causou 3,8 milhões de mortes, o que representa 7,7% do total de mortes no mundo. Na população mundial, 40% utiliza madeira, carvão, esterco, resíduos de colheita e carvão vegetal para cozinhar os alimentos, e isso representa uma importante fonte de exposição aos resíduos tóxicos da combustão que são liberados no ar, dentro dos domicílios. Os níveis de concentração dos contaminantes do ar nesses ambientes fechados chegam a valores 20 vezes acima do recomendado pela OMS. A maioria das mortes causadas por exposição *indoor* são por derrame, infarto, DPOC e câncer de pulmão (WHO, 2018).

A exposição à poluição do ar em ambiente interno responde por 45% de todas as mortes de crianças e por 28% das mortes de adultos por pneumonia. Cerca de 25% das mortes em adultos por DPOC, em países subdesenvolvidos ou em desenvolvimento, são em consequência da exposição a gases e partículas oriundas da combustão em ambientes internos. Ainda sobre poluição atmosférica *indoor*, estatísticas apontam para essa ser a causa de 11% de todas as mortes no mundo por infarto do miocárdio.

Das mortes por acidente vascular encefálico, a queima de combustíveis fósseis dentro de casa (para cozinhar) causa 12% desse total. Além disso, aproximadamente 17% dos óbitos por câncer de pulmão ocorridos no globo são em virtude da exposição a carcinógenos lançados no ar pelo ato de cozinhar usando combustíveis como querosene, lenha, esterco ou carvão. Outras consequências de respirar ar poluído em ambientes internos são as seguintes: inflamação pulmonar, redução da resposta imunológica, redução do transporte de oxigênio pelas hemácias, baixo peso ao nascer, tuberculose, catarata e câncer de laringe e nasofaringe (WHO, 2018).

Existe outro problema relacionado aos ambientes internos, que é a chamada **síndrome dos edifícios doentes**, do inglês *sick-building syndrome*. Essa síndrome é constituída por um conjunto de sintomas que são persistentes, durante duas ou mais semanas, e atinge cerca de 20% das pessoas que são expostas. Existe dificuldade na determinação da origem dos sintomas, porém eles diminuem quando o indivíduo passa um tempo afastado do prédio. Em geral, os prédios são novos, com pouca circulação de ar e com atividade empresarial. Há suspeita de que produtos de combustão, produtos químicos de uso doméstico, materiais biológicos, vapores e substâncias que são emitidas pelo próprio mobiliário presente na edificação estejam relacionados às emissões de substâncias tóxicas que permanecem no ar interior desses prédios.

A sintomatologia que se apresenta mais frequentemente é a irritação dos olhos, nariz e garganta. A persistência desses sintomas pode acabar se tornando insuportável após uma alta frequência de exposição a esse ambiente. Além disso, existem fatores inerentes ao indivíduo que podem afetar a sua susceptibilidade, como dieta, estresse, fadiga e consumo de bebidas alcoólicas.

A literatura recente sobre esse tema demonstra que as mulheres são as que mais apresentam sinais associados à essa síndrome. Além disso, pessoas jovens sofrem mais do que as idosas, e a comorbidade mais associada é a rinite alérgica. Os principais sinais clínicos apresentados pelos pacientes que são acometidos pela síndrome dos edifícios doentes são os seguintes (KLAASSEN; WATKINS III, 2012):

- irritação de olhos, nariz e garganta;
- cefaleia;
- fadiga;
- tempo de atenção reduzido;
- irritabilidade;
- congestão nasal;
- dificuldade de respirar;

- sangramento nasal;
- pele seca;
- náusea.

Há, também, um grupo de doenças cuja etiologia é determinável e os critérios de diagnóstico são bem definidos, e que são classificadas como doenças relacionadas com edifícios. Muitas dessas têm relação com agentes biológicos — doença dos legionários, pneumonites hipersensíveis —, com alergias associadas com pelos de animais, ácaros e poeiras. Além desses, contaminantes clássicos do ar em ambiente externo também acabam por trazer problemas nos interiores das edificações. Um exemplo disso é a exposição ao monóxido de carbono (CO) proveniente de aquecedores mal instalados e com sistemas de ventilação deficientes. Indivíduos asmáticos são particularmente mais suscetíveis ao NO_2 concentrado nesses ambientes internos.

Referências

ATKINSON, R. W. *et al*. Epidemiological time series studies of PM2.5 and daily mortality and hospital admissions: a systematic review and meta-analysis. *Thorax*, v. 69, n. 7, p. 660–665, 2014.

BLOEMSMA, L. D.; HOEK, G.; SMIT, L. A. M. Panel studies of air pollution in patients with COPD: Systematic review and meta-analysis. *Environmental Research*, v. 151, p. 458–468, 2016. doi: 10.1016/j.envres.2016.08.018.

BOURDREL, T. *et al*. Cardiovascular effects of air pollution. *Archives of Cardiovascular Diseases*, v. 110, n. 11, p. 634–642, 2017. doi:10.1016/j.acvd.2017.05.003

COSTA, A. F. *et al*. Air pollution and deaths among elderly residents of São Paulo, Brazil: an analysis of mortality displacement. *Environmental Health Perspectives*, v. 125, n. 3, p. 349–354, 2017. doi: 10.1289/EHP98.

FAJERSZTAJN, L. *et al*. Short-term effects of fine particulate matter pollution on daily health events in Latin America: a systematic review and meta-analysis. *International Journal of Public Health*, v. 62, n. 7, p. 729–738, 2017. doi: 10.1007/s00038-017-0960-y.

FERREIRA, T. M. *et al*. Effects of particulate matter and its chemical constituents on elderly hospital admissions due to circulatory and respiratory diseases. *International Journal of Environmental Research and Public Health*, v. 13, n. 10, p. 947, 2016. doi: 10.3390/ijerph13100947.

GAO, N. *et al*. Lung function and systemic inflammation associated with short-term air pollution exposure in chronic obstructive pulmonary disease patients in Beijing, China. *Environmental Health*, v. 19, n. 1, p. 12, 2020. doi: 10.1186/s12940-020-0568-1.

HAMRA, G. B. *et al*. Outdoor particulate matter exposure and lung cancer: a systematic review and meta-analysis. *Environmental Health Perspectives*, v. 122, n. 9, p. 906–911, 2014. doi: 10.1289/ehp/1408092. Errata em: *Environmental Health Perspectives*, v. 122, n. 9, A236, 2014.

HOEK, G. *et al*. Long-term air pollution exposure and cardio- respiratory mortality: a review. *Environmental Health*, v. 12, n. 1, article 43, 2013. doi: 10.1186/1476-069X-12-43.

KLAASSEN, C. D.; WATKINS III, J. B. *Fundamentos em toxicologia de Casarett e Doull*. 2. ed. Porto Alegre: AMGH, 2012.

LIU, C. et al. Ambient particulate air pollution and daily mortality in 652 cities. *The New England Journal of Medicine*, v. 381, n. 8, p. 705–715, 2019. doi: 10.1056/NEJMoa 817364. PMID: 31433918.

MILLS, I. C. et al. Quantitative systematic review of the associations between short-term exposure to nitrogen dioxide and mortality and hospital admissions. *BMJ Open*, v. 5, n. 5, e006946, 2015.

NAWROT, T. S. et al. Public health importance of triggers of myocardial infarction: a comparative risk assessment. *Lancet*, n. 9767, p. 732–740, 2011.

NHUNG, N. T. T. et al. Short-term association between ambient air pollution and pneumonia in children: a systematic review and meta-analysis of time-series and case-crossover studies. *Environmental Pollution*, v. 230, p. 1000–1008, 2017. doi: 10.1016/j.envpol.2017.07.063.

OGA, S.; CAMARGO, M. M. de A.; BATISTUZZO, J. A. de O. *Fundamentos de toxicologia*. 3. ed. São Paulo: Atheneu, 2008.

PETERS, A. et al. Increased particulate air pollution and the triggering of myocardial infarction. *Circulation*, v. 103, n. 23, p. 2810–2815, 2001. Disponível em: https://www.ahajournals.org/doi/full/10.1161/01.cir.103.23.2810. Acesso em: 24 out. 2020.

RODRIGUES, P. C. O. et al. Climatic variability and morbidity and mortality associated with particulate matter. *Revista de Saúde Pública*, v. 51, n. 91, 2017. doi: 10.11606/S1518-8787.2017051006952.

SANTIBÁÑEZ-ANDRADE, M. et al. Deciphering the code between air pollution and disease: the effect of particulate matter on cancer hallmarks. *International Journal of Molecular Sciences*, v. 21, n. 1, article 136, 2019. doi:10.3390/ijms21010136

SHAH, A. S. et al. Global association of air pollution and heart failure: a systematic review and meta-analysis. *Lancet*, n. 9897, p. 1039–1048, 2013.

SHAH, A. S. et al. Short term exposure to air pollution and stroke: systematic review and meta-analysis. *BMJ*, v. 350, h1295, 2015. doi:10.1136/bmj.h1295

STRAIF, K.; COHEN, A.; SAMET, J. *Air pollution and cancer*. Geneva: WHO, 2013. (IARC Scientific Publications; 161). Disponível em: https://publications.iarc.fr/Book-And-Report-Series/Iarc-Scientific-Publications/Air-Pollution-And-Cancer-2013. Acesso em: 24 out. 2020.

YANAGI, Y.; ASSUNÇÃO, J. V.; BARROZO, L. V. The impact of atmospheric particulate matter on cancer incidence and mortality in the city of São Paulo, Brazil. *Cadernos de Saúde Pública*, v. 28, n. 9, p. 1737–1748, 2012. doi: 10.1590/s0102-311x2012000900012.

YANG, B. Y. et al. Global association between ambient air pollution and blood pressure: a systematic review and meta-analysis. *Environmental Pollution*, v. 235, p. 576–588, 2018. doi: 10.1016/j.envpol.2018.01.001.

WHO. *Ambient (outdoor) air pollution*. Geneva: WHO, 2018. Disponível em: https://www.who.int/news-room/fact-sheets/detail/ambient-(outdoor)-air-quality-and-health. Acesso em: 24 out. 2020.

WHO. *Air pollution*. Geneva: WHO, 2020. Disponível em: https://www.who.int/health-topics/air-pollution#tab=tab_2. Acesso em: 24 out. 2020.

Leituras recomendadas

LI, R.; ZHOU, R.; ZHANG, J. Function of PM2.5 in the pathogenesis of lung cancer and chronic airway inflammatory diseases. *Oncology Letters*, v. 15, n. 5, p. 7506–7514, 2018. doi: 10.3892/ol.2018.8355.

MANAHAN, S. E. Química ambiental. 9. ed. Porto Alegre: Bookman, 2013.

WHO. *Household air pollution and health*. Geneva: WHO, 2018. Disponível em: https://www.who.int/en/news-room/fact-sheets/detail/household-air-pollution-and-health. Acesso em: 24 out. 2020.

Fique atento

Os *links* para *sites* da *web* fornecidos neste capítulo foram todos testados, e seu funcionamento foi comprovado no momento da publicação do material. No entanto, a rede é extremamente dinâmica; suas páginas estão constantemente mudando de local e conteúdo. Assim, os editores declaram não ter qualquer responsabilidade sobre qualidade, precisão ou integralidade das informações referidas em tais *links*.

Toxicologia ambiental: ecotoxicologia

Roberto Marques Damiani

OBJETIVOS DE APRENDIZAGEM

> Identificar os principais poluentes do ar no ambiente exterior.
> Caracterizar o material particulado como poluente ambiental.
> Descrever os efeitos da poluição fotoquímica do ar.

Introdução

É sabido que a qualidade do ar nos grandes aglomerados urbanos é baixa em virtude do grande número de fontes poluidoras. Diferentes atividades, como transporte, industrialização e geração de energia, são responsáveis por produzir xenobióticos, que são lançados no ar e entram em contato com os organismos, causando alterações e levando a um mau funcionamento dos sistemas biológicos. Os principais poluentes têm potencial de produzir fenômenos danosos, como a chuva ácida e o *smog* fotoquímico, que trazem consigo grandes perdas no que tange à saúde pública e à economia.

Neste capítulo, você vai estudar o papel do dióxido de enxofre e de seus derivados na formação de partículas tóxicas e na chuva ácida. Vai, também, entender os processos de formação do material particulado, a sua composição e as consequências da exposição dos humanos a esse poluente. Por fim, você vai aprender o que é o *smog* fotoquímico e quais são os seus efeitos.

A poluição redutora do ar

A **poluição redutora do ar** é um tipo de poluição atmosférica ambiental que tem potencial de causar uma variedade de danos para os seres vivos. É constituída pelo **dióxido de enxofre** (SO_2) e pela fumaça sulfurosa. O SO_2 é produzido majoritariamente pelas atividades vulcânicas e por oxidação de gases sulfurados oriundos da decomposição de vegetais. Entretanto, cada vez mais as fontes antropogênicas de emissão desse gás, principalmente o **carvão**, ganham importância em suas concentrações atmosféricas. Dependendo do lugar de onde foi extraído, o carvão pode apresentar conteúdo de enxofre que varia entre 1 a 6%. Em muitos países, o uso de carvão em termelétricas é a principal fonte de energia (BAIRD; CANN, 2012).

Já são conhecidos os efeitos irritantes em humanos e animais que são causados pelo SO_2 e pela maioria dos produtos de S-oxidação que se formam na atmosfera. O SO_2 tem a característica de ser hidrossolúvel e ter a absorção pelas vias aéreas superiores como principal via de entrada no organismo. Ainda, o SO_2 dissolve-se em fluidos do sistema respiratório e tem sua distribuição pelos compartimentos corporais na forma de sulfito e bissulfito — que, por sua ação com os receptores sensoriais, induzem a broncoconstrição (KLAASSEN; WATKINS III, 2012).

Esse gás possui a capacidade de provocar aumento da secreção de muco e broncoconstrição não só em seres humanos, mas também em várias outras espécies. Estudos apontam que um indivíduo asmático, praticando atividade física, exposto por 2 minutos a uma concentração de 0,4 a 1 ppm de SO_2, terá grande probabilidade de sofrer broncoconstrição em cerca de 5 minutos a partir do início do exercício. Quando se pratica algum exercício físico, a respiração pela boca se torna aumentada, e isso faz com que se absorva mais SO_2 durante esse período. Em baixas concentrações, o SO_2 pode levar a efeitos tóxicos crônicos como perda de capacidade pulmonar em combater agentes infecciosos. Há uma relação, que já foi demonstrada em estudos com animais e em humanos, entre o aumento na resistência ao fluxo de ar das vias aéreas e o incremento nas concentrações de SO_2 (KLAASSEN; WATKINS III, 2012).

Uma parte do SO_2 emitido na atmosfera é oxidado por outros gases, mas a maior fração se dissolve em gotículas de água presentes nas nuvens, névoas, neblinas etc., formando **ácido sulfúrico** (BAIRD; CANN, 2012). O ambiente favorece para que ocorra a transformação de SO_2 em sulfatos, que são intimamente correlacionados com o risco à saúde e com a chuva ácida (que traz consequências para a saúde, a agricultura, a economia etc.). Quando há combustão a partir de carvão ou óleo *diesel*, ocorre a condensação do ácido sulfúrico com vapor de água, formando microcinzas voláteis sulfatadas.

O ácido sulfúrico é extremamente irritante para todos os tecidos porque é capaz de doar H⁺ (prótons) às biomoléculas, induzindo danos na membrana plasmática e desencadeando resposta inflamatória. Já foi demonstrado experimentalmente que o ácido sulfúrico no ar induz o estreitamento das vias aéreas de quem o respira. Acredita-se que essa resposta seja um mecanismo de defesa para evitar maior inalação de produtos nocivos no ar.

Existe diferença na amplitude do dano de acordo com o tamanho das partículas e com a concentração de ácido presente, sendo que as de menor tamanho conseguem penetrar mais nas vias aéreas, chegando a áreas menos protegidas, como os pulmões. As partículas de maior tamanho ficam retidas nas vias áreas com maior presença de muco, como o nariz. O muco tem a capacidade de tamponamento, neutralizando a ação do ácido. Mesmo assim, em asmáticos, os efeitos broncoconstritores são mais perceptíveis, devido à maior sensibilidade e hiper-reatividade apresentada por esses indivíduos.

Com o tempo prolongado de exposição ao ácido sulfúrico, ocorre uma acidificação do muco, e isso altera a viscosidade e os batimentos ciliares. Como consequência, essa alteração no transporte mucociliar acaba por diminuir as defesas do epitélio respiratório, tornando-o mais propenso a sofrer infecções. A exposição crônica a altas concentrações atmosféricas de ácido sulfúrico gera respostas muito semelhantes àquelas produzidas pela inalação de SO_2, o que leva a uma maior preocupação em relação à exposição de longo prazo. Trata-se da questão ocupacional. Trabalhadores de fábricas de baterias e pilhas, por exemplo, estão em contato com névoas de ácido sulfúrico e podem apresentar bronquite crônica associada a esse tipo de ocupação (KLAASSEN; WATKINS III, 2012).

Exemplo

Um dos principais efeitos maléficos ao meio ambiente relacionado a emissões antropogênicas de SO_2 é a formação da chuva ácida. Ela ocorre quando SO_2 e óxidos de nitrogênio (NO_x) são emitidos para a atmosfera e transportados pelo vento e pelas correntes de ar. Esses gases reagem com a água, o oxigênio e outros produtos químicos para formar os ácidos sulfúrico e nítrico. Em seguida, eles se misturam com água e outros materiais antes de precipitarem junto com a água. A chuva normal tem um pH de cerca de 5,6; é ligeiramente ácido pela presença do dióxido de carbono (CO_2) dissolvido, que acaba formando o ácido carbônico, um ácido fraco. A chuva ácida geralmente tem um pH entre 4,2 e 4,4.

A poluição pelo material particulado

Denomina-se **material particulado** (MP) a combinação de elementos inorgânicos, orgânicos e biológicos encontrados na atmosfera, cuja composição varia de acordo com a fonte emissora. Representa o tipo de poluição do ar com maior potencial de causar problemas para a saúde e para o meio ambiente. É possível encontrar no MP diferentes metais com capacidade tóxica e de mediar reações de oxidação e redução nos sistemas biológicos.

No MP derivado da queima de carvão e de combustíveis derivados de petróleo, encontram-se metais pesados e de transição. Já no MP gerado por processos mecânicos, podem ser encontrados metais como ferro, sódio e magnésio. Geralmente, o MP produzido por combustão apresenta uma grande fração de partículas menores do que 2,5 μm ($MP_{2,5}$) com metais pesados, enquanto o MP gerado por outras vias apresenta maior parte de partículas grosseiras, entre 2,5 e 10 μm (MP_{10}), com materiais metálicos da crosta terrestre (óxido de ferro, óxido de silício etc.).

Fique atento

É importante atentar para a possibilidade de ocorrer interações entre os poluentes gasosos e o MP emitido na atmosfera.

Podem ocorrer reações químicas entre os diferentes elementos, de modo a aumentar a toxicidade deles. A queima de carvão para o processo de fundição de metais faz com que seja formado o ácido sulfúrico, que fica associado fisicamente com as partículas. Sendo $MP_{2,5}$, essa associação entre ácido e partícula consegue chegar às zonas de trocas gasosas e, assim, penetrar na corrente sanguínea e se distribuir amplamente pelo organismo. Além do mais, associado ao MP, o ácido sulfúrico tem aumentada a sua capacidade de causar irritação nos pulmões. Existe, também, outro tipo de interação que resulta da capacidade dos gases em diminuir o transporte mucociliar no epitélio respiratório. Com isso, a eliminação das partículas inaladas fica prejudicada (KLAASSEN; WATKINS III, 2012).

As mudanças climáticas, combinadas com a poluição do ar, reduzem a capacidade de cura de sistemas naturais, causando extrema variabilidade, que leva a efeitos mais sérios para a saúde. O MP tem uma grande distribuição, ocorrendo em todos os tipos de ecossistemas, do deserto aos oceanos. Esse poluente tem efeitos diretos e indiretos na terra, tanto pelo resfriamento quanto pelo aquecimento da atmosfera. Os aerossóis na atmosfera impactam tanto no clima quanto na biogeoquímica na superfície da terra, após a sua deposição (VON SCHNEIDEMESSER *et al.*, 2015).

O MP atmosférico pode ser gerado diretamente a partir de fontes primárias ou por formação secundária devido à conversão de gases em partículas. Gases emitidos na atmosfera, como SO_2, dióxido de nitrogênio (NO_2), amônia (NH_3), ozônio (O_3) e compostos orgânicos voláteis (COVs), sofrem oxidação fotoquímica, hidratação e condensação para produzir moléculas de tamanho intermediário. Estas, por processo de nucleação, transformação e coagulação, acabam por gerar aerossóis secundários (MUKHERJEE; AGRAWAL, 2018). Essas reações de formação do MP estão demonstradas na Figura 1.

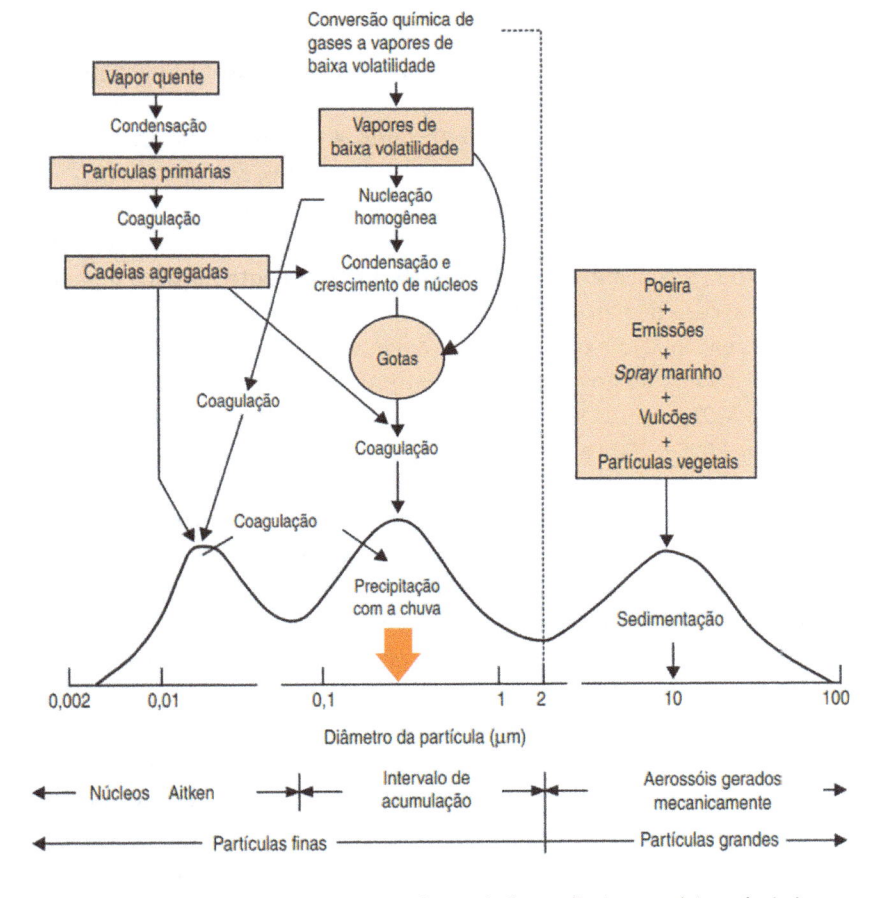

Figura 1. Esquema demonstrando os mecanismos de formação do material particulado.
Fonte: Rocha, Rosa, Cardoso (2009, p. 118).

Um estudo realizado em homens chineses demonstrou que a concentração do esperma e a contagem de espermatozoides foram consideradas adversamente afetadas por MP. Os autores concluíram que a poluição por $MP_{2,5}$ influencia o desenvolvimento do esperma, especificamente a qualidade do sêmen (WU et al., 2017). Outro estudo realizado na China relatou associação entre exposição ambiental ao $MP_{2,5}$ e incidência de casos de gripe. A pesquisa descobriu que um aumento de 10 µg/m³ nos níveis de $MP_{2,5}$ foi associado ao aumento no risco relativo para contrair *influenza*. Os autores também estimaram que a exposição ao $MP_{2,5}$ tem potencial para contribuir com 10,7% na incidência dos casos de gripe (CHEN et al., 2017).

Na Coreia do Sul, um estudo feito entre os anos de 2002 e 2010, envolvendo 27.270 participantes com idades variando entre 15 e 79 anos, encontrou um risco aumentado de desenvolvimento de depressão em indivíduos expostos cronicamente a altas concentrações de $MP_{2,5}$ (KIM et al., 2016). No Japão, uma pesquisa realizada entre os anos de 2002 e 2013 apontou que um incremento de 10 µg/m³ na concentração de $MP_{2,5}$ induz aumento na mortalidade de neonatos e de crianças (YORIFUJI; KASHIMA; DOI, 2016).

Em uma metanálise compreendendo 25 estudos epidemiológicos avaliando a exposição materna ao $MP_{2,5}$, foi encontrada uma associação positiva entre o aumento nas concentrações do poluente e o aumento no risco de baixo peso ao nascer e de parto prematuro (ZHU et al., 2015). Em outra metanálise, os autores encontraram relação entre o aumento de 10 µg/m³ na concentração de $MP_{2,5}$ e o aumento no risco para transtorno do espectro do autismo (TEA) (FLORES-PAJOT et al., 2016). Nos Estados Unidos, um estudo realizado entre os anos de 2005 e 2009 encontrou um aumento no risco de TEA relacionado com a exposição pré-natal e pós-natal a $MP_{2,5}$ (TALBOTT et al., 2015).

Rohr e Wyzga (2012) revisaram 48 estudos epidemiológicos independentes para avaliar as diferenças de efeitos na saúde entre os diferentes componentes do MP. Os resultados apontaram que os componentes carbonáceos do PM foram os mais associados com efeitos negativos para a saúde. O estudo também identificou que os efeitos foram mais proeminentes para anomalias cardiovasculares. Metais como níquel (Ni), vanádio (V), zinco (Zn), cobre (Cu), silício (Si) e potássio (K), presentes nas amostras de MP, apresentaram grande potencial de causar efeito negativo sobre os organismos. Os metais V e Ni foram considerados mais tóxicos tanto para efeitos respiratórios quanto para doenças cardiovasculares, enquanto Al e Si foram mais proeminentes nos efeitos envolvendo vias aéreas. Ferro (Fe), Zn, enxofre (S) e chumbo (Pb) apresentaram as menores associações com efeitos negativos para a saúde entre os metais estudados.

O estresse oxidativo representa a via mais estudada na relação dos efeitos tóxicos do MP. As espécies reativas de oxigênio (EROs) causam danos significativos aos tecidos e ainda induzem diferentes cascatas de sinalização de vias envolvidas com inflamação. O mecanismo envolve, na maioria dos casos, a ativação de fatores de transcrição que induzem genes de resposta pró-inflamatória (MUKHERJEE; AGRAWAL, 2018). Os principais eventos biológicos associados ao MP que estão em estudo são (BREYSSE *et al.*, 2013):

- a identificação do papel dos mecanismos epigenéticos na toxicidade induzida por MP;
- o papel da inflamação respiratória causada por $MP_{2,5}$ na indução de crises asmáticas;
- o envolvimento das EROs como moduladores importantes na indução da resposta celular;
- o incremento nas respostas pró-inflamatórias e imunológicas;
- as mudanças nas concentrações de lipoproteína de alta densidade plasmática;
- o aumento da resistência vascular coronariana e a diminuição da perfusão miocárdica, que levam ao infarto agudo do miocárdio;
- a indução na expressão de genes relacionados à imunidade inata e das vias do sistema complemento;
- a intrusão de eosinófilos e neutrófilos nas vias aéreas;
- a elevação nas secreções de citocinas.

A poluição fotoquímica

Uma vez em contato com o ar atmosférico, os poluentes gasosos e particulados estão à mercê de uma série de reações químicas complexas mediadas pela radiação ultravioleta emitida pelo sol. Esse processo é denominado **poluição fotoquímica** e é composto basicamente por O_3, óxidos de nitrogênio (NOx), aldeídos, nitratos e hidrocarbonetos não queimados emitidos por motores de combustão interna (BAIRD; CANN, 2012). Quando há presença também de SO_2, ocorre a formação de MP de ácido sulfúrico. É possível que ocorra a geração de MP orgânico, além de vapores de óxido nítrico (NO).

No entanto, entre os gases que compõem a poluição atmosférica fotoquímica, o O_3 é o principal e o que causa maior nível de alerta, por ser extremamente reativo e possuir uma toxicidade maior em relação aos NOx. Apesar de o O_3 ter uma grande importância na formação de uma barreira na estratosfera que protege contra a radiação do sol, na troposfera (camada da atmosfera em que respiramos) é um agente tóxico perigoso. Nas cercanias da superfície terrestre, o O_3 é formado por precursores oriundos do processo de combustão incompleta, sendo o NO_2 o principal gás envolvido nas suas reações de síntese (KLAASSEN; WATKINS III, 2012). A reação, que envolve também a radiação solar, é demonstrada de forma simplificada da seguinte forma:

$$NO_2 + hv \text{ (luz UV)} \rightarrow O + NO$$
$$O\cdot + O_2 \rightarrow O_3$$
$$O_3 + NO \rightarrow NO_2$$

Todo esse processo tem a característica de ser cíclico, havendo regeneração de NO_2 pela última reação. Na presença de hidrocarbonetos, o equilíbrio das três reações é deslocado para a direita, levando a um acúmulo de O_3. Além disso, quando existe uma maior incidência de raios solares, somada a uma maior emissão de NO_2, ocorre uma maior formação de ozônio. Portanto, em uma cidade, o horário mais propenso a ter elevadas concentrações de O_3 é por volta do meio-dia (KLAASSEN; WATKINS III, 2012).

O efeito característico da poluição fotoquímica é o *smog*, palavra que deriva da combinação das palavras em inglês *smoke* (fumaça) e *fog* (neblina). Muitas vezes, esse fenômeno é referido como "uma camada de ozônio no lugar errado", devido ao grande envolvimento desse gás na formação do *smog*. Além do ozônio, há importante envolvimento do óxido nítrico e de hidrocarbonetos produzidos durante a combustão incompleta de combustíveis nos motores de automóveis, além de outros COVs que resultam da evaporação de solventes e combustíveis líquidos. Soma-se a esses ingredientes a luz solar, que atua aumentando a concentração de radicais livres que compõem as reações químicas envolvidas na formação do *smog*.

O radical livre hidroxila (OH) está presente em grande concentração na troposfera e participa do processo de decomposição de muitas substâncias lançadas na atmosfera. Entre os COVs, os que apresentam maior reatividade na atmosfera são os hidrocarbonetos, que contêm uma ligação dupla entre carbonos, e os aldeídos. As condições fundamentais para que uma cidade sofra com o fenômeno do *smog* são as seguintes:

- alto volume de tráfego por veículos motorizados (emissões substanciais de NO e COVs);
- alta taxa de radiação solar (ampla luminosidade e calor);
- poucos ventos (baixa movimentação de massas de ar);
- elevada densidade populacional.

> **Exemplo**
>
> Los Angeles, nos Estados Unidos, foi a primeira cidade a relatar o fenômeno (na década de 1940) e foi seguida de outras metrópoles mundiais, como Cidade do México, Denver, Roma, São Paulo, Pequim, Nova Déli etc. (BAIRD; CANN, 2012).

Esse fenômeno apresenta um grande potencial para causar danos ao meio ambiente, além de impactar no setor agrícola. Dessa forma, é necessário que se faça um monitoramento dos níveis dos poluentes envolvidos, para desenvolver estratégias para minimizar a situação. O uso de diferentes espécies de seres vivos para acessar a qualidade dos diferentes compartimentos ambientais se chama **biomonitoramento**. Por meio dele, são avaliadas alterações morfológicas, bioquímicas ou genéticas em organismos que apresentam suscetibilidade a apresentarem danos na presença de poluentes. No caso do *smog*, pode-se usar vegetais que respondam a alterações nas concentrações de O_3 atmosférico (gás de maior envolvimento nesse processo) como forma de monitoramento.

O bioindicador clássico da presença de O_3 é o tabaco (*Nicotiana tabacum*) da variedade Bel-W3. Esse bioindicador já foi utilizado para demonstrar que o ar de áreas extensamente povoadas no Brasil possui uma baixa qualidade (KÄFFER *et al.*, 2019; SANT'ANNA *et al.*, 2008). Uma alternativa pode ser a avaliação de culturas que são plantadas em vários países ao redor do mundo, fazendo uma comparação dos parâmetros observados nas plantas com as condições ambientais e meteorológicas dos diferentes lugares. Pleijel, Broberg e Uddling (2019) realizaram uma avaliação desse tipo utilizando plantações de trigo em três diferentes continentes: Ásia, Europa e América do Norte. Os resultados do estudo demonstram que o continente europeu apresentou maiores níveis de O_3 atmosférico e, também, maior quantidade de alterações nas análises morfológicas e de rendimento nas plantações de trigo.

A literatura científica vem apontando para um grande potencial danoso que advém da exposição ao *smog*. A preocupação com esse tema surgiu após um grande evento de *smog* massivo, que encobriu a cidade de Londres, no Reino Unido, no inverno de 1952. Em virtude de a temperatura estar extremamente baixa naqueles dias, os londrinos usaram aquecedores a carvão para elevar a temperatura de seus lares, bem como de locais públicos. Além disso, a cidade havia recentemente trocado o transporte público dos bondes elétricos para os ônibus movidos a óleo *diesel*. Isso gerou uma emissão de gases e partículas sem precedentes, o que acabou por causar um dos mais emblemáticos casos envolvendo exposição à poluição do ar. Esse fenômeno durou cinco dias e causou, nesse período, cerca de 4 mil mortes (POLIVKA, 2018).

Durante a pandemia de covid-19, causada pelo vírus SARS-Cov2, uma das regiões que mais chamou atenção mundialmente foi a Lombardia, na Itália, pelo elevado número de mortes em um período muito curto de tempo. A taxa de letalidade nessa localidade chegou a 12%, enquanto no restante da Itália foi de 4,5%. Pesquisadores levantaram duas hipóteses para esses números elevadíssimos observados na Lombardia:

- diferentes formas de comunicar o número de casos e óbitos entre diferentes regiões e países; e
- média elevada de idade da população dessa região.

Poucos pensaram na influência do fator poluição atmosférica nesse grande número de mortes que foi observado no norte da Itália. Essa é uma das regiões mais poluídas do continente europeu em termos de emissões atmosféricas, e esse quadro piora durante o inverno, pelo efeito da inversão térmica. Os satélites demonstram que a Lombardia apresenta grandes concentrações de ozônio e que essa região é muito propensa (na época do ano em que o aumento das mortes foi observado) à formação de *smog*, pela sua característica geográfica (que favorece a estagnação dos ventos).

A exposição crônica aos poluentes atmosféricos induz alterações morfológicas no epitélio respiratório, que diminuem a capacidade de defesa do organismo frente aos patógenos (bactérias e vírus respiratórios). Já foi demonstrada, também, a correlação entre exposição de longo período aos poluentes do *smog* e desencadeamento de inflamação sistêmica crônica via aumento de citocinas inflamatórias na circulação. Com base nisso e no fato de que a chamada "tempestade de citocinas" é o principal evento de prognóstico negativo na infecção de SARS-Cov2, Conticini, Frediani e Caro (2020) sugerem que a poluição atmosférica exerce uma influência fundamental na taxa de mortalidade relacionada com a covid-19 e que essa relação deve ser mais bem estudada.

Referências

BAIRD, C.; CANN, M. *Química ambiental*. 4. ed. Porto Alegre: Bookman, 2012.

BREYSSE, P. N. et al. US EPA particulate matter research centers: summary of research results for 2005-2011. *Air Quality, Atmosphere & Health*, v. 6, p. 333–355, 2013. doi:10.1007/s11869-012-0181-8

CHEN, G. et al. The impact of ambient fine particles on influenza transmission and the modification effects of temperature in China: a multi-city study. *Environment International*, v. 98, p. 82–88, 2017. doi: 10.1016/j.envint.2016.10.004.

CONTICINI, E.; FREDIANI, B.; CARO, D. Can atmospheric pollution be considered a co--factor in extremely high level of SARS-CoV-2 lethality in Northern Italy? *Environmental Pollution*, v. 261, 114465, 2020. doi: 10.1016/j.envpol.2020.114465.

FLORES-PAJOT, M. C. et al. Childhood autism spectrum disorders and exposure to nitrogen dioxide, and particulate matter air pollution: a review and meta-analysis. *Environmental Research*, v. 151, p. 763–776, 2016. doi: 10.1016/j.envres.2016.07.030.

KÄFFER, M. I. et al. Predicting ozone levels from climatic parameters and leaf traits of Bel-W3 tobacco variety. *Environmental Pollution*, v. 248, p. 471–477, 2019. doi: 10.1016/j.envpol.2019.01.130.

KIM, K. N. et al. Long-term fine particulate matter exposure and major depressive disorder in a community-based urban cohort. *Environmental Health Perspectives*, v. 124, n. 10, p. 1547–1553, 2016. doi: 10.1289/EHP192.

KLAASSEN, C. D.; WATKINS III, J. B. *Fundamentos em toxicologia de Casarett e Doull*. 2. ed. Porto Alegre: AMGH, 2012. (Lange).

MUKHERJEE, A.; AGRAWAL, M. A Global perspective of fine particulate matter pollution and its health effects. *Reviews of Environmental Contamination and Toxicology*, v. 244, p. 5–51, 2018. doi: 10.1007/398_2017_3. PMID: 28361472.

PLEIJEL, H.; BROBERG, M. C.; UDDLING, J. Ozone impact on wheat in Europe, Asia and North America: a comparison. *The Science of the Total Environment*, v. 664, p. 908–914, 2019. doi: 10.1016/j.scitotenv.2019.02.089.

POLIVKA, B. J. The great london smog of 1952. *American Journal of Nursing*, v. 118, n. 4, p. 57–61, 2018. doi: 10.1097/01.NAJ.0000532078.72372.c3.

ROCHA, J. C.; ROSA, A. H.; CARDOSO, A. A. *Introdução à química ambiental*. 2. ed. Porto Alegre: Bookman, 2009.

ROHR, A. C.; WYZGA, R. E. Attributing health effects to individual particulate matter constituents. *Atmospheric Environment*, v. 62, p. 130–152, 2012. doi: 0.1016/j.atmosenv.2012.07.036

SANT'ANNA, S. M. et al. Suitability of Nicotiana tabacum 'Bel W3' for biomonitoring ozone in São Paulo, Brazil. *Environmental Pollution*, v. 151, n. 2, p. 389–394, 2008. doi: 10.1016/j.envpol.2007.06.013.

TALBOTT, E. O. et al. Fine particulate matter and the risk of autism spectrum disorder. *Environmental Research*, v. 140, p. 414–420, 2015. doi: 10.1016/j.envres.2015.04.021.

VON SCHNEIDEMESSER, E. *et al*. Chemistry and the linkages between air quality and climate change. *Chemical Review*, v. 115, n. 10, p. 3856–3897, 2015. doi: 10.1021/acs.chemrev.5b00089.

YORIFUJI, T.; KASHIMA, S.; DOI, H. Acute exposure to fine and coarse particulate matter and infant mortality in Tokyo, Japan (2002-2013). *The Science of the Total Environmental*, n. 551/552, p. 66–72, 2016. doi: 10.1016/j.scitotenv.2016.01.211.

WU, L. *et al*. Association between ambient particulate matter exposure and semen quality in Wuhan, China. *Environment International*, v. 98, p. 219–228, 2017. doi: 10.1016/j.envint.2016.11.013.

ZHU, X. *et al*. Maternal exposure to fine particulate matter (PM2.5) and pregnancy outcomes: a meta-analysis. *Environmental Science and Pollution Research*, v. 5, p. 3383–3396, 2015. doi: 10.1007/s11356-014-3458-7. Epub 2014 Aug 28. Erratum in: *Environmental Science and Pollution Research*, v. 5, p. 3397–3399, 2015.

Leitura recomendada

CHANG, R. *Físico-química para as ciências químicas e biológicas*. 3. ed. Porto Alegre: AMGH, 2010. v. 2.